全国职业技术院校计算机信息类专业教材

小型局域网组建与管理

人力资源和社会保障部教材办公室组织编写

中国劳动社会保障出版社

简介

本书主要内容包括：认识计算机网络、组建对等网、组建 SOHO 网络、组建中型企业网、组建无线局域网、实现网络服务和保障计算机网络安全等。

本书由蔡俊才主编，张文库、朱小远参加编写。

图书在版编目（CIP）数据

小型局域网组建与管理 / 人力资源和社会保障部教材办公室组织编写．—北京：中国劳动社会保障出版社，2015

全国职业技术院校计算机信息类专业教材

ISBN 978-7-5167-2119-3

Ⅰ．①小…　Ⅱ．①人…　Ⅲ．①局域网–高等职业教育–教材　Ⅳ．①TP393.1

中国版本图书馆CIP数据核字（2015）第223143号

中国劳动社会保障出版社出版发行

（北京市惠新东街 1 号　邮政编码：100029）

*

北京中科印刷有限公司印刷装订　　新华书店经销

787 毫米 ×1092 毫米　16 开本　13 印张　305 千字

2015 年 11 月第 1 版　　2025 年 11 月第 16 次印刷

定价：25.00 元

营销中心电话：400-606-6496

出版社网址：https://www.class.com.cn

https://jg.class.com.cn

前　言

为了更好地满足全国职业技术院校计算机信息类专业的教学要求，全面提升教学质量，人力资源和社会保障部教材办公室组织全国有关学校的一线教师和行业、企业专家，充分调研企业用人需求和学校教学情况，吸收借鉴各地职业技术院校教学改革的成功经验，在2013年出版的计算机信息类专业基础课教材基础之上，开发了本套计算机信息类专业教材。

本次开发的专业教材主要包括《Access 2003数据库应用》《C语言（第二版）》《Visual Basic程序设计（第二版）》《小型局域网组建与管理》《IT产品营销》《网络综合布线》《Windows Server 2003服务器配置与管理》《Linux网络操作系统应用》《网络设备互联》《网络安全》《网页制作高级特效》《计算机系统故障诊断与维修》《常用办公自动化设备使用与维护》《CorelDRAW平面设计与制作》《Illustrator平面设计与制作》《3ds Max三维动画制作》，可用于计算机网络应用、计算机应用与维修以及计算机广告制作等专业的教学，下一步还将根据教学需求继续开发其他计算机信息类专业教材。

本套计算机信息类专业教材开发工作的重点主要体现在以下几个方面：

第一，坚持以能力为本位，突出职业教育特色。

根据计算机信息类专业毕业生所从事岗位的实际需要，合理确定相关技能人才应具备的能力结构与知识结构，在教学内容的深度和难度上做了科学界定。同时，在教材编写中进一步加强实践应用环节，突出职业教育特色，并力求使教材内容涵盖有关国家职业标准和国家计算机等级考试的知识和技能要求。

第二，遵循专业教学规律，合理构建教材体系。

根据计算机信息类专业的教学规律，按照当前职业院校的专业设置情况和发展趋势，合理构建通用的专业基础课教材和各专业方向的专业课教材体系，并做到有机衔接。通过由基础到专业、由通用到专门的教学内容安排，使学生掌握扎实的计算机基础应用能力，并进一步深入学习各专业课程的知识与技能，满足就业实际需要，提高岗位适应能力。

第三，兼顾技术发展与教学条件，突出计算机综合应用能力培养。

针对计算机软、硬件更新迅速的特点，在教学内容选取上，既注重体现新软件、新知识，又兼顾职业技术院校教学实际条件。在教学内容组织上，不局限于软件版本和软件功能的介绍，而更注重相关计算机综合应用能力的培养，为后续专业课程的学习打下良好的基础。

第四，创新教材编写模式，丰富教材表现形式。

根据职业院校学生认知规律，创新教材编写模式。以完成具体工作过程为主线组织教材内容，将理论知识的讲解与具体的任务载体有机结合，激发学生学习兴趣，提高学生实践能力。在表现形式上，通过丰富的操作图片和软件截图详尽地指导任务操作步骤和软件使用方法，使教材内容更加直观、形象。

第五，开发更多辅助产品，提供优质教学服务。

为方便教学，教材中涉及的素材文件均可通过职业教育教学资源和数字学习中心网站（http://zyjy.class.com.cn）免费下载，进入主页后搜索相应教材并进入图书详细页面即可找到下载链接。

本次教材的开发工作得到了北京、河北、辽宁、黑龙江、江苏、河南、广东、云南等省、市人力资源和社会保障厅（局）及有关学校的大力支持，在此我们表示诚挚的谢意。

人力资源和社会保障部教材办公室

2015 年 8 月

目　　录

项目一　认识计算机网络

计算机网络是计算机技术与通信技术相结合的产物，是20世纪最伟大的发明之一，随着计算机网络技术的飞速发展，特别是Internet在全球的普及，极大地推动了科学的进步，提高了工作效率和生活质量。如今，计算机网络已经成为人类生活不可或缺的一部分，所以有必要在学习中不断提高对计算机网络技术的认识，利用计算机网络，创造更多的科学价值。本项目将对计算机网络的发展历程、计算机网络的基本组成和应用等知识进行学习。

任务　计算机网络的简单规划

学习目标

1. 了解计算机网络的基本组成。
2. 了解计算机网络的拓扑结构。
3. 了解计算机网络的功能。
4. 了解计算机网络的分类。

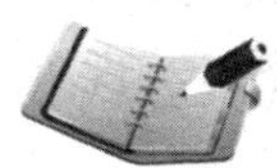

任务描述

百海科技有限责任公司刚刚成立，主营电子数码产品的分销与售后，在赛博数码广场租了一个约200 m^2 的写字间开展业务。

百海公司有销售部、财务部、总经办、采购处、售后部等部门，员工总人数大概30人，各个部门经常需要一些产品信息与资源的共享，也需要和各个产品的厂商进行信息互通。为了提高工作效率和质量，急需采取一套可行的资源共享与业务交流解决方案。

任务分析

结合百海公司的经营情况，由于产品的采购、销售等活动非常频繁，库存数据一直处在变动之中，因此只有各个部门间都能及时了解这些数据，才能保证各项业务的正常进行。而与此类似，各个部门间还有许多业务需要各种信息的互通。若要达到这样的目的，可以采取以下几种方式：

（1）公司定期召开会议，同步工作进展。采取在会议室面对面同步工作进展的方式，信息传递的误差最小，但是频繁地召开会议将会降低工作效率。

（2）所有部门定期向总经理汇报工作，由总经理负责各部门的信息同步和任务下达。虽然总经理可以比较全面地了解全公司运营情况，但是作为整个信息同步的核心人员，这无疑额外增加了总经理的工作量，信息的传递可能会存在误差。

（3）部门之间通过电话横向业务交流。经常的横向交流可以使得沟通比较及时，但是昂贵的电话费用将增加公司一部分开销，电话沟通的内容无法完整地传递给第三个人，另外，通过电话传递大文件比较困难。

（4）组建计算机网络。公司为每名员工配备一台个人计算机，然后搭建一套信息交互平台，所有员工通过这套平台实现信息同步和跟踪。该方案具有以上所有优点，并且各部门间可以实时了解各项业务数据，随时随地进行会议，且文件的共享非常方便。虽然初期需要一定的资金投入，但是由于该方案极大地提高了工作效率和质量，对企业的经营起到了明显的推动作用，降低了各项传统通信费用（如电话费、差旅费），实际上提高了整个公司运营系统的性价比。

相关知识

一、计算机网络概述

计算机网络是计算机技术与通信技术相结合的产物。计算机网络是信息收集、分发、存储、处理和应用的重要载体。计算机网络作为一种生产技术和生活设施，在广泛应用后对人类社会的政治、经济和文化生活产生了重大影响。

1. 计算机网络定义

计算机网络，是指将地理位置不同的具有独立功能的多台计算机及其外部设备，通过通信线路或者无线电波连接起来，在支持网络的操作系统（如 Windows、Linux、Mac OS 等）、网络通信协议（如 TCP/IP 协议簇）、网络软件（如 IE 浏览器）的共同协调工作下，实现资源共享和信息传递的计算机系统。

21 世纪已进入计算机网络的时代，人们出门旅行可以通过网络订购到全国任意车次的车票和任意航班的机票；去商场购物也不用带现金，只需在任意一家银行开户存钱，就可以在任意有 ATM 或 POS 机的地方提取或使用；甚至人们足不出户就可以购物、看在线电影、视频聊天等。网络缩短了人们之间的距离，整个世界因为出现了计算机网络而变得更小。

2. 计算机网络的发展

（1）面向终端的计算机网络

20 世纪 40 年代在著名的数学家、被称为“计算机之父”的冯·诺依曼先生（见图 1—1—1）设计思想基础上研发出的电子计算机，成为 20 世纪最伟大的科学技术发明之一。

图 1—1—1　冯·诺依曼先生

但是在以后的几年里，计算机还并没有形成网络。因为当时的计算机数量很少，且价格昂贵。我国的超级计算机“天河一号”，存放于国家重要部门的计算中心，主要处理成批的信息。如果想使用这样的计算机，必须前往计算中心，并且需要排队等候。这种计算模式称为单机模式，显然很不适合现代的应用。

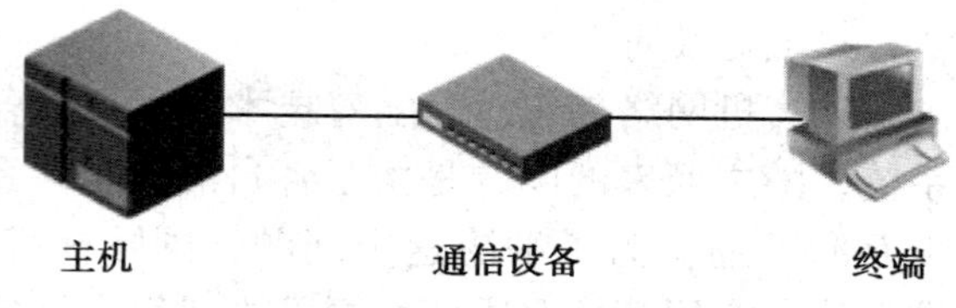

图 1—1—2 远程终端工作模式

为了解决用户去计算中心不方便的问题，20 世纪 50 年代，出现了一种叫作远程终端的设备，该设备是一种输入 / 输出设备，它可以借助通信设备（如调制解调器），通过电话线路与远程计算机连接起来，把数据传给远程的计算机，同时可以接收远程计算机传来的处理完的数据结果。远程终端设备仅仅具备输入 / 输出与显示的功能，本身不具备计算功能，如图 1—1—2 所示。

20 世纪 60 年代早期，为了使得主机可以同时和多个终端相连，并且多个终端的用户可以同时使用主机，又出现了多重线路控制器。此时，主机为了适应多个远程终端同时通信、处理信息，采用了一种分时系统的概念，即主机将单位时间分成许多时间片（比如将 1 s 分成 10 个时间片，每个时间片为 0.1 s），在每个时间片内主机都与一个终端相连，并处理该终端传来的数据，各个终端轮流占有时间片。由于时间片很短，主机切换的速度很快，各个用户感觉不到，因此各个用户都感觉自己占用了主机。这种系统机制称为多用户分时系统，利用这种技术，多个不同地理位置的用户可以连接在一起同时使用计算机进行计算，这成了现代计算机网络的雏形，如图 1—1—3 所示。

（2）计算机互联网络

多用户分时系统虽然实现了多用户连接在一起同时使用主机，但本质上仍然是一个单机系统，而且当终端多的时候主机会承担非常大的负荷，并且主机和主机之间也没有实现数据的共享与协同计算。于是，人们开始研究多台计算机之间相互连接和通信的方法。分组交换技术的出现使计算机网络技术的发展发生了革命性的变化。

分组交换，是将各个计算机连接在一些节点（如交换机）上，当计算机 A 需要给计算机 B 发送数据时，首先将数据分成一系列等长的分组，同时附上源主机地址、目的主机地址等信息，再将数据发送到节点，由节点发送到主机 B 上。这样，网络节点可以同时处理多台主机的相互通信。至此，形成了真正意义上的计算机网络，如图 1—1—4 所示。

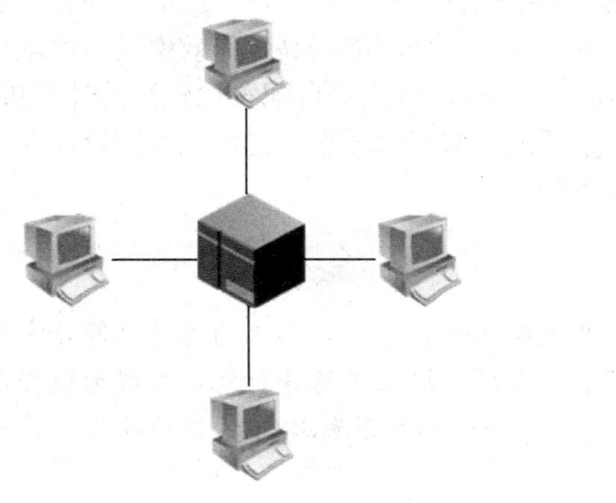
图 1—1—3 多用户分时系统

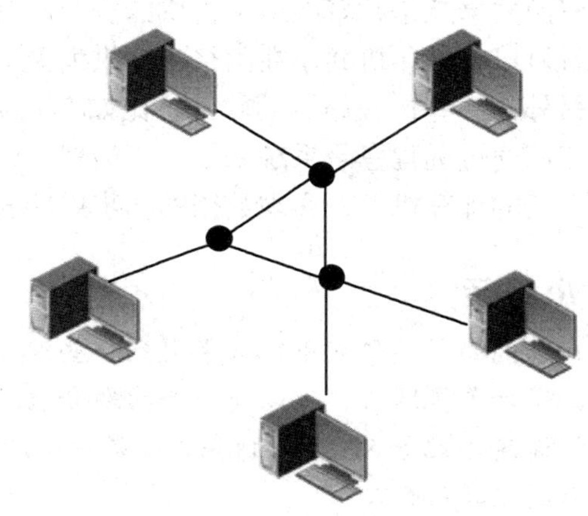
图 1—1—4 分组交换技术

（3）互联网

计算机网络兴起后，随着技术的发展，各大计算机生产商纷纷发展各自的计算机网络系统，随之而来的问题是由于各自的技术体系存在差异，所以不同公司的网络之间不能实现互联互通。为了解决这个问题，国际标准化组织（ISO）于 1978 年提出了开发一个标准，让所有厂商按照同一个标准去研发自己的计算机网络相关产品，以达到各个公司的网络能互联互通的目的，这个标准称为开放系统互联参考模型，简称 OSI/RM。OSI 参考模型推出后，得到了国际上的认可，从此一直走标准化的道路，才出现了今天影响全世界的互联网。

20 世纪 60 年代末，美国国防部高级研究计划署（ARPA）建设了一个军用网，名为“阿帕网”（ARPAnet）。阿帕网于 1969 年正式启用，当时仅连接了 4 台计算机，供科学家们进行计算机联网实验，这就是互联网的前身。到 20 世纪 70 年代，ARPA 设立了新的研究项目，支持学术界和工业界进行有关的研究。研究的主要内容就是想用一种新的方法将不同的计算机连接到一起，研究人员称为“Internetwork”，简称“Internet”。随后 ARPA 赞助了一组网络协议的开发，这组网络协议就是今天风靡全球的 TCP/IP 协议簇，它要求所有连接 Internet 的计算机均使用 TCP/IP 协议。Internet 使用了一种称为路由器的网络设备，将全世界各个网络连接到一起，使人们的信息共享变得极为容易，大大推动了科技的进步。Internet 的迅猛发展始于 20 世纪 90 年代，瑞士的欧洲粒子物理实验室（CERN）的物理学家们开发了万维网（World Wide Web，WWW），大大方便了公众对 Internet 的使用，从而推动了 Internet 规模的指数级增长。

二、计算机网络的功能

1. 数据交换和通信

数据交换和通信是计算机网络最基础的功能，它可以使计算机、平板电脑、手机等各种设备之间快速地互相传递各种数据、程序、文件、即时消息等。回过头看，利用这个功能，可以使百海公司各个部门的员工之间，甚至出差在外地的员工之间通过计算机网络联系起来，随时进行信息互通、远程会议、互传文件等工作。

2. 资源共享

资源共享就是共享网络中提供的资源，其中包括硬件、软件和数据。比如，在百海公司里，就可以将打印机共享在网络中，供大家一同使用，这样既能提高工作效率又可以减少投资。另外，一些比较昂贵的软件，比如 Photoshop，也可以放在一台配置比较高的计算机中，供员工们通过远程登录系统来使用。当然，最重要的一些经营数据，也可以共同存储在一台可靠性高的计算机上，实现数据的同步更新和备份。

小提示

在人们的科学研究中，如果遇到一些综合的大型问题，单个计算机的运算性能是十分有限的，而计算机网络，可以将一个问题分散到很多台计算机上进行并行处理，极大地提高了运算的速度。比如 SETI @ Home 就是一个所有互联网上的计算机均可参与的寻找地外文明的分布式运算项目。

三、计算机网络的分类

1. 按照地理范围分类

（1）局域网（见图 1—1—5）

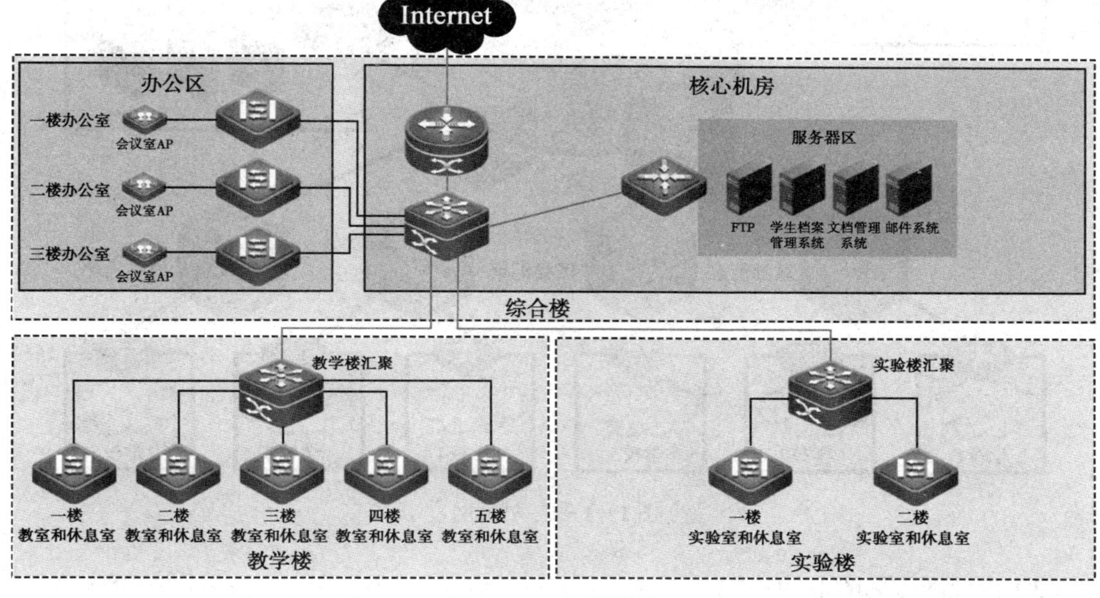

图 1—1—5 局域网

局域网（Local Area Network，LAN），是指在一个距离较短的地理范围内，一般指方圆 10 km 以内，将计算机、外围设备和网络设备连接在一起的网络系统，如一个公司、一个学校、一个社区等。在百海公司内部，将各个员工的办公计算机、打印机与交换机连接在一起，则为一个典型的局域网。LAN 具备以下特点：

1）由于现在主流的笔记本式计算机和交换机已达到了 1 000 Mbit/s 的性能，而高端产品已突破 10 Gbit/s，所以在 LAN 内部的数据传输速度是非常快的。

2）由于 LAN 覆盖的范围较小，所以设备间互传数据时的延迟较小，丢包率也比较低。

3）局域网的连接方式支持双绞线、无线、光纤等多种介质（这些介质在后面的项目会提到），极大地提高了网络部署的灵活性。

（2）城域网（见图 1—1—6）

城域网（Metropolitan Area Network，MAN），是在一座城市范围内建立的计算机网络系统。一般使用与 LAN 相似的技术，但是覆盖的范围比 LAN 大，常见的是在一块行政辖区内，如某个城市的教育城域网。城域网是将各个局域网用一些专用的通信技术连接起来，为一个行政辖区的用户提供网络电视、远程教育、远程监控等服务的一种网络。例如，比较前沿的“智慧城市”的建设，就是由城域网技术来承载的。

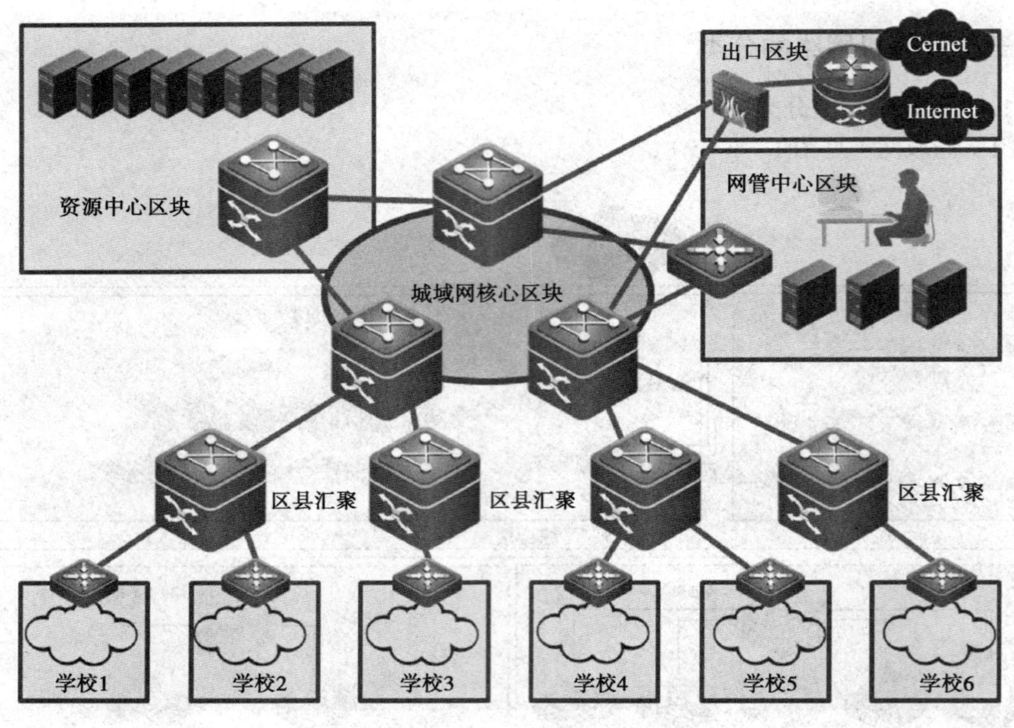

图 1—1—6　城域网

（3）广域网（见图 1—1—7）

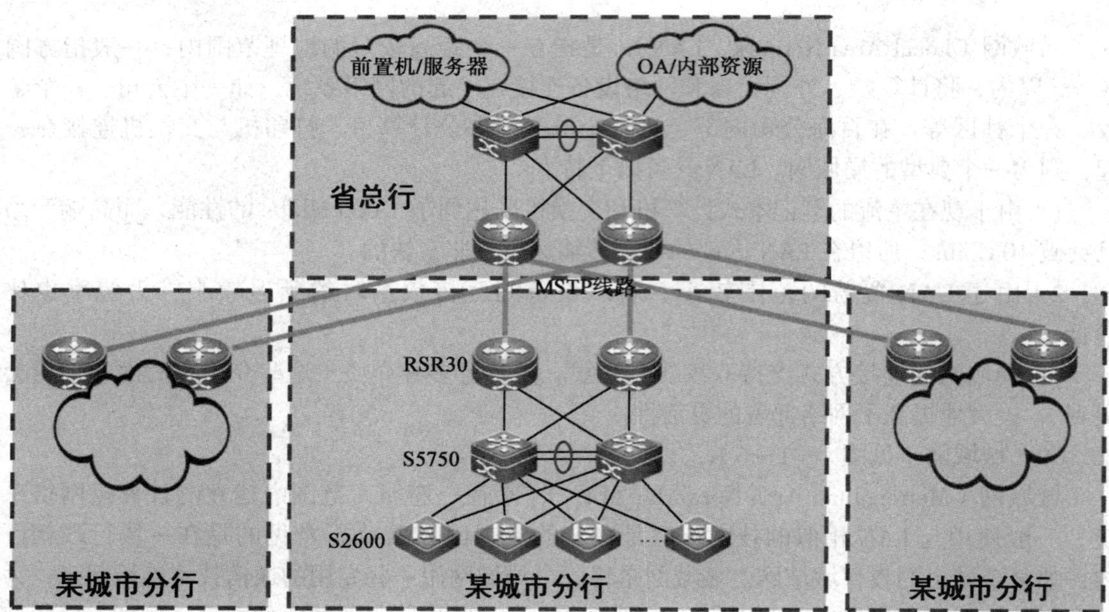

图 1—1—7　广域网

广域网是将分布在各地的局域网与城域网连接起来的网络，地理范围非常大，如某大型集团公司的网络。遍布全球的因特网就属于广域网，并且是世界上最大的广域网。相对于局域网和城域网，广域网的速率较低，典型的速率从 56 kbit/s 到 155 Mbit/s。

2. 按照传输介质分类

根据计算机网络的传输介质不同，可大体将计算机网络分为有线网络和无线网络。

图 1—1—8　双绞线

（1）有线网络

有线网络是指使用双绞线、光纤、同轴电缆等线缆将计算机与外围设备、网络设备连接在一起的组网方式。就百海公司来说，固定的办公计算机、打印机、网络设备等采用双绞线（见图 1—1—8）连接比较合适。

（2）无线网络

无线网络是指使用 WiFi、蓝牙、红外线等无线技术，将带有无线功能的计算机、平板电脑、手机、无线路由器等设备连接在一起的组网技术，是近几年发展非常迅猛的 IT 技术。当然，在百海公司里，员工的笔记本、手机等，使用 WiFi 的方式组成无线网络，能极大地提高网络的灵活性，提高工作效率。图 1—1—9 所示为最常见的无线组网设备——无线路由器和无线网卡。

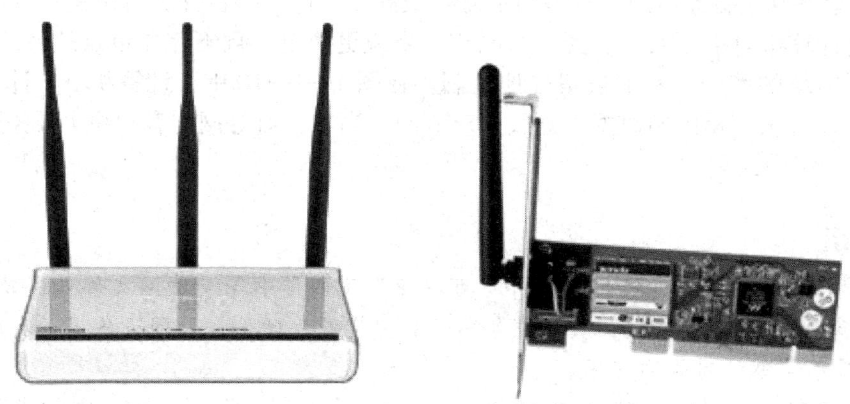

图 1—1—9　无线路由器和无线网卡

3. 按照服务方式分类

根据应用的服务方式不同，可以把计算机网络分为客户机 / 服务器网和对等网。

（1）客户机 / 服务器网

服务器是指为用户提供集中服务的一种高性能计算机，一般采用服务器专用 CPU，如英特尔志强系列，运算能力比较高，并且采用一些冗余技术，比如电源冗余、风扇冗余、网卡冗余等，所以可靠性也比较高。当然，相对于普通计算机，价格也要昂贵一些。

客户机 / 服务器网指的是网络中部署一台服务器，由服务器集中提供服务，如文件服务、打印服务、WWW 服务等，而其他客户机均向服务器发起请求获取服务数据的一种连接方式，多台计算机可以共享服务器中存储的数据或者使用服务器中的一些应用软件。在图

1—1—10 中，客户机（计算机 A、计算机 B、计算机 C）集中使用服务器的资源，包括硬件资源、软件资源与数据资源，此为典型的客户机 / 服务器网。

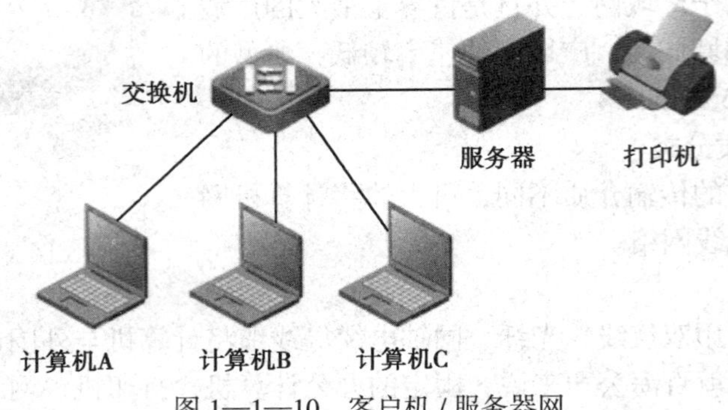

图 1—1—10　客户机 / 服务器网

客户机 / 服务器网具有安全性高、网络资源使用可以有效监控、客户机的优先级较易控制管理等优点，但是网络的性能取决于服务器的性能与客户机的数量。在企业中，部署一台服务器作为各项经营数据的共享，这样不同部门可以随时查看实时同步的数据，而不同计算机间的通信，也通过服务器来处理，这样可以对资源的访问和网络的使用做到严谨地控制，是典型的客户机 / 服务器网。

（2）对等网

相对于客户机 / 服务器网，对等网不需要服务器角色，每台计算机都是平等的，都可以互相与其他计算机对话、共享资源，组网相对来说更简单，且不存在单点故障或性能瓶颈。但是用户对网络的使用，不能被很好地控制。在图 1—1—10 中，计算机 A、计算机 B、计算机 C 之间，直接互相传递数据，则属于对等网。当然，对等网与客户机 / 服务器网是可以同时在一个网络中出现的。

小提示

在公司中，内部员工直接互传文件（可以使用飞鸽传书等局域网文件传送软件），每台计算机也能和服务器直接连接，共享服务器的数据资源、硬件、外围设备（如打印机、扫描仪等），这属于典型的对等网应用。

20 世纪 80 年代初期，国际标准化组织（ISO）认识到，需要一个标准的模型来帮助各个厂商实现设备的互联互通，于是着手制定一个统一的网络技术标准。在 1983 年，公布了一个网络技术体系结构模型，称为开放系统互联参考模型（Open System Interconnection/Reference Model，OSI/RM），作为一个国际通用的标准。任意两个支持 OSI/RM 模型的网络设备都可以互联互通。

四、计算机网络的标准模型

1. OSI/RM 模型

在 OSI/RM 中，将数据的通信功能分为 7 个层次，各个功能层次间相互独立又相互依靠。将复杂的网络通信过程分解为相对简单的几个过程后，使技术的发展具备更好的灵活性，开发人员可以专注于开发某一层的功能，更利于技术的发展。因为每一层上网络系统的功能相对独立，所以排错也更为简便。OSI/RM 模型的下四层主要负责数据传输，而上三层则负责数据处理，如图1—1—11 所示。

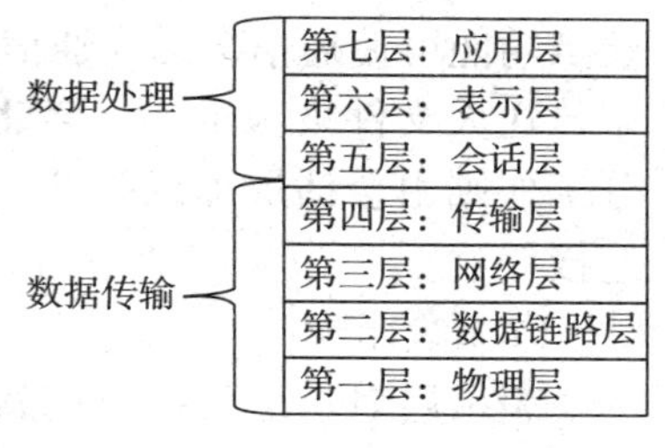

图 1—1—11　OSI/RM 模型

（1）物理层

物理层为设备之间的数据通信提供传输介质，定义了物理链路的电气或机械特性，以及激活、维护和关闭这条链路的各项操作。物理层的特征参数包括电压、数据传输率、最大传输距离、物理接口的形状等。物理层要形成适合数据传输需要的实体（即比特流）。物理介质包括双绞线、同轴电缆、光纤、无线信道等，集线器是典型的物理层设备。

（2）数据链路层

数据链路可以粗略地理解为数据通道。物理层要为终端设备间的数据通信提供传输介质及其连接，而在物理介质上，传输的数据难免受到各种不可靠因素的影响而产生差错，为了弥补物理层上的不足，为上层提供无差错的数据传输，就要能对数据进行检错和纠错，数据链路层就是在传输介质上提供可靠的数据传输。数据链路的建立、拆除，对数据的检错、纠错是数据链路层的基本任务，其主要手段就是将数据分成帧，以数据帧为单位进行传输。数据链路层典型的设备是二层交换机，以太网、帧中继、PPP 是典型的数据链路层协议。

（3）网络层

网络层将数据分成一定长度的分组，并在分组头中加入标识源和目的节点的逻辑地址（IP 地址），这些地址就像街区、门牌号一样，成为每个节点的标识。网络层的核心功能便是根据这些地址来获得从标识源到目的节点的路径，当有多条路径存在的情况下，还要负责进行路由选择。网络层的典型设备是路由器，路由器的内部有一个路由表，这个表所描述的是如果要去某一个地方，下一步应该向哪里走。如果能从路由表中找到数据包下一步往哪里走，则把转发端口的数据链路层信息加在包上转发出去；如果不能知道下一步走向哪里，则将此包丢弃，然后返回一个出错信息，交给源地址。路由技术从实质上说有两种功能：决定最优路由和转发数据包。路由表中写入各种信息，由路由算法计算出到达目的地址的最佳路径，然后由相对简单直接的转发机制发送数据包。接收数据的下一台路由器依照相同的工作方式继续转发，依此类推，直至数据包到达目的路由器。

（4）传输层

传输层对上层隐藏传输细节，提供透明（不依赖于具体网络）的数据传输服务。它的功能主要包括流控、多路复用、虚电路管理、纠错及恢复等。其中，多路技术使多个不同应用的数据可以通过单一的物理链路共同实现传递；虚电路是数据传递的逻辑通道，在传输层建立、维护和终止；纠错功能则可以检测错误的发生，并采取措施（如重传）解决问题。传输层是一个端到端的层，这里的端指的是主机上应用程序的一个实例，描述主机上的应用程序之间的通信行为，网络层描述的是主机之间的通信行为。通过网络层和传输层，可以唯一地标识一台特定主机的特定应用程序，用“IP 地址 + 端口号”标识。在主机之间的数据通信中，数据链路层适应各种链路产生数据帧，并由物理层最终产生适应链路传输的信号。

（5）会话层

会话层提供的服务可使应用程序建立和维持会话，并能使会话获得同步。会话层的校验点功能可使通信会话在通信失效时，从校验点处继续恢复通信（断点续传），这种能力对于传送大文件极为重要。会话层同样要担负应用进程服务要求，而传输层不能完成的那部分工作则由会话层加以弥补。会话层的主要功能包括为会话实体间建立连接、数据传输和连接释放。

（6）表示层

表示层对上层数据或信息进行变换，以保证一台主机应用层信息可以被另一台主机的应用程序理解。表示层的数据转换包括数据的加密、压缩、格式转换等。在表示层以下的各层中，它们最关注的是如何传递数据位，而表示层关注的则是所传递的信息应该如何表示。MIDI、MPEG 就是表示层的协议。

（7）应用层

应用层为操作系统或网络应用程序提供访问网络服务的接口。应用层包含了各种各样的协议，这些协议往往直接针对用户的需要。最典型的应用层协议是 HTTP（HyperText Transfer Protocol，超文本传输协议），它是 WWW 的基础。当浏览器需要一个 Web 页面的时候，它利用 HTTP 将所要页面的名字发送给服务器，然后服务器将页面送回给浏览器。其他还有一些应用协议，用于文件传输、电子邮件及网络新闻等。

基于 OSI/RM 模型，数据在计算机网络中传输时，经过数据链路层、网络层、传输层都会进行报文的封装。封装是指在数据的前面加上相应的传输信息，比如在传输层加上数据的端口号，在网络层加上数据的 IP 地址，在数据链路层加上数据的 MAC 地址。如果把数据看作快递包裹，那么封装就相当于在包裹外贴上快递单，写明收件人、发件人等寄送快递的必备信息，如图 1—1—12 所示。

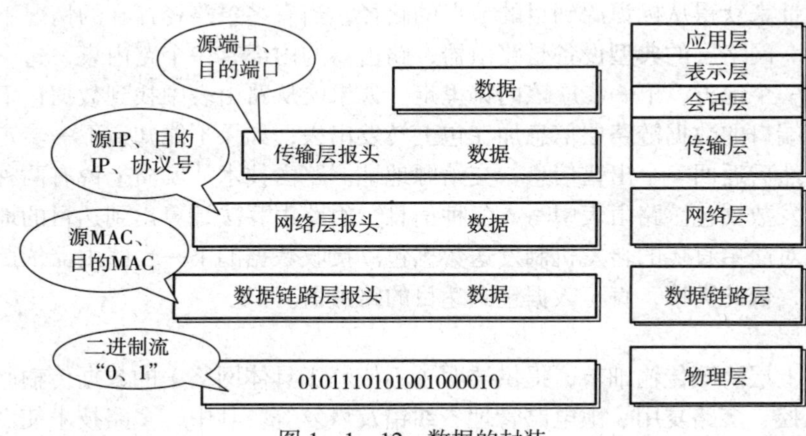

图 1—1—12　数据的封装

2. TCP/IP 模型

在 OSI/RM 建立以后，得到了国际上的认可，从此各个计算机网络厂商开始走标准化道路。但是 OSI 的协议定义复杂，实现起来比较困难，而且 OSI 层次的划分不是非常合理，运行效率低，影响了 OSI 产品的发展。与此同时，ARPANet 发起的互联网采用了 TCP/IP 模型，简化了 OSI/RM，使分层更为合理。

一方面，因为 OSI/RM 的上三层都是作为数据处理，和数据传输的功能相对独立，所以 TCP/IP 模型将 OSI/RM 的上三层合并为一层，统称为应用层。另一方面，因为 OSI/RM 的下两层联系较为紧密，所以 TCP/IP 模型也把它们合并成一层，统称为网络接口层。但是在实际网络分析中，经常采用折中的方法，就是把上三层合并为一层，但是下两层仍然分开来看，这样就有了常用的计算机网络五层模型，对应关系如图 1—1—13 所示。

OSI/RM	TCP/IP	实际网络分析
应用层	应用层	应用层
表示层		
会话层		
传输层	网络传输层	网络传输层
网络层	网络互联层	网络互联层
数据链路层	网络接口层	数据链路层
物理层		物理层

图 1—1—13　网络体系结构对应关系

五、计算机网络的组成

计算机网络从工作方式上可以分为边缘部分与核心部分两块。

1. 边缘部分

计算机网络的边缘部分指的是用户直接使用的，用来进行数据通信与共享（音频/视频、文件等）的设备，现在流行的主要有个人计算机（Personal Computer，PC）、服务器、平板电脑、手机、游戏机、智能电视、网络摄像头等一切可以接入网络的设备，如图 1—1—14 所示。

图 1—1—14　网络边缘部分的设备

（1）PC

个人计算机一词源自于 1981 年 IBM 的第一部桌上型计算机（型号 PC），在此之前有 Apple Ⅱ 的个人用计算机。个人计算机能独立运行、完成特定的功能。个人计算机不需要共享其他计算机的处理器、磁盘和打印机等资源也可以独立工作。从台式机（或称台式计算机、桌面电脑）、笔记本式计算机到上网本和平板电脑，以及超级本等都属于个人计算机的范畴。

（2）服务器

服务器（Server）是指一个管理资源并为用户提供服务的计算机，通常分为文件服务器、数据库服务器和应用程序服务器。相对于普通计算机来说，服务器在稳定性、安全性等方面都要求更高，因此 CPU、芯片组、内存、磁盘系统、网络等硬件与普通计算机有所不同。

（3）网络摄像头

网络摄像头是传统监控技术与计算机网络技术相结合的产物，与传统摄像头相比，网络摄像头的数据使用计算机网络进行编码和传输。

（4）智能电视

智能电视是指像智能手机一样，具有全开放式平台，搭载了操作系统，可以由用户自行安装和卸载软件、游戏等第三方服务商提供的程序，通过此类程序来不断对电视的功能进行扩充，并可以通过网线、无线网络来实现上网冲浪的这样一类电视的总称。智能电视最大的亮点是可以通过网络在线点播各种音频 / 视频节目。

（5）游戏机

游戏机是一种用于娱乐的计算机系统，如今新一代的游戏机均支持网络连接，可以和各地的游戏玩家在线竞技，如索尼公司的 PS 系列、微软公司的 XBOX 系列就是典型的新型电子游戏机代表。

2. 核心部分

计算机网络的核心部分是用来连接边缘部分，为边缘部分提供通信服务的，也就是常说的网络设备，主要包括集线器、交换机、路由器、防火墙等。

（1）集线器（见图 1—1—15）

图 1—1—15　集线器

集线器是最早把计算机连接在一起的设备，当一台计算机将数据包发往集线器的一个端口时，集线器会将数据复制并发送到其他所有端口。集线器在同一时间内，只能发送一台计算机的数据，如果其他计算机也发送数据，就会产生冲突，为避免这种冲突，只能各自等待一个随机的时间再重传。集线器的工作机制有以下几个缺点：第一，由于会将数据发往其他所有端口，所以安全性得不到保证。第二，所有端口的数据在一个冲突域中，数据传输效率低下。第三，由于整台集线器是共享带宽，比如 10 M 的集线器，是说整台集线器的转发性能为 10 M，而每个端口可用的带宽会比较小。所以现今几乎已经看不到集线器了，取而代之的是交换机。

（2）交换机（见图 1—1—16）

图 1—1—16　交换机

相对于集线器，交换机是基于 MAC 地址进行数据转发的。由于 MAC 地址是每台接入网络的主体设备上的唯一编号，所以当一台计算机给另一台计算机发送数据包时，交换机会有针对性地从另一台计算机相应的接口转发出去，而不是像集线器一样复制到所有接口。并且，交换机的每一个接口都享有独立的带宽，不会像集线器一样发生数据冲突。显然，交换机具备更高的数据转发性能，且每台计算机都可以同时进行数据收发，同时也提高了安全性，它已经完全取代集线器，成了网络中使用最多的设备。

选购交换机时，要考虑的因素主要有端口数量（常见的企业交换机有 24 口、48 口）、端口速率（常见 10/100/1 000 Mbit/s）、背板带宽（交换机总的数据处理能力，一般从每秒几千兆位到几十万兆位不等），当然，性能越高，价格也越贵。为满足百海公司的业务需求，并且预留一些扩展空间，同时尽量减少组网成本，这里采用一台 48 口的百兆交换机，是最高性价比的选择。

（3）路由器（见图 1—1—17）

图 1—1—17　路由器

在介绍路由器之前，先简单地看一下 IP 地址的概念。每一台接入网络的主体设备（如计算机、手机等），都要设置一个 IP 地址，如 192.168.1.1，关于 IP 地址的详细信息，会在后面的章节详细介绍。现在只需要知道 IP 地址是分段的，而同一地址段的计算机，只要连在交换机上就可以直接通信了，但不同地址段的用户是不能直接通信的。而不同地址段，称之为不同子网。路由器就是这样一个连接不同子网的网络设备。路由器主要包含以下几种功能。第一，网络互联，连接不同子网和不同类型的网络（如局域网和广域网）。第二，维护和更新路由表，寻找去往不同目的地址段最佳的路径。第三，网络地址转换，在一个企业的局域网内部，一般使用私有地址，这些私有地址是不会在公网中出现的。路由器作为连接内部网和互联网的设备，可以将内部的私网地址，转换为可以去往互联网的公网地址，起到增强内网安全性和节省互联网公网地址的作用。

（4）防火墙（见图 1—1—18）

图 1—1—18　防火墙

防火墙的本意是在建筑物中发生火灾时，能隔离火势蔓延的一种障碍物。在计算机网络中，防火墙同样也是起到将安全的可信任的网络（一般是企业内网）与存在安全隐患的网络（一般指互联网）进行隔离的一种设备。防火墙分为软件防火墙和硬件防火墙，软件防火墙为安装在计算机或服务器上的类似于杀毒软件的一种监控操作系统网络使用情况的安全软件，硬件防火墙部署在网络中，用于过滤经过的数据。图 1—1—19 为典型防火墙部署模式。

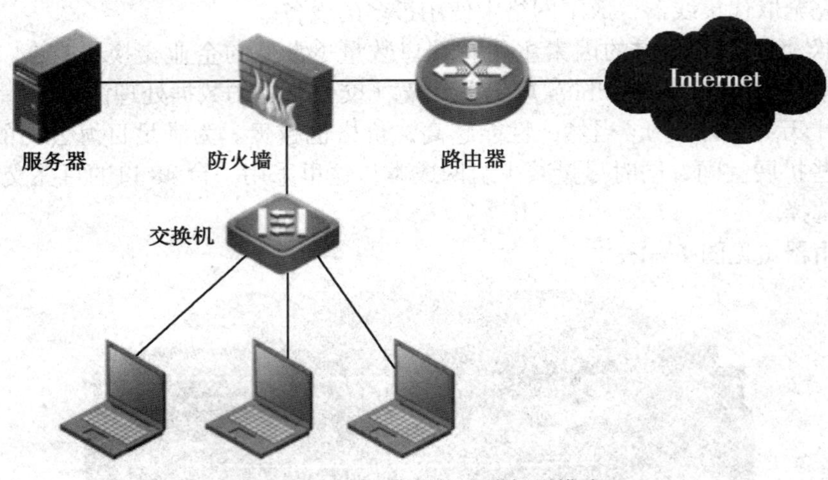

图 1—1—19　典型防火墙部署模式

（5）传输介质

传输介质就是在数据通信中传输信息的载体，比如双绞线、同轴电缆、光纤、空气等。图 1—1—20 为常见的计算机网络传输介质。

图 1—1—20　常见的计算机网络传输介质

（6）网络适配器

网络适配器又称网卡或网络接口卡（Network Interface Card，NIC）。它是使计算机主机联网的器件。平时所说的网卡就是它，网卡插在计算机主板插槽中，负责将用户要传递的数据转换为网络上其他设备能够识别的格式，通过网络介质传输。它的主要技术参数为带宽、总线方式、电气接口方式等。它的基本功能为对数据进行封装并进行转发。网络适配器外观如图 1—1—21 所示。

目前，以太网网卡有 10 M、100 M、10 M/100 M 及千兆网卡。对于大数据量网络来说，服务器应该采用 1 000 M 以太网网卡，这种网卡多用于服务器与交换机之间的连接。而 10 M、100 M 和 10 M/100 M 网卡则属人们经常购买且常用的网络设备，这三种产品的价格相差不大。所谓 10 M/100 M 自适应是指网卡可以与远端网络设备（集线器或交换机）自动协商，确定当前的可用速率是 10 M 还是 100 M。100 M 网卡在 2010 年之前还大行其道但是现如今 1 000 M 网卡已经逐步普及，在购买网卡的时候 1 000 M 网卡已经成为主流选择。

3. 计算机网络的软件组成

除了网络设备与主机，计算机网络的正常运行还需要网络通信软件的支持，这些通信软件包括网络操作系统、网络通信协议和网络通信软件。

（1）网络操作系统

网络操作系统是指支持计算机网络功能的计算机操作系统或者其他设备（如手机）的操作系统，现在市面上的操作系统均支持网络功能，如微软的 Windows、苹果的 Mac OS、开源的 Linux、谷歌的 Android 等，都属于网络操作系统，如图 1—1—22 所示。

图 1—1—21　网络适配器

图 1—1—22　各种网络操作系统

1）Windows。Windows 是美国微软公司开发的窗口化操作系统，也是目前世界上使用最广泛的操作系统，目前最新的版本是 Windows 10。Windows Phone 8 采用和 Windows 8 相同的针对移动平台的精简优化 NT 内核，并且内置诺基亚地图，这标志着移动版 Windows Phone 将提前与 Windows 系统同步，部分 Windows 8 应用可以更方便地移植到手机上。

2）Linux。Linux 是一种开放源码的操作系统，存在着许多不同的版本，可以安装在各种硬件设备中，比如个人计算机、服务器、手机等。Linux 系统更适合作为服务器操作系统使用。

3）Mac OS。Mac OS 是一套运行于苹果计算机上的专用操作系统，也是首个在商用领域成功的图形用户界面操作系统，目前最新的版本是 Mac OS X 10.10。

4）iOS。iOS 是由苹果公司开发的手持设备操作系统，用于苹果的 iPhone 系列手机上，后来陆续用到苹果的平板电脑 iPad 和影音播放器 iPod touch 上。

5）Android。Android 是一种基于 Linux 的操作系统，主要用于移动设备，由 Google 公司主导开发，目前 Android 占据全球智能手机操作系统市场 70% 以上的份额，在中国市场占有率达到 90%。

6）塞班。塞班系统是塞班公司为手机而设计的操作系统，2008 年 12 月，塞班公司被诺基亚收购。塞班系统曾经是市场占有率最高的手机操作系统，但是随着 Android 和 iOS 的异军突起，现今已经逐渐走向消亡。

（2）网络通信协议

网络通信协议是所有网络软件在开发的时候所执行的标准，只有这样，才能实现各种软件的互联互通。网络通信标准化组织主要有国际标准化组织（ISO）、电气与电子工程师协会（IEEE）等。

在计算机网络中，最主流的是 TCP/IP 协议簇，它是一组协议的集合。如用于文件传输的协议 FTP、访问 WWW 网页的协议 HTTP、邮件发送的协议 SMTP、将域名解析成 IP 地址的协议 DNS、建立可靠连接的协议 TCP、实现动态路由的协议 OSPF、将 IP 地址转化为 MAC 地址的协议 ARP 等，这些在以后的内容中会涉及。具体协议见表 1—1—1。

表 1—1—1　TCP/IP 协议簇

TCP/IP 层次	协议
应用层	TFTP、HTTP、SNMP、FTP、SMTP、DNS、Telnet 等
网络传输层	TCP、UDP
网络互联层	IP、ICMP、OSPF、EIGRP、IGMP、RIP
网络接口层	ARP、RARP、SLIP、PPP、MTU、IEEE 802

（3）网络通信软件

网络通信软件是指用户使用的，实现自己业务需求的网络应用软件。网络通信软件是最接近最终用户的，比如 IE 浏览器、QQ、阿里旺旺、迅雷等，甚至支持在线存储的 Office 软件等，都属于网络通信软件，如图 1—1—23 所示。

图 1—1—23　网络通信软件

六、计算机网络的拓扑结构

网络拓扑指的是网络设备、节点如何通过传输介质连接的示意图。网络工程师在写实施方案时经常需要用 PowerPoint 或者 Visio 等软件画网络拓扑图。常见的网络拓扑有总线型拓扑、环型拓扑、星型拓扑、树型拓扑、全互联型拓扑和网状型拓扑等，如图 1—1—24 所示。

1. 星型拓扑结构

星型拓扑的网络以一台网络设备为核心，其他网络设备仅与该设备有直接的物理链路，所有的数据都必须经过中央处理设备进行传输。好处是结构简单，容易管理排除故障，但中央的网络设备会形成单点故障，发生故障将导致网络的瘫痪，难以满足扩展性和可靠性的需求，适用于资金有限且可以承受单点故障的中小企业。而业务比较重要的大型企业，为了提高核心设备的可靠性，可以在单星型的基础上建立双星型拓扑。

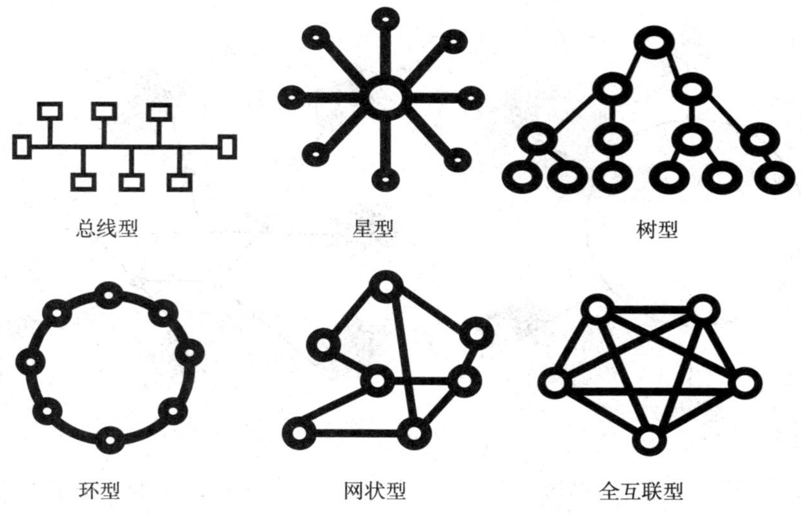

图 1—1—24　网络拓扑结构

现在的以太网普遍采取星型拓扑结构或者分层的星型拓扑结构，如图 1—1—25 所示。

2. 总线型拓扑结构

早期的以太网（使用同轴电缆作为传输介质，如粗缆、细缆）采用的是一种总线型的拓扑结构，所有计算机共用一条物理传输线路，所有的数据发往同一条线路，并能够被连接在线路上的所有设备感知，但是总线型拓扑和集线器一样，容易产生数据冲突，所以现今已经很少见到，如图 1—1—26 所示。

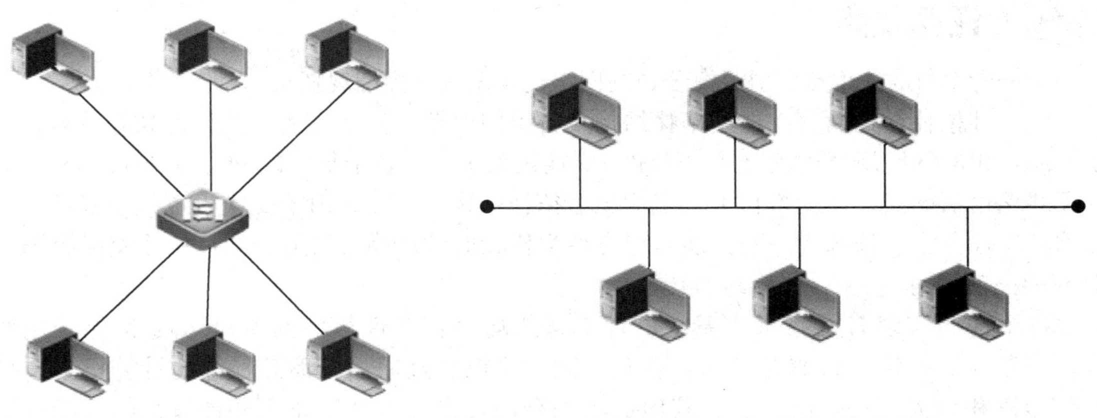
图 1—1—25　星型拓扑结构

图 1—1—26　总线型拓扑结构

3. 环型拓扑结构

另一种在 LAN 中使用较多的是环型拓扑结构。通过传输介质将所有的端用户连成环型，如图 1—1—27 所示。显而易见，这种结构消除了端用户通信时对中心系统的依赖性。

4. 网状型拓扑结构

网状型拓扑结构的网络利用冗余的设备和线路来提高网络的可靠性，因此，节点设备可以根据当前的网络信息流量有选择地将数据发往不同的线路，如图 1—1—28 所示。

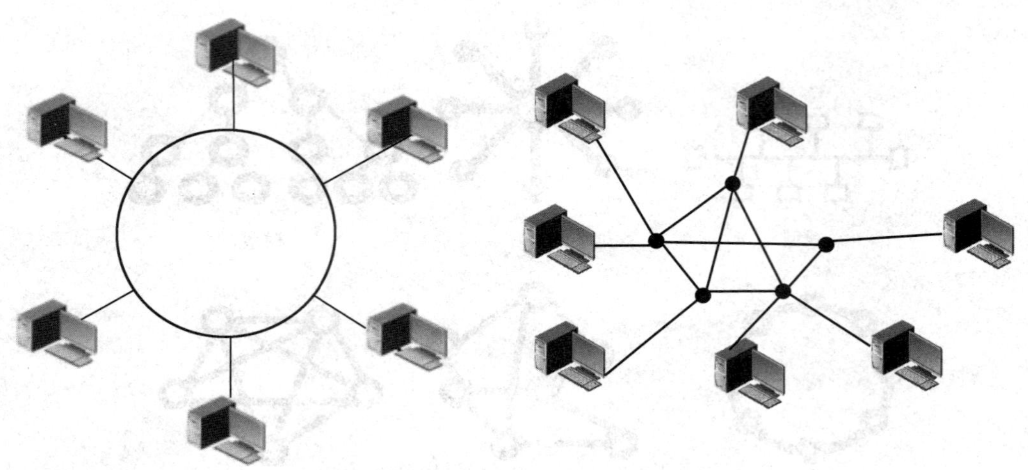

图 1—1—27　环型拓扑结构　　图 1—1—28　网状型拓扑结构

网状型拓扑又分为全网状和部分网状，最极端的情况是网络中任意两台设备之间都直接相连，用这种方式形成的网络称为全互联型网络。全互联型网络的可靠性无疑是最高的，但代价也是显而易见的，如果要连的设备有 n 个，则所需的线路将达到 $n(n-1)/2$ 条。因此，实际中往往只是将网络中任意一个节点都至少和其他两个节点互联在一起，这样已经可以提供令人满意的可靠性保证。现在，一些网络常把主要的骨干网络做成网状型拓扑结构，而非骨干网络则采用星型拓扑结构。

任务实施

根据所学习的知识点，对百海公司的网络建设做一下详细规划。

就几种拓扑结构而言，星型拓扑结构具备组网简单、排错容易、性价比高等特点，用于百海公司的网络规划比较合适。这里以交换机为中心，各个部门的 PC、外围设备和出口的无线路由器均连接在交换机上，组成星型拓扑结构。当然，由于交换机负担了最核心的数据转发任务，应该选用一台性能与稳定性都比较好的产品。百海公司网络系统拓扑图如图 1—1—29 所示。

各个部门安装有网络操作系统的计算机（均为普及性最好的 Windows 7），采用双绞线连接至交换机，组成对等网，相互之间均可以直接通信，而总经办的计算机上连接有打印机和扫描仪等外围设备，其他员工如有需要也可以共享总经办计算机的这些外围设备。

因为公司员工需要通过互联网发展业务，所以还需要配置一台可以将内部局域网与外部互联网连接起来的路由器，这里考虑到公司里可能还会有一些移动用户（笔记本、平板电脑、手机等），可选用一台支持无线网络功能的无线路由器。关于无线网络方面的技术，会在后续章节进行介绍。

最后，需要去 ISP（互联网服务提供商，一般是电信或联通）申请一条互联网线路，将申请到的互联网线路连接至路由器，使公司可以访问互联网业务。

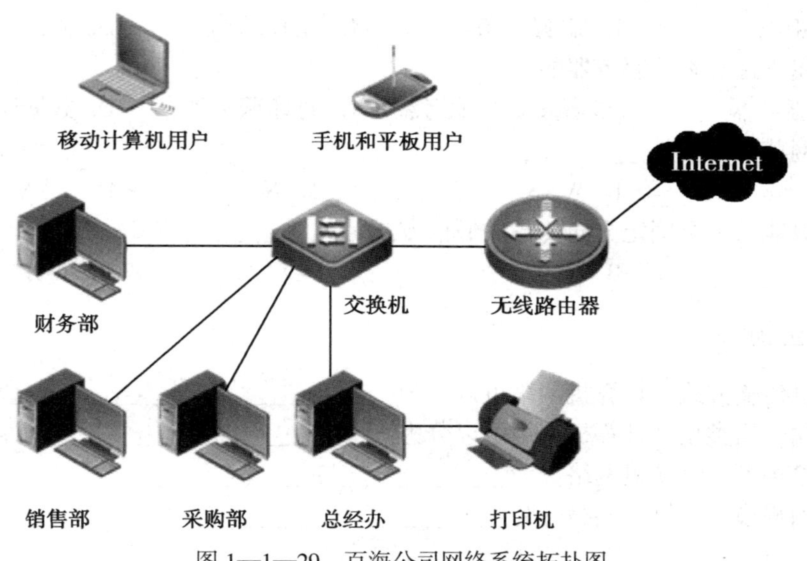

图 1—1—29　百海公司网络系统拓扑图

小提示

网络操作系统是完成网络通信、控制、管理和资源共享的系统软件的集合。UNIX/Linux Novell NetWare、Microsoft Windows NT/2000/XP 等都是著名的通用局域网操作系统。

目前，并没有单一的网络操作系统一统天下，而是存在多种网络操作系统并存的局面。其中，UNIX 因其推出时间早且具有系统安全稳定等优势，几乎独霸了具有联网需求的邮电、银行、铁路、军事等领域。

巩固练习

一、选择题

1. 网卡的主要功能不包括________。

A. 将计算机连接到通信介质上　　B. 进行电信号匹配

C. 实现数据传输　　D. 网络互联

2. 计算机网络基本功能包括________。

A. 数据传输　　B. 共享　　C. 文件传输　　D. 控制

3. 下列选项中，________是将单个计算机连接到网络上的设备。

A. 显示卡　　B. 网卡　　C. 路由器　　D. 网关

4. 下列属于按网络信道带宽把网络分类的是________。

A. 星型网和环型网　　B. 电路交换网和分组交换网

C. 有线网和无线网　　D. 宽带网和窄带网

5. 把网络分为电路交换网、报文交换网、分组交换网属于按________进行分类。

A. 连接距离　　B. 服务对象　　C. 拓扑结构　　D. 数据交换方式

6. 下列属于最基本的服务器的是________。

A. 文件服务器　　B. 异步通信服务器　　C. 打印服务器　　D. 数据库服务器

7. 城域网英文缩写是________。

A. LAN　　B. WAN　　C. MEN　　D. MAN

8. 数据只能沿一个固定方向传输的通信方式是________。

A. 单工　　B. 半双工　　C. 全双工　　D. 混合

二、填空题

1. 按信息传输方式，计算机网络可以分为____________与____________。
2. 按传输介质类型，计算机网络可以分为____________与____________。
3. 按用途类型，计算机网络分为____________与____________。
4. 按应用规模，计算机网络分为____________、____________、____________。

三、简答题

1. 计算机网络可以实现哪些功能？
2. 计算机网络的组成是什么？
3. 计算机网络可以从哪几方面分类？
4. 什么是协议，通信双方为什么要采用同样的协议？
5. 交换机、路由器、防火墙的主要功能分别是什么？
6. Internet 出现的意义是什么？

项目二　组建对等网

随着社会的发展，创业的人员越来越多。许多新建公司人员较少，一般在 10 个人左右。这样的公司也需要组建网络，而对等网则是此类小公司组网的首选。对等网不需要专门的服务器来做网络支持，也不需要其他组件来提高网络的性能，可以说是当今最简单的网络，非常适合家庭、新建小公司等环境。

在对等网络中各台计算机有相同的功能，无主从之分。任意一台计算机既可以作为网络服务器，为其他计算机提供资源；也可以作为工作站，以分享其他服务器的资源。

任务　组建公司办公网络

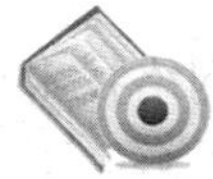

学习目标

1. 认识网络传输介质的分类。
2. 了解 OSI 七层模型的协议内容。
3. 了解二层交换机工作原理。
4. 了解组建对等网的过程。

任务描述

创卓商贸有限公司是一家以小家电批发为主的综合性商贸公司，公司平面图如图 2—1—1 所示。现在公司主管为了建立公司网上销售渠道并且能够方便公司内部管理，计划在公司内搭建一个高速的网络环境。要求每个工位提供 2 个网络接入点、会议室提供 4 个网络接入点，凡是从接入点接入的都能够进行互相访问并且能够同时上网。网络设备统一放置在配线间（一般为租赁办公楼的楼层配线间）内，所有线缆布放要求整洁、美观。

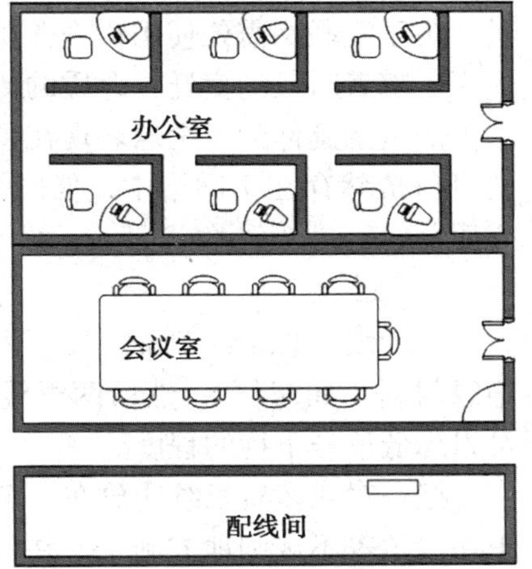

图 2—1—1　创卓公司平面图

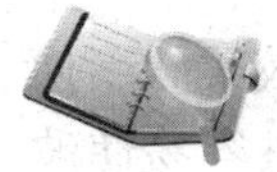

任务分析

由于公司规模较小，并且内网没有提供服务器，所有可以采用最简单的对等网进行组网。对等网中所有计算机（或终端设备）均处于平等地位，无主从之分。对等网的优点如下。

易于安装：在大多数情况下，可快速、轻松地将计算机连接到集线器或交换机，进而共享资源。

成本低廉：可能不需要网络设备和专用服务器。一般而言，即使需要网络设备，它们相对于基于服务器的网络所需的网络设备也更简单，价格更低廉。

较为简单：与基于服务器的网络相比，对等网包含的组件更少，且不需要搭建服务器。

相对而言，对等网的缺点如下。

缺乏集中管理：必须分别在每台计算机中设置用户账户和安全性。

安全性不高：与基于中央服务器的网络相比，更容易以未经授权的方式访问资源。

可扩展性较低：对等网不容易扩展。随着网络规模增大，主机数量增多，管理起来将更困难。

所有设备都有可能要充当服务器和客户端：在对等网中，所有计算机通常都是工作站，用户在其中运行本地应用程序，如文字处理程序和电子表格程序。如果众多的其他计算机同时访问工作站的资源，用户运行的应用程序的性能将降低。

与对等网相对应的就是客户端 / 服务器的网络（C/S 网络），在此类网络中有固定提供服务的服务器或设备，而其他客户端计算机从该服务器获得服务。

该公司网络的搭建看似简单，但实际上需要涉及线缆介质、网络设备及相关的网络技术等诸多概念，为了确保最终能够顺利完成该网络项目，需要在实施组网之前首先来了解一下相关概念。

相关知识

在 OSI 七层模型中定义了很多协议、地址、标准等内容，下面将针对其中涉及的内容逐一进行介绍，以了解网络的基本概念和运作原理，从而能够完成网络的组建。

一、传输介质

由于互联网需要使用物理介质来完成底层的连接，所以介质一直是影响网络发展的主要因素。随着时代的变迁，介质的传输速度越来越快，互联距离越来越远，已经由以前的几千米内的范围延伸到了全球。现在主流的网络互联介质是双绞线和光纤，还有一些介质以过渡的身份依然存在于网络中，像同轴电缆就是其中之一，下面就来介绍一些常见的网络传输介质。

1. 双绞线

双绞线（Twisted Pair，TP）由两根具有绝缘保护层的铜导线组成。每根铜导线都包覆有绝缘材料（如塑料），然后两根线再按一定密度相互绞在一起，就可改变导线的电气特性，可以降低信号干扰的程度。

把一对或多对双绞线放在一个绝缘套管中便成了双绞线电缆。双绞线电缆比较柔软，便于在墙角等不规则地方施工。在传输期间，信号的衰减（Attenuate）比较大，并且容易使波形畸变。这意味着双绞线的传输距离有一定的限制，一般双绞线的最大布线长度为 100 m。

由于双绞线具有价格低廉和施工方便等优势，使它拥有了更强的生命力。目前，双绞线已经成为一种非常流行的通信介质，而且传输能力也有较大提升。

双绞线分为两种类型：非屏蔽双绞线（Unshielded Twisted Pair，UTP）和屏蔽双绞线（Shielded Twisted Pair，STP）。屏蔽双绞线的价格相对要高一些，安装比非屏蔽双绞线电缆难，它类似于同轴电缆，配有屏蔽功能。非屏蔽电缆没有屏蔽功能，它成本低，应用十分普遍，在大多数中小企业内部 LAN、网吧 LAN 等均使用这种电缆。

连接双绞线采用的是 RJ-45 连接器，如图 2—1—2 所示，它类似于电话所使用的连接器。连接器的一端可以连接在计算机的网络接口上，另一端可以连接集线器、交换机、路由器等网络设备。

（1）屏蔽双绞线（Shielded Twisted Pair，STP）

屏蔽双绞线由一根被屏蔽层所围绕的双绞线所组成。屏蔽层形成一个防止电磁辐射进入或逸出的屏障。如图 2—1—3 所示为 STP 电缆。

更强的屏蔽能力使得带屏蔽的双绞线或同轴电缆经常被用于周围有产生强电磁场设备的强干扰源场合（如大型空调等）。

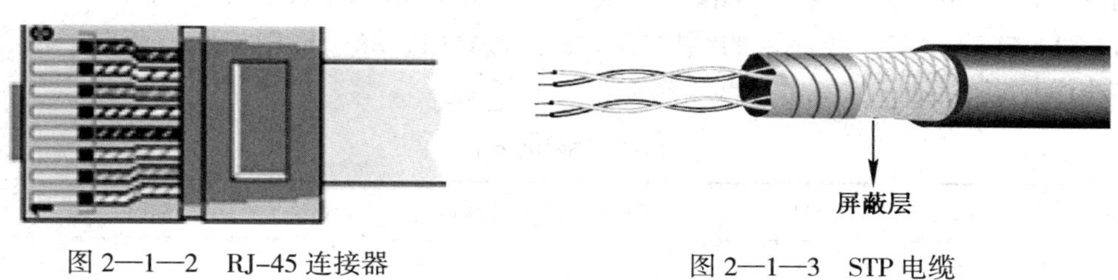

图 2—1—2　RJ-45 连接器　　图 2—1—3　STP 电缆

（2）非屏蔽双绞线（Unshielded Twisted Pair，UTP）

非屏蔽双绞线（UTP）电缆包括一对或多对由塑料封套包裹的绝缘电线对。UTP 没有用来屏蔽双绞线的额外的屏蔽层。因此，UTP 比 STP 更便宜，但抗噪性也相对较低。如图 2—1—4 所示为 UTP 电缆。

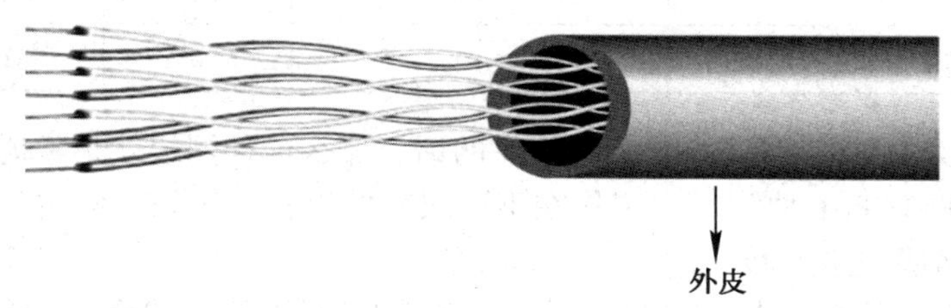

图 2—1—4　UTP 电缆

双绞线表示可以为 10Base-T 电缆，“10Base-T”这种命名规范由 IEEE 制定，意思是其最大传输速率为 10 Mbit/s，使用的是基带通信，为双绞线类型。其中“10”代表最大数据传输速度为 10 Mbit/s，“Base”代表采用基带传输方法传输信号，“T”代表 UTP，这种 UTP 也称为 Category 3（Cat 3）电缆。

（3）双绞线类型

双绞线主要分为 7 类，见表 2—1—1。目前 1 ~ 4 类基本不再使用，使用最多的为 5、5e 类，随着网络发展 6 类双绞线的使用也越来越多。

表 2—1—1　　双绞线类型

类别	用途	说明
1 类	电话	不适合数据网络
2 类	令牌环	支持 4 Mbit/s 的令牌环网
3 类	电话和 10Base-T	20 世纪 80 年代广泛使用的 10 Mbit/s 以太网
4 类	令牌环	支持 16 Mbit/s 的令牌环网
5 类	以太网	支持 10Base-T、100Base-T
5e 类	以太网	使用与 5 类线缆相同的介质，但要经过严格的端接和测试，支持千兆以太网
6 类	以太网	支持千兆以太网，也可以建立 10 Gbit/s 的网络

（4）双绞线线序

国际上常用的制作双绞线的标准包括 EIA/TIA 568A 和 EIA/TIA 568B 两种。

EIA/TIA 568A（交叉线序）的线序定义依次为绿白、绿、橙白、蓝、蓝白、橙、棕白、棕，其线序见表 2—1—2。

表 2—1—2　　EIA/TIA 568A 线序

绿白	绿	橙白	蓝	蓝白	橙	棕白	棕
1	2	3	4	5	6	7	8

EIA/TIA 568B（平行直通线序）的线序定义依次为橙白、橙、绿白、蓝、蓝白、绿、棕白、棕，其线序见表 2—1—3。

表 2—1—3　　EIA/TIA 568B 线序

橙白	橙	绿白	蓝	蓝白	绿	棕白	棕
1	2	3	4	5	6	7	8

如果一条双绞线两头都是 568B 标准线序的话，那么这种网线就是常说的直通线或平行线，主要用于互联 TCP/IP 协议栈中工作在不同层次的设备，例如可以用于互联物理层的集线器与工作在网络层的路由器。

如果一条双绞线两头一头是 568A，另一头是 568B 标准线序的话，那么这种网线就是一条交叉线，主要用在 TCP/IP 协议栈中工作的同一层的设备之间，例如两台计算机之间互联就得使用交叉线。目前百兆以太网双绞线使用 1、2、3、6 编号的芯线传递数据，其他芯线没有使用。在设计网络时，可以使用不同编号的芯线以满足各式各样的用户设备的接线要求。例如，可使用其中一对双绞线来实现语音通信。

2. 同轴电缆

20 世纪 80 年代，DEC、Intel 和 Xerox 公司合作推出了以太网。最初设计以太网时，终端设备共享通信带宽，通过物理介质连接形成总线型拓扑网络。同轴电缆就是在当时普遍采用的传输介质。也就是说，总线型拓扑结构与同轴电缆主要是应用在早期的以太网中。现在以太网通常采用星型拓扑结构与双绞线。同轴电缆相对双绞线，虽然其传输特性要优秀得多，但由于其成本高，实施难度大，所以逐渐被双绞线所取代。

图 2—1—5 中描绘了一种典型的同轴电缆。它共有四层：一根中央铜导线、包围铜线的绝缘层、一个网状金属屏蔽层及一个塑料保护皮。它的内部共由两层导体排列在同一轴上，所以称为“同轴”。其中，铜线传输电磁信号，它的粗细直接决定其衰减程度和传输距离；绝缘材料将铜线与金属屏蔽物隔开；网状金属屏蔽层一方面可以屏蔽噪声，另一方面可以作为信号地，能够很好地隔离外来的电信号，因为网状金属屏蔽层在各个方向上围绕着导线，因此屏蔽是十分有效的。由于具有出色的屏蔽性、中央铜导线的芯也比较粗，所以同轴电缆的频率特性较好，拥有较好的固有带宽，能进行高速率的传输。事实上，大多数同轴电缆固有的带宽远远超过最好的双绞线。

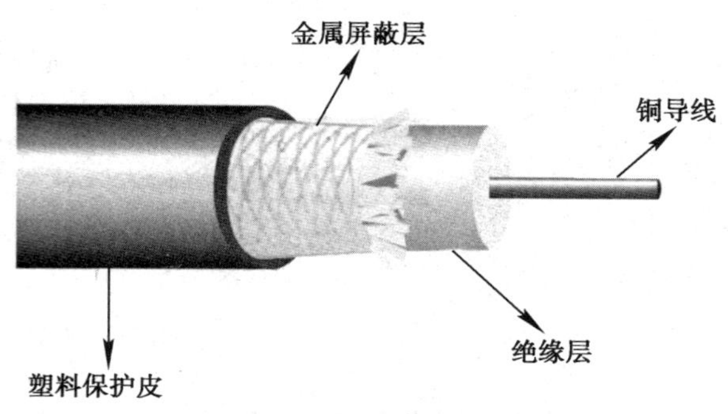

图 2—1—5　同轴电缆

同轴电缆有粗缆和细缆两种类型。粗、细是通过同轴电缆中导体的直径大小来区分的。通常，中心导体的芯越粗，信号传输距离就越远。铜线的直径为 0.25 in（1 in=0.025 4 m）的细缆传输距离约 200 m（10Base2），直径 0.5 in 的粗缆传输距离为 500 m（10Base5）。在粗缆和细缆的两端都采用 50 Ω 的终端电阻，吸收发送完毕的信号，以便于新信号的接收。

3. 光纤

光纤是由玻璃制成的，而玻璃则是由廉价的，且数量及其丰富的沙作为原始材料加工而成的，其主要成分是二氧化硅（SiO_2）。用玻璃制成的光导纤维（即光纤）是一种细小、柔韧并能传输光信号的介质。多条光纤组成的传输线就是通常所说的光缆，计算机网络中的光缆一般由偶数条光纤组成。20 世纪 80 年代初期，光缆的出现引起了网络界的轰动，随后在布线中开始大量使用光缆。与其他类型的传输介质相比，目前光缆在数据传输中是最优异的传输介质，光缆能够适应目前网络对长距离传输大容量宽带信号的要求，在计算机网络中发挥着十分重要的作用。而且，随着技术的不断发展，光缆在网络中的应用也越来越广泛。

光纤通信是不同于任何其他数据传播方法的技术，也就是说它并不是使用通过导体的电子传播信息。光纤使用调制光信号通过绝缘玻璃纤维类型的材料长距离传递数据信息。

光纤和同轴电缆相似，只是没有网状屏蔽层。光纤的中心是光传播的玻璃芯。在多模光纤中，芯的直径是 50 μm，大约与人的头发的粗细相当。而单模光纤芯的直径为 8 ~ 10 μm。光纤芯之外包围着一层折射率比光纤芯折射率低的玻璃封套，以使光线保持在光纤之内。再外层是一层薄的塑料外套，用来保护封套。光纤通常扎成一束，外面有外壳保护，如图 2—1—6 所示。

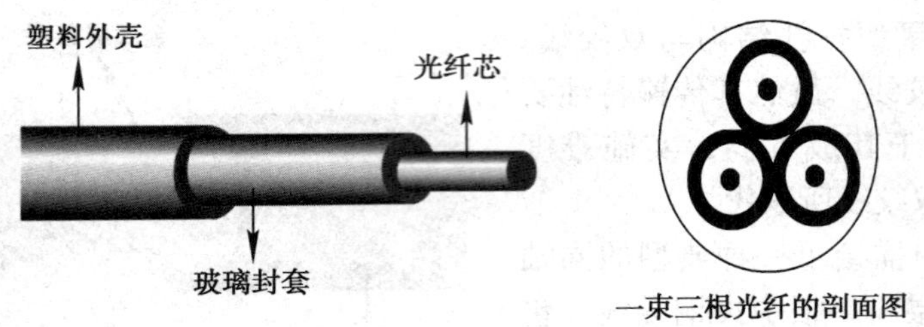

图 2—1—6　光纤示意图

目前计算机网络中最常采用的分类方法是根据传输点模数的不同进行分类。根据传输点模数的不同，光纤可分为单模光纤和多模光纤。所谓“模”是指以一定角速度进入光纤的一束光。单模光纤采用固体激光器作光源，多模光纤则采用发光二极管作光源。多模光纤允许多束光在光纤中同时传播，从而形成模分散，模分散特性限制了多模光纤的带宽和距离，因此，多模光纤的芯线粗、传输速度低、距离短，整体的传输性能差，但其成本比较低，一般用于建筑物内或地理位置相邻的环境下。单模光纤只能允许一束光传播，所以单模光纤没有模分散特性，因而，单模光纤的纤芯相应较细、传输频带宽、容量大、传输距离长，但因其需要激光源，故成本较高，通常在建筑物之间或地域分散时使用。同时，单模光纤是当前计算机网络中研究和应用的重点，也是光纤通信与光波技术发展的必然趋势。

单模光纤（Single-mode Fiber）：一般光纤跳线用黄色表示，接头和保护套为蓝色，传输距离较长。

多模光纤（Multi-mode Fiber）：一般光纤跳线用橙色表示，也有的用灰色表示，接头和保护套用米色或者黑色，传输距离较短。

通过颜色可以区别单模光缆和多模光缆，单模光缆通常为黄色，多模光缆通常使用橘红色，光纤在进行连接时，根据不同的标准可以使用不同的连接器。

光纤接口分为 SC、FC、ST、LC 等，如图 2—1—7 所示。

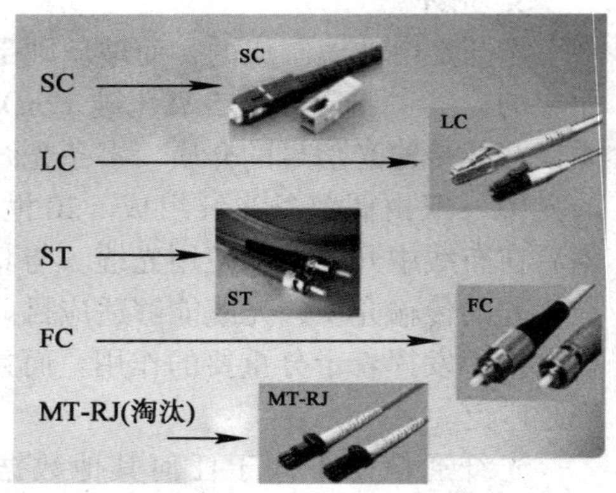

图 2—1—7　光纤接口类型

SC 接口是标准方形接口，采用工程塑料，具有耐高温、不容易氧化的优点。传输设备侧光纤接口一般用 SC 接口。

LC 接口与 SC 接口形状相似，LC 接口较 SC 接口小一些。LC 接口一般在项目中常被使用。

FC 接口是金属圆形带螺纹接口，金属接口的可插拔次数比塑料的多。

二、数据链路层

1. MAC 地址

在数据链路层转发的数据叫作数据帧（或以太网帧），其使用的寻址地址为 MAC 地址。MAC 地址通俗地说就是网卡的物理地址，现在的 MAC 地址一般都采用 6B（48 bit）。

MAC 地址前 24 位是由生产厂家向 IEEE 申请的厂商地址，后 24 位就由生产厂家自行拟定。每个网络制造商必须确保它所制造的每个以太网设备都具有相同的前三个字节及不同的后三个字节。这样就可保证世界上每个以太网设备都具有唯一的 MAC 地址。

2. 冲突域与广播域

冲突域是指能够发生冲突的物理网段（连接在同一传输介质上的所有终端的集合），位于同一个冲突域的终端不能同时发送数据。

在传统共享式以太网中，2 个或 2 个以上的计算机是不能同时在网络中发送数据的，否则就会导致发送的数据全都会出错而被丢掉。例如集线器所有的端口就在同一个冲突域中，那么连在集线器上的多台计算机不能同时发送数据。冲突域越小则产生冲突的可能性越小，数据转发时效率越高，交换机可以实现较小的冲突域划分，在交换机上可以实现每个端口一个冲突域，由交换机构建的以太网已经脱离了共享式以太网的范畴而称之为交换式以太网，也就不存在由于冲突导致的数据丢掉。

广播域是指广播数据（在以太网中目标 MAC 是 FFFF.FFFF.FFFF 的数据就是广播数据，在网络层 IP 地址为广播地址的数据为广播数据）能够到达的范围。只要在一个广播域中，广播数据就能够让所有终端接收到，并进行后续处理。

三、网络层协议

互联网络层也称为互联网层（Internet Layer）或网络层（Network Layer），它是将整个网络体系贯穿在一起的关键层。该层允许主机将分组发送到任何网络上，并且让这些分组独立地到达目标段。这些分组到达的顺序可能与它们被发送时的顺序不同，如果有必要保证顺序递交的话，那么重新排列这些分组的任务则由高层来负责。

网络层包括 IP（网际协议）、ICMP（网际控制报文协议）等协议。IP 是这一层最核心的协议。它是一种无连接协议，不提供可靠性、流量控制或者差错恢复等功能。

1. IP 协议

IP（Internet Protocol）协议通过 IP 地址唯一地标识一个节点，转发路径上的路由器通过查看 IP 包中的目的 IP，查找并匹配路由表决定如何转发 IP 包。

需要注意的是，IP 提供的数据包传送服务是不可靠和无连接的。

不可靠（unreliable）的意思是它不能保证 IP 数据包能成功地到达目的地。IP 仅提供尽力而为的传输服务。如果发生某种错误时，IP 会丢弃该数据包，然后发送 ICMP 消息报给信源端。任何要求的可靠性必须由上层来提供（如 TCP）。

无连接（connectionless）的意思是 IP 并不维护任何关于后续数据包的状态信息。每个数据包的处理是相互独立的。

2. IP 地址

在现实生活中通信需要地址，打电话需要电话号码，同样在网络数据中与对方通信也需要知道对方的地址，这个地址就是 IP 地址。每一个 IP 地址代表一个网络节点。

互联网由相互连接的众多的网络组成，IP 的主要任务就是支持网络间的寻址和分组转发。为此，需要给网络中的每一台主机一个唯一的地址。IP 协议通过类似 192.168.1.10/24 这样的寻址方案提供了该地址。

IP 地址包含两部分：网络地址和主机地址。例如，图 2—1—8 中子网络 A 和子网络 B 标识了不同网络，而 A1、A2 和 B1、B2 标识了网络的主机（对应企业或者部门内部的计算机）。网络地址用于在互相连接的网络间转发分组，路由器查找该地址，并沿着去向目的网络的某个路径转发分组。分组到达目的网络后，由 IP 地址的主机部分识别目的主机。

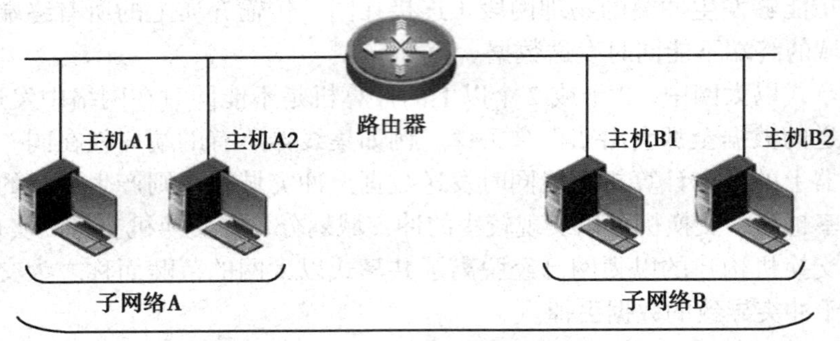

图 2—1—8　IP 地址应用

路由器通过接口将各个不同的网络互相连接起来。每个网络都有它自己的 IP 网络地址，当数据分组到达路由器时，它确定一条转发数据分组的最佳路径（数据从哪个端口转发）。

IP 地址是 32 位的二进制代码。它包含了两个独立的信息段：网络号（net-id）和主机号（host-id）。网络号用来标识主机或路由器所连接到的网络，主机号用来标识该主机或路由器。为了提高可读性，常常将 32 位的 IP 地址中的每 8 位用其等效的十进制数字表示，并且在这些数字之间加上一个点。这种标记 IP 地址的方法称为点分十进制记法（dotted decimal notation）。如图 2—1—9 所示，可以看出，IP 地址的每一段的数字范围是 0 ~ 255。

32位的二进制数

网络号	主机号

每8位表示成一个十进制数

172	16	122	204

128 64 32 16 8 4 2 1

10101100	00010000	01111010	11001100

图 2—1—9　IP 地址的组成

（1）IP 地址分类

早期通过将 IP 地址中网络位和主机位固定下来表示哪些是网络位，哪些是主机位（现在通过子网掩码表示，但 IP 地址分类的影响依然遗留下来）。左边的部分指示网络，右边的部分指示主机。随着固定的网络号位数和主机号位数的不同，IP 地址分成了不同的几类：A 类、B 类、C 类、D 类和 E 类。其中 A 类、B 类和 C 类地址是最常用的。

如图 2—1—10 所示，A 类、B 类和 C 类 IP 地址的网络号分别为 8 位、16 位和 24 位，其最前面的 1 ~ 3 位的数值分别规定为 0、10 和 110。其主机号字段分别为 24 位、16 位和

8 位。A 类网络容纳的主机数最多，B 类和 C 类网络所容纳的主机数相对少些。D 类和 E 类地址也被定义。D 类地址的前 4 位为 1110，范围是 224.0.0.1 ~ 239.255.255.254，用于多播（组播）地址，E 类地址的前 4 位为 1111，范围是 240.0.0.1 ~ 255.255.255.254，留作试验使用。

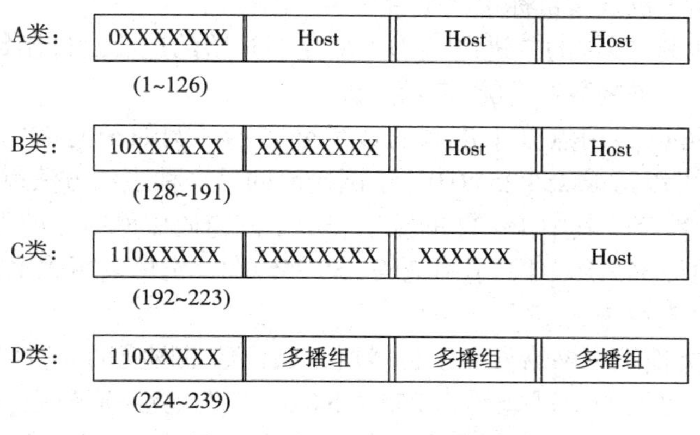

图 2—1—10　IP 地址的分类

对于每个网段而言，第一个地址为网络地址，最后一个地址为广播地址，这两个地址不能使用，所有计算网段最大主机数量时需要将主机地址数减 2。

对于 A 类地址而言，其网络号仅仅占 8 位，主机号占 24 位。A 类地址的特点如下。

1）第 1 位为 0。

2）网络号的范围是 1.0.0.0 ~ 126.0.0.0。

3）网络数 127 个（1 ~ 126 是可用的，127 作为本地软件回环测试本主机之用）。

4）A 类网络中的最大主机数是 16 777 214（即 $2^{24}-2$）个。

B 类地址具有 16 位网络号和 16 位主机号，它的特点如下。

1）第 1、2 位为 1、0。

2）网络号的范围是 128.0.0.0 ~ 191.255.0.0。

3）网络数 16 384 个。

4）网络中的最大主机数是 65 534（$2^{16}-2$）个。

C 类地址具有 24 位网络号和 8 位主机号，它的特点如下。

1）第 1、2、3 位为 1、1、0。

2）网络号的范围为 192.0.0.0 ~ 223.255.255.0。

3）可用的网络数为 2 097 152。

4）网络中的最大主机数是 254（$2^{8}-2$）个。

直接使用 A 类、B 类、C 类的地址会造成大量的 IP 地址被浪费，现在基本已经不再使用分类的地址方案。在 20 世纪 90 年代初，一种被称为 CIDR（Classless Inter-Domain Routing，无类域间路由）的技术被提了出来，用于帮助减缓 IP 地址消耗和解决路由表增大的问题。

CIDR 允许不再使用标准的 A、B、C 三类 IP 地址，网络位和主机位的区分将完全依靠子网掩码。取消 IP 地址的分类结构后，即可以划分更合理的、较小的子网，也可以将多个地址块聚合在一起生成一个更大的网络，以包含更多的主机。子网划分内容将在后续章节介绍。

（2）子网掩码

在 IP 地址中，子网掩码（Subnet Masks）的作用是标识 IP 地址中哪些是网络位，哪些是主机位，从而帮助主机判断目标主机是否在同一网段内。

子网掩码长度也是 32 位的二进制编码，从左端开始的连续二进制数字“1”表示 IP 地址的网络位，剩余的二进制数字“0”表示主机位。

子网掩码同样可以采用点分十进制的数字来表示，例如子网掩码 11111111 11111111 00000000 00000000 可以写成 255.255.0.0。子网掩码的另一种表示方法就是在 IP 地址后加上“/”符号及 1 ~ 32 的数字，其中 1 ~ 32 的数字表示子网掩码中网络位的长度（也就是有多少个“1”），例如 IP 地址 172.16.1.1，子网掩码 255.255.0.0，也可以写成 172.16.1.1/16，这种方法叫作地址前缀长度表示法。

由于 A、B、C 类地址中网络号和主机号所占的位数是固定的，所以 A 类地址的子网掩码为 255.0.0.0，B 类地址的子网掩码为 255.255.0.0，C 类地址的子网掩码为 255.255.255.0。主机依靠子网掩码来判断所发送的数据包目的地址是本地（源、目标主机网络号相同，直接发送给对方主机）的，还是需要交给网关代为转发的（源、目标网络号不相同，网关一般为具有路由功能的设备）。

某台主机的 IP 地址为 202.119.115.78，子网掩码为 255.255.255.0。将这两个数据做逻辑与（AND）运算后，所得出的值中的非 0 的部分即为网络号。

202.119.115.78 的二进制值为：11001010.01110111.01110011.01001110

255.255.255.0 的二进制值为：　11111111.11111111.11111111.00000000

与运算后的结果为：　　　　　　11001010.01110111.01110011.00000000

转为十进制后即为：　　　　　　202.　　119.　　115.　　0

其中，202.119.115 就是这个 IP 地址中的网络号，主机号是 78。如果有另一台主机的 IP 地址为 202.119.115.83，它的子网掩码也是 255.255.255.0，则其网络号为 202.119.115，主机号为 83，可以看出这两台主机的网络号都是 202.119.115.0，因此，这两台主机在同一网段内，它们之间的通信不需要由网关代为转发，而 202.119.114.30/24 和 100.1.1.10/24 则需要网关代为转发。

IP 地址还可以按照使用范围分为公网 IP 地址与私网 IP 地址，其中在 A、B、C 三类地址中分别划分了一段私网 IP 地址，如下：

10.0.0.0 ~ 10.255.255.255

172.16.0.0 ~ 172.31.255.255

192.168.0.0 ~ 192.168.255.255

私网 IP 地址不能在公网上使用，一般使用在企业、学校等机构内网中。

（3）IP 地址与 MAC 地址

MAC 地址为数据链路层寻址使用的地址，而 IP 地址为网络层寻址使用的地址。

既然每个以太网设备在出厂时都有一个唯一的 MAC 地址了，那为什么还需要为每台主机再分配一个 IP 地址呢？或者说为什么每台主机都分配唯一的 IP 地址了，为什么还要在网络设备（如网卡、集线器、路由器等）生产时内嵌一个唯一的 MAC 地址呢？主要原因有以下几点。

IP 地址的分配是根据网络的拓扑结构，而不是根据谁制造了网络设备。若将高效的路由选择方案建立在设备制造商的基础上而不是网络所处的拓扑位置基础上，这种方案是不可行的。

当存在一个附加层的地址寻址时，设备更易于移动和维修。例如，如果一个以太网卡坏了，可以被更换，而无须取得一个新的 IP 地址。如果一台主机从一个网络移到另一个网络，可以给它一个新的 IP 地址，而无须换一个新的网卡。

无论是局域网，还是广域网中的计算机之间的通信，最终都表现为将数据包从某种形式的链路上的初始节点出发，从一个节点传递到另一个节点，最终传送到目的节点。数据包在这些节点之间的移动都是由 ARP（Address Resolution Protocol，地址解析协议）负责将 IP 地址映射到 MAC 地址上来完成的。

3. ICMP 协议

ICMP（Internet Control Message Protocol，Internet 控制报文协议）作为 IP 协议的辅助协议，用于发送错误消息和控制消息。ping 和 tracert 是典型的基于 ICMP 协议的应用。

网络测试中常用 ping 程序模拟源、目标主机之间的 IP 报文，测试主机之间的 IP 可达性。同时，ICMP 报文能够收集并显示从发送请求到收到应答的时间，用来衡量网络性能。

ping 程序测试命令工作原理如图 2—1—11 所示。

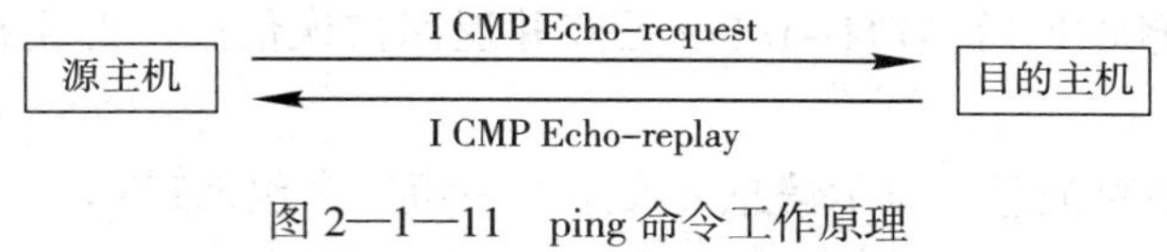

图 2—1—11　ping 命令工作原理

可以使用“ping　目标 IP”来测试主机之间的 IP 连通性。在 Windows 系统中使用 ping 命令测试主机可达的现实结果如图 2—1—12 所示。

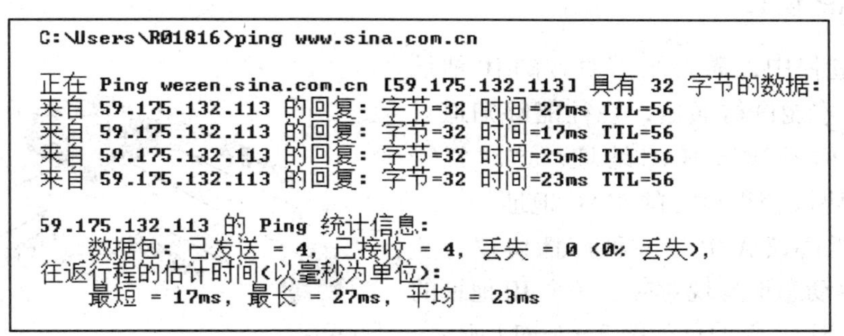

图 2—1—12　使用 ping 测试目标主机可达性

tracert 是另一个基于 ICMP 的网络测试工具。

在 Windows 系统上使用 tracert 命令可以探测到达目标主机所经过的路径，显示沿路径每个三层设备的 IP 地址，如图 2—1—13 所示。

```
C:\Users\R01816>tracert www.sina.com.cn

通过最多 30 个跃点跟踪
到 wezen.sina.com.cn [59.175.132.113] 的路由:

  1  1176 ms   245 ms   183 ms  172.17.40.1
  2     *        *        *     请求超时。
  3     *     1171 ms  1092 ms  222.247.28.61
  4  1742 ms     *     2168 ms  61.137.0.53
  5   704 ms   704 ms     *     202.97.56.173
  6    47 ms    47 ms    48 ms  58.49.8.130
  7    34 ms    36 ms    21 ms  221.235.54.202
  8    14 ms    14 ms    15 ms  59.175.132.113

跟踪完成。
```

图 2—1—13　使用 tracert 探测到目标的路径

tracert 原理主要是利用 IP 数据包中的 TTL 值实现的，TTL（Time To Live，生存时间）为 IP 数据包为了防止环路而设定的。IP 数据包每经过一个三层设备 TTL 就会减 1，当 TTL 值为 0 时，三层设备将丢弃该数据包并给源发生端返回一个错误信息。

tracert 工具的基本工作过程如下。

1）源主机首先发三个包，TTL=1。

2）第一台路由器收到后，TTL-1=0，丢弃并返回错误信息，源主机获得一个三层设备信息。

3）源主机收到超时消息，显示信息并发送下一组三个包，TTL= 上一组 TTL+1。

4）收到目标主机的应答后程序终止，其中 * 号表示探测包丢失或者中间网络设备不予应答。

四、ARP 协议

在通信过程中，需要知道对方的 IP 地址和 MAC 地址才能进行通信，往往能够知道对方的 IP 地址而不知道 MAC 地址，这时就需要使用 ARP 协议获得对方的 MAC 地址。

地址解析协议 ARP 是一种广播协议，主机通过它可以动态地发现对应于一个 IP 地址的 MAC 地址。ARP 工作原理如图 2—1—14 所示。

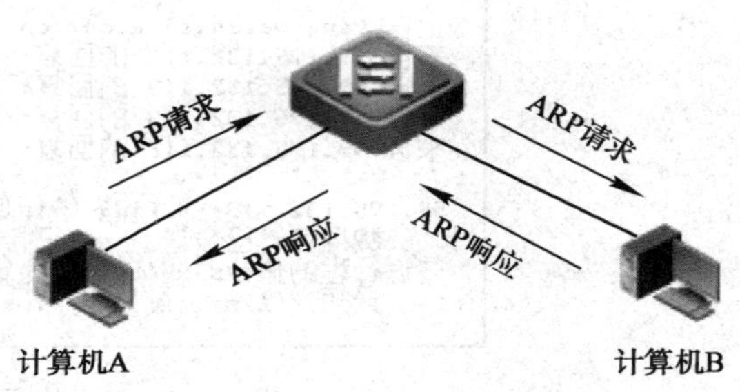

图 2—1—14　ARP 工作原理

在图 2—1—14 中，假定计算机 A 已经知道计算机 B 的 IP 地址，若需要和计算机 B 通信，还需要知道计算机 B 的 MAC 地址，计算机 A 通过 ARP 协议获得计算机 B 的 MAC 地址的过程如下。

1. 计算机 A 发送 ARP 请求

ARP 请求为广播数据帧，广播域中的所有计算机均能收到该数据帧，这个过程称为广播。发送的 ARP 请求报文中，带有自己的 IP 地址到 MAC 地址的映射，同时还带有需要解析的目的主机的 IP 地址。

2. 计算机 B 收到 ARP 请求后，回复 ARP 响应

计算机 B 收到 ARP 请求后将其中的计算机 A 的 IP 地址与 MAC 地址的映射存到自己的 ARP 高速缓存。把自己的 IP 地址到 MAC 地址的映射作为响应发给计算机 A（即 ARP 响应）。

3. 计算机 A 收到 ARP 响应

计算机 A 收到 ARP 响应后将其中的计算机 B 的 IP 地址与 MAC 地址的映射存到自己的 ARP 高速缓存。

由此计算机 A 获得了计算机 B 的 IP 地址和 MAC 地址，可以和计算机 B 进行通信。同样，计算机 B 也获得了计算机 A 的 IP 地址和 MAC 地址。

在计算机中可以在 cmd 中执行 arp-a 命令来查看当前 ARP 缓冲内容，如图 2—1—15 所示。

```
C:\Users\Administrator>arp -a

接口: 192.168.1.101 --- 0x10
  Internet 地址         物理地址              类型
  192.168.1.253         ec-17-2f-94-1f-18     动态
  192.168.1.255         ff-ff-ff-ff-ff-ff     静态
```

图 2—1—15　ARP 缓冲查看结果

五、二层交换机工作原理

交换机采用硬件的交换引擎来实现数据转发，该引擎一般称为 ASIC（Application Specific Integrated Circuit）。ASIC 将维护一张 MAC 地址表，表项的主要内容是 MAC 地址、交换机端口。

收到数据后，交换机基于源 MAC 进行地址学习，基于目标 MAC 匹配 MAC 地址表进行数据转发。

1. 地址学习

交换机通过以太网帧的源地址来填充、更新 MAC 地址表。初始 MAC 地址表为空，交换机把接收到的数据帧从除了接收接口之外的所有接口发送出去（泛洪）。

主机 A 给主机 C 发送数据帧（源地址是主机 A 的 MAC 地址 00-D0-F8-00-11-11，目的地址则是主机 C 的 MAC 地址 00-D0-F8-00-33-33），由于此时的 MAC 地址表是空的，所以交换机的处理方法是把帧从 E1、E2、E3 这 3 个接口广播出去，如图 2—1—16 所示。

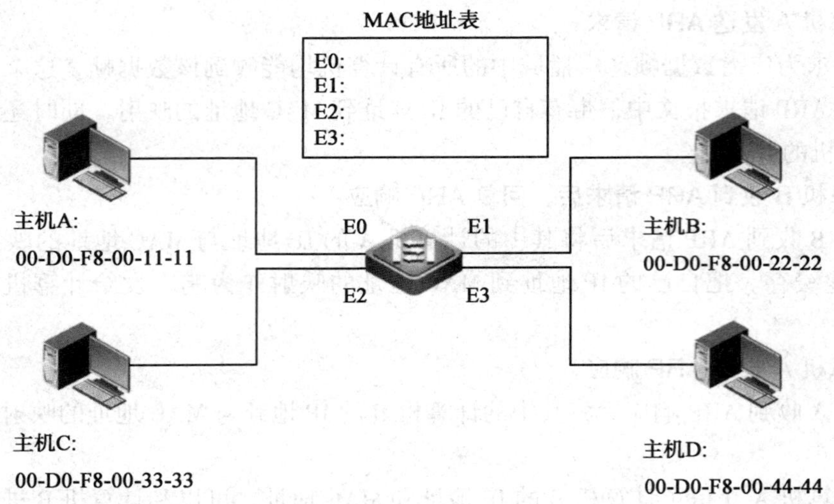

图 2—1—16　初始的 MAC 地址表

同时，交换机也获得了这个帧的源地址，在 MAC 地址表中增加一个条目，将这个 MAC 地址和接收接口对应起来。至此，交换机就知道主机 A 位于接口 E0 了，如图 2—1—17 所示。

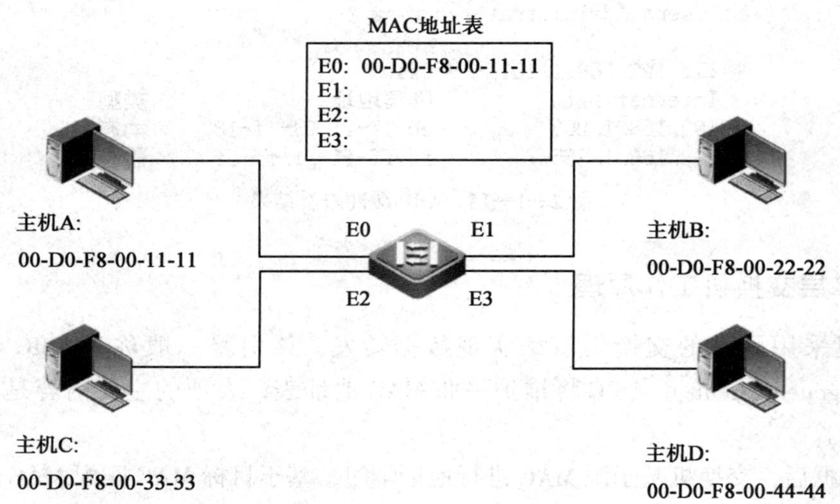

图 2—1—17　在 MAC 地址表中添加地址

网段上的其余的主机收到这个帧之后，只有真正的目的端主机 C 会响应这个帧，其余的主机则是丢弃这个帧。返回的响应帧到达交换机后，它的目的 MAC 地址为主机 A 的 MAC 地址，由于这个地址已经存在于 MAC 地址表中，交换机就可以把它按照表中对应的接口 E0 转发出去。同时，交换机在 MAC 地址表中将再添加一条新的记录，将响应帧的源 MAC 地址（主机 C 的 MAC 地址）和接口（E2）对应起来。

随着网络中的主机不断发送帧，这个学习的过程也将不断进行下去，最终，交换机得到了一张完整的 MAC 地址表，如图 2—1—18 所示。表中的条目将被用于做出转发和过滤决策。

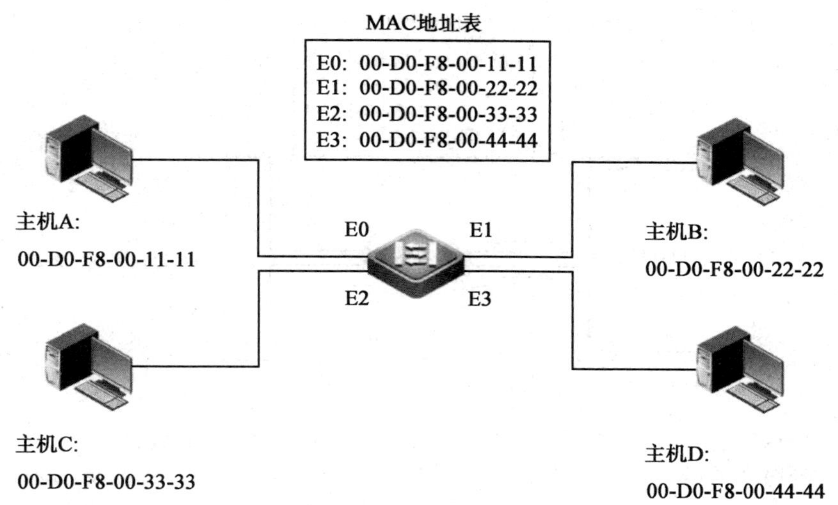

图 2—1—18　完整的 MAC 地址表

需要注意的是，MAC 地址表中的条目是有失效时间的，如果在一定的时间内（锐捷交换机的 MAC 地址老化时间为 300 s）交换机没有从该接口接收到一个相同源地址的帧（用于刷新 MAC 地址表中记录），交换机会认为该主机已经不再连接在这个接口上，于是这个条目将从 MAC 地址表中移除。

相应地，如果从该接口收到帧的源地址发生了改变，交换机也会用新的源地址去改写 MAC 地址表中该接口对应的 MAC 地址。这样，交换机中的 MAC 地址表就一直能够保持最新，以提供更准确的转发依据。

任何情况下，一个 MAC 地址只能和一个端口有映射关系，但一个端口可能会对应多个 MAC 地址。

2. 数据转发

交换机收到目标 MAC 地址已知的帧后，将其从相应的接口（不是所有接口）转发出去。

例如，主机 A 将一个帧发送给主机 C。由于目标 MAC 地址（主机 C 的 MAC 地址：00–D0–F8–00–33–33）已经存在于 MAC 地址表中，交换机可以通过查找 MAC 地址表直接将帧从相应接口转发出去。主机 A 向主机 C 发送帧的过程可以描述如下。

交换机将帧的目的 MAC 地址和 MAC 地址表中的条目进行比较。

发现可以通过接口 E2 到达该目的主机，于是将帧从该接口转发出去。在转发的过程中，不会对帧的内容进行修改，如图 2—1—19 所示。

在以太网中，广播地址为 FF–FF–FF–FF–FF–FF，当交换机收到广播时，交换机把它从除了接收接口之外的所有接口转发出去。

另外，需要注意，当交换机收到数据帧的目的 MAC 地址在 MAC 地址表中没有时，会将其从除了接收接口之外的所有接口转发出去。

在交换机上可以使用 show mac 地址命令查看交换机的 MAC 地址表。

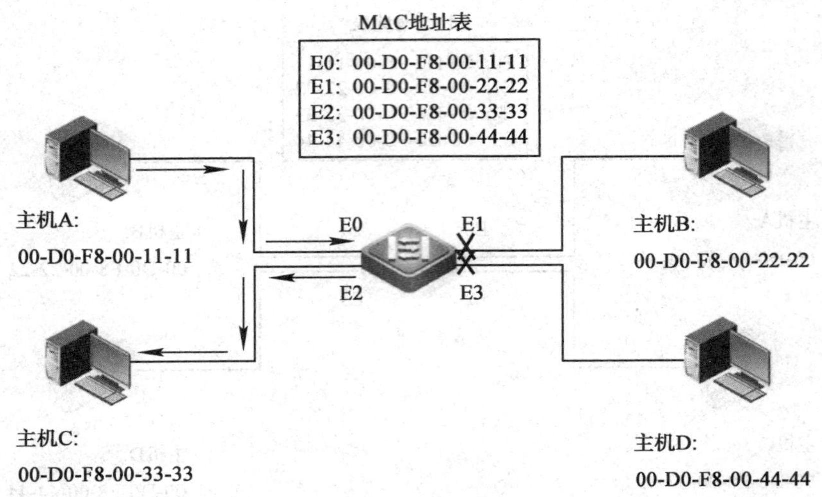

图 2—1—19　交换机的数据转发

3. 帧转发方式

交换机收到帧后，必须根据 MAC 地址表中的信息将帧从合适的接口转发出去。交换机在接口之间传递帧的方式被称为转发模式或交换模式，主要的转发模式有 3 种。

直通转发（Cut Through），也被称为快速转发，是指交换机收到帧头（通常只检查 14 个字节）后立刻查看目的 MAC 地址并进行转发。这种方式转发速度快，但缺点是冲突产生的碎片和出错的（校验不正确的）帧也将被转发。

存储转发（Store and Forward），交换机要收到完整的帧之后，读取目的和源 MAC 地址，执行循环冗余校验，和帧尾部的 4 字节校验码进行对比，如果结果不正确，则帧将被丢弃。这种方式保证了被转发的帧都是正确有效的，但这种方式增加了转发延迟。帧穿过交换机的延迟将随着帧长而异。

无碎片直通转发（Fragment Free Cut Through），也被称为分段过滤。这种转发方式介于前两种方式之间，交换机读取前 64 个字节后开始转发。冲突通常在前 64 个字节内发生，通过读取前 64 个字节，交换机能够过滤掉由冲突产生的帧碎片，但校验不正确的帧依然会被转发。

六、传输层协议

传输层通过发送方和接收方的逻辑连接，提供了端到端的数据传输，把数据从一个应用传输到它的远程对等体。传输层通过端口号识别不同的应用，可以同时支持多个应用。

传输层包括两个协议：TCP（Transport Control Protocol，传输控制协议）和 UDP（User Datagram Protocol，用户数据报文协议）。

1. 端口号

作为网络层协议，IP 只能将报文传送给目的主机。但这是一种不完整的传输，这个报文还必须送到正确的进程，这正是 UDP 或 TCP 这样的传输层协议所要做的事情（见图 2—1—20）。

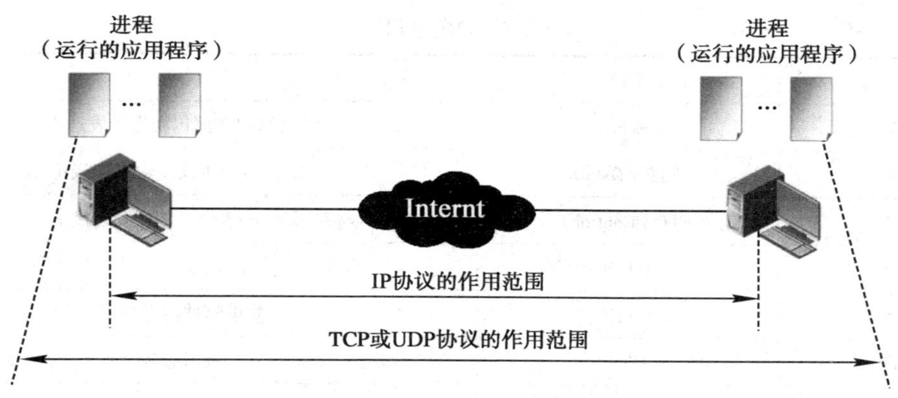

图 2—1—20　TCP 和 UDP 协议的作用范围

为了区分不同主机的不同进程，需要定义本地主机、本地进程、远程主机、远程进程。

本地主机和远程主机是用 IP 地址来定义的。要定义进程，则需要第二个标识符，即端口号。在 TCP/IP 协议栈中，端口号是 0 ~ 65 535 之间的整数。

客户端应用程序进程使用端口号定义它自己，这个端口号由运行在客户主机上的系统随机选取，这个端口号叫作临时端口号。

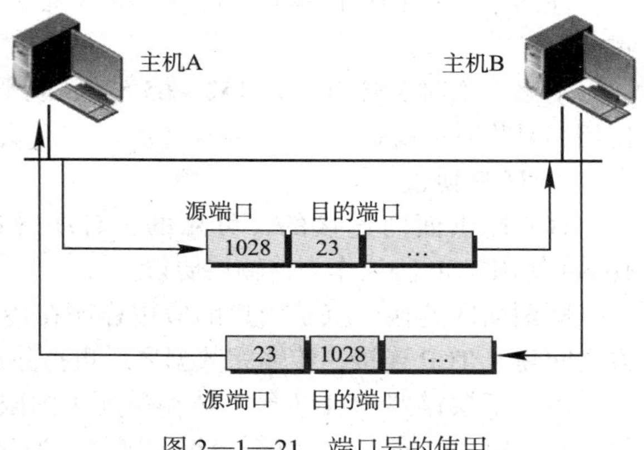

图 2—1—21　端口号的使用

服务器端应用服务进程也必须用一个端口号来定义自己。但是这个端口号不能选取，必须使用事先规定的端口号，这样的端口号叫作知名端口号。

端口号的使用如图 2—1—21 所示。

IANA（Internet Assigned Numbers Authority，互联网地址指派机构）将端口号划分为 3 个范围：知名的、注册的和动态的（或临时的）。

知名端口：0 ~ 1 023，由 IANA 指派和控制。表 2—1—4 和表 2—1—5 分别是 UDP 和 TCP 的部分知名端口及其说明。

表 2—1—4　　UDP 知名端口

端口	协议	说明
7	Echo	将收到的数据包回送到发送端
53	DNS	域名服务
69	TFTP	简单文件传输协议
161	SNMP	简单网络管理协议
162	SNMP	简单网络管理协议（trap）

表 2—1—5　　　　　　　　　　　　TCP 知名端口

端口	协议	说明
7	Echo	将收到的数据包回送到发送端
20	FTP（Data）	文件传送协议（数据连接）
21	FTP（Control）	文件传送协议（控制连接）
23	Telnet	远程登录
25	SMTP	简单邮件传送协议
53	DNS	域名服务
80	HTTP	超文本传送协议

注册端口：1 024 ~ 49 151，IANA 不指派、也不控制。它们只能在 IANA 注册以防止重复。

动态（临时）端口：49 152 ~ 65 535，既不用指派也不用注册。它们可以由任何进程来使用，是临时的端口。

2. TCP 协议

TCP 提供面向连接的、可靠的、有序的连接，大多数用户应用协议如 HTTP、FTP、Telnet 使用 TCP 协议作为传输层协议。

所谓面向连接，就是用户的应用程序在传输数据之前，必须先由 TCP 在发送方和接收方之间建立 TCP 连接，传输完数据之后再拆除这个连接。TCP 通过三次握手建立连接。

由于下层链路 MTU（最大传输单元）的限制，TCP 会将应用层的信息划分为若干个小的单元（段，segment），每个段编上序号，通过序号解决数据传输的有序性，并通过确认号对接收数据序号确认，解决可靠性的问题。

3. UDP 协议

UDP 协议是无连接的、不可靠的、无流量控制的传输层协议，主要用来支持那些需要在计算机之间快速传输数据（对传输可靠性要求不高）的网络应用，如语音、网络视频会议系统等。

七、应用层协议

TCP/IP 协议中的应用层对应 OSI 模型中的会话层、表示层和应用层。所有的应用软件通过该层来使用网络。一个应用就是一个用户进程，与其他主机上的另一个进程合作。常见的应用层协议包括 DNS（域名解析系统）、TFTP（简单文件传输协议）、HTTP（超文本传输协议）、SMTP（简单邮件传输协议）等，如图 2—1—22 所示。

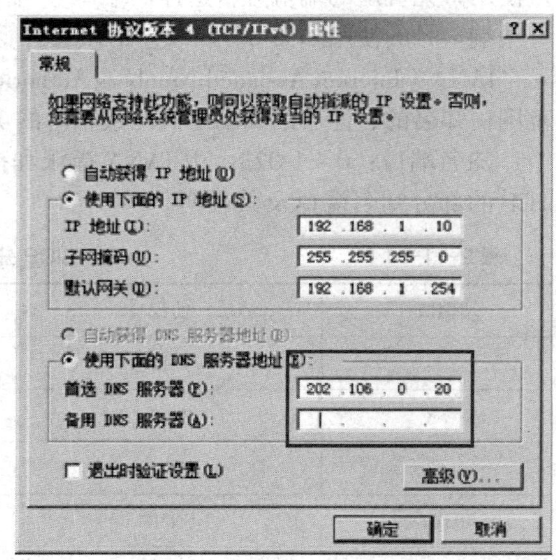

图 2—1—22　域名服务器的配置

1. DNS

DNS 是一个地址解析协议，在类似 www.sina.com.cn 这样的域名和 IP 地址之间进行转换，帮助人们更方便地访问 Internet 众多的资源。DNS 服务器地址可以手工配置，也可以由 DHCP 服务器分配。

在网络中访问任何服务器都需要使用 IP 地址进行访问，在访问网站域名时都需要使用 DNS 系统将网站域名解析成为 IP 地址，客户端计算机才能访问该网站。

2. HTTP

HTTP 是客户端浏览器或其他程序与 Web 服务器之间的应用层通信协议。

WWW 上的每一个资源都由一个 URL（Uniform/Universal Resource Locator，统一资源标识符）来标识，用户通过 URL 来寻找这些资源，并通过 HTTP 协议来获取资源，浏览器通过 HTML（Hyper Text Markup Language，超文本标记语言）将资源翻译出来呈现给用户。

常用的 WWW 服务器软件包括 Windows 系统中的 IIS 和 Linux 系统中的 Apache，而客户端最常见的就是微软的 IE 浏览器。

URL 的格式由访问协议类型、主机名（或 IP 地址）和端口号、文件名三部分组成，比如，http：//www.ruijie.com.cn/index.asp 中 http 是协议类型，www.ruijie.com.cn 是主机名，http 协议缺省端口号是 80，index.asp 是文件名。

3. 电子邮件

作为最重要的应用之一，电子邮件（E-mail）由 SMTP 和 POP3（也可以是 IMAP4）协议共同支持。

最常见的电子邮件客户端软件有 Outlook、Notes、Foxmail 等，很多提供邮件服务的网站也会开发 Web 界面的邮件客户端。

电子邮件客户端软件通过 SMTP 协议把邮件发送给自己的 SMTP 服务器。SMTP 服务器查看邮件的收件人信息，并确定将邮件发送给接收方的 SMTP 服务器。接收方利用 POP3（或者 IMAP4）向自己的 SMTP 服务器发送请求，查看电子邮件。服务器做出响应，通过 POP3 向主机发送电子邮件。

任务实施

一、任务分析

任务分析就是要充分了解用户对网络的功能需求以确定网络建设的最终目标。这是整个网络规划和设计的起点，也是最后对网络进行功能检验的依据。需求分析最终应得出对网络系统的各个细节的明确定义，分析一般包括网络范围分析、设备选型及业务分析三个环节。

1. 网络范围

公司内共 8 个工位，每个工位 2 个接入点，会议室 4 个接入点，共计 20 个网络接入点。

2. 设备选型

为了实现公司内部主机能够互访，至少需要 24 口交换机一台，为了便于今后的业务扩展，交换机可以选用锐捷二层可网管交换机 RG-S2628G-E。

选择交换机时应该注意交换机的性能和参数，交换机主要参数如下。

（1）物理特性

主要包括端口数、端口带宽、端口类型等，此外还有指示灯、尺寸、电气等特性。

（2）功能特性

主要包括支持的功能、支持的协议、支持的算法等，例如，支持 VLAN、端口镜像、网管等功能。

（3）性能指标

交换机处理数据帧的能力，包括丢包率、时延、吞吐量等。

（4）背板带宽

交换机接口处理器或接口卡和数据总线间所能吞吐的最大数据量，标志了交换机总的交换能力。

（5）包转发率

标志交换机转发数据包能力的大小。单位一般为 pps（Packets per Second，包 /s）。包转发速率为交换机能同时转发的数据包的数量，以数据包为单位，体现了交换机的交换能力。

二、网线制作

要实现网络建设目标，首先就得通过物理链路将主机与集线器互联起来，那么首先需要进行双绞线的制作。

以制作最常用的平行网线为例进行介绍，可分为 6 步制作完成。

（1）首先用双绞线网线钳把双绞线的一端剪齐，然后把剪齐的一端插入到网线钳用于剥线的缺口中，稍微握紧网线钳慢慢旋转一圈，让刀口划开双绞线的保护胶皮并剥除外皮，如图 2—1—23 所示。

（2）剥除外包皮后会看到双绞线的 8 对芯线，每对芯线的颜色各不相同。将绞在一起的芯线分开，按照橙白、橙、绿白、蓝、蓝白、绿、棕白、棕的颜色从左到右排列，并用网线钳将线的顶端剪齐，如图 2—1—24 所示。

按照上述线序排列的每条芯线分别对应 RJ–45 插头的 1 ~ 8 针脚，如图 2—1—25 所示。

图 2—1—23　使用网线钳进行剥皮

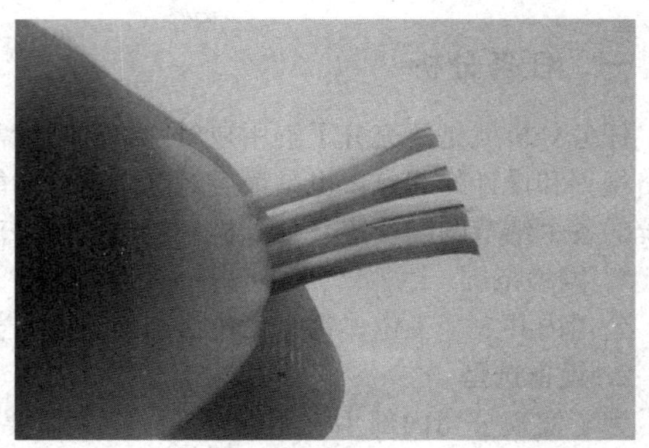

图 2—1—24　双绞线理线

（3）使 RJ–45 插头的弹簧卡朝下，然后将正确排列的双绞线插入 RJ–45 插头中。在插的时候一定要将各条芯线都插到底部。由于 RJ–45 插头是透明的，因此可以观察到每条芯线插入的位置，如图 2—1—26 所示。

需要注意，双绞线外皮要插入水晶头的后端卡线位置以内，这时压线后才能将外皮卡在水晶头中，避免脱落。

（4）将插入双绞线的 RJ–45 插头插入网线钳的压线插槽中，用力压下网线钳的手柄，使 RJ–45 插头的针脚都能接触到双绞线的芯线，如图 2—1—27 所示。

（5）完成双绞线一端的制作工作后，按照相同的方法制作另一端即可。注意双绞线两端的芯线排列顺序都按照 568B 标准线序排列，如图 2—1—28 所示。

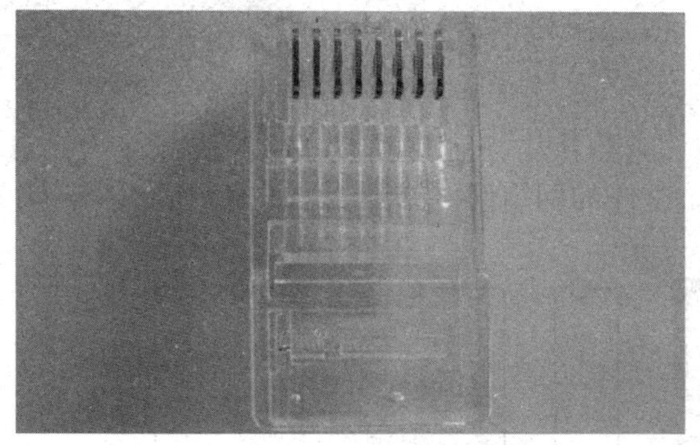

图 2—1—25　水晶头

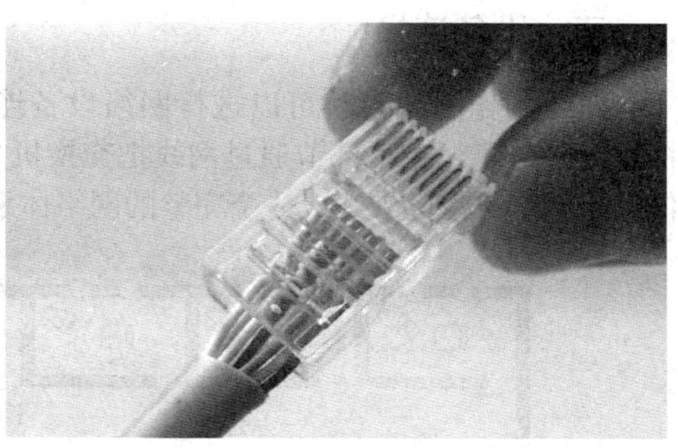

图 2—1—26　双绞线插入水晶头

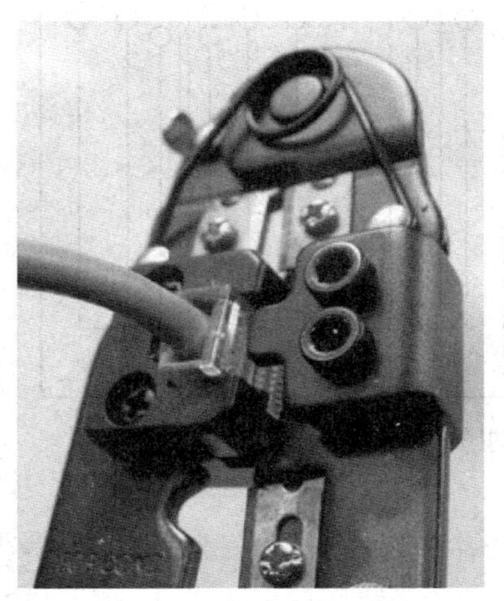

图 2—1—27　压制水晶头

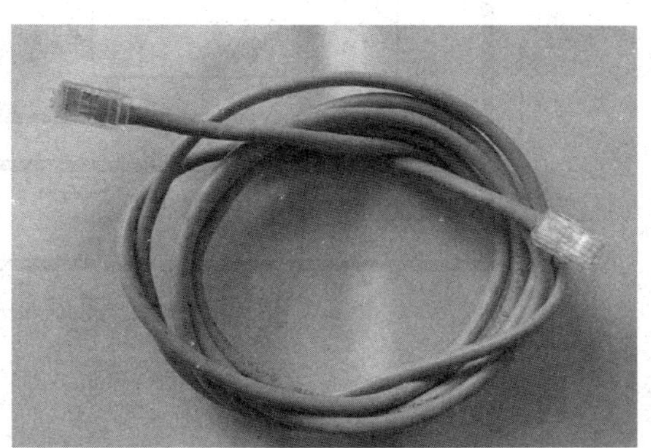

图 2—1—28　成品网线

（6）在完成制作后，需对网线进行测试。通常网线测试都有专门的测试工具——网线测试仪，但是这里有一种更简单的办法，那就是将做好的网线两头的 RJ–45 水晶头都插入集线器的端口槽中，当两个被插入网线头端口在 HUB 上对应的指示灯都亮起时说明网线制作成功，如果对应的端口指示灯没有亮起的话说明网线制作失败，需要仔细观察看看是哪一头的网线头没有做好，然后重新制作再测试直到正常为止。

若使用网线测试仪（见图 2—1—29）进行测试，先将双绞线插入网线测试仪相应位置，然后打开开关。主测试端会按照 1 ~ 8 的线序发送信号，接收端接收到相应信号后指示灯会亮。如果网线制作成功，发送器和接收器 1 ~ 8 号灯会成对按序亮起，若某一序号灯没有成对亮起则说明该线路不通，若成对亮起的序号混乱则说明线序错误，需要重新制作。

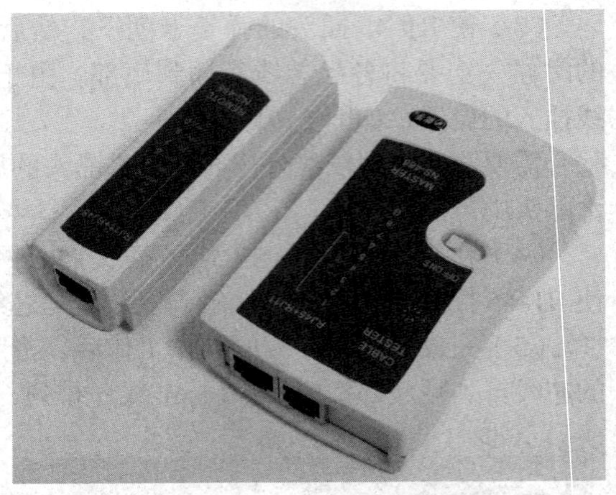

图 2—1—29　网线测试仪

三、设备连接

网线制作完成后就可以进行网络设备连接这个环节了，在本环节通过网线把交换机、信息点整个连接起来组成一个完整的网络体系。整体的网络组网如图 2—1—30 所示。

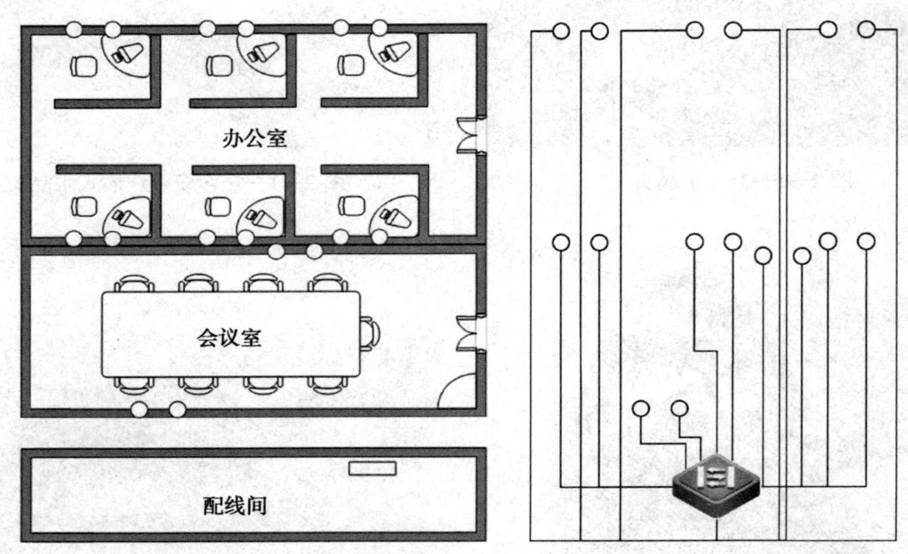

图 2—1—30　组网图

四、交换机配置方式

不同类型交换机 Console 端口所处位置不同，但该端口都有 Console 字样标识，如图 2—1—31 所示。

利用交换机附带的 Console 线缆（见图 2—1—32），将交换机 Console 端口与配置主机串口连接。若笔记本式计算机没有串口则可以使用 USB 转串口设备进行连接。

启动交换机，配置计算机上终端软件程序，如 Windows 系统自带超级终端程序（Windows XP 系统、Windows 7 系统不带超级终端工具）。

选择“开始”→“程序”→“附件”→“超级终端”命令，按提示配置超级终端程序。

其中，在“端口设置”里面，各项参数设置如下：“每秒位数”（波特率）为9600，“数据位”为8，“奇偶校验”为“无”，“停止位”为1，“数据流控制”为“无”，如图2—1—33所示。

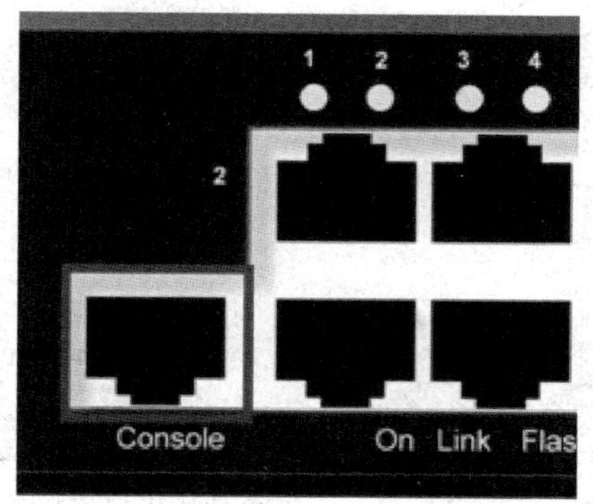

图2—1—31　交换机上的Console端口

图2—1—32　交换机配置线缆

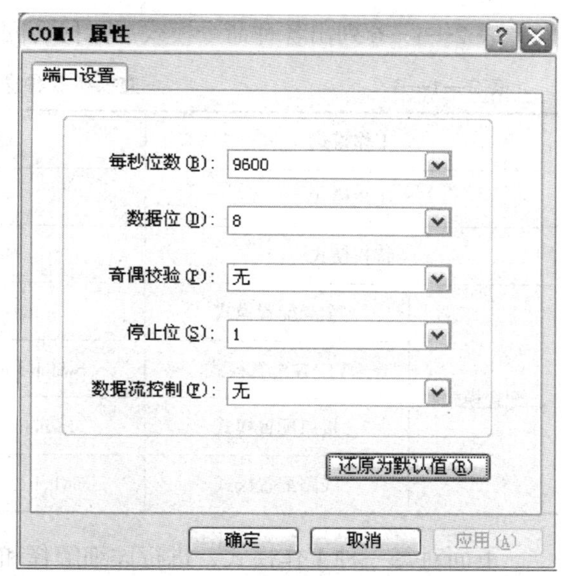

图2—1—33　配置超级终端的端口参数

由于Windows最新系统已经不再提供超级终端工具，所有可以采用其他登录工具进行连接。下面以“SecureCRT”软件为例说明连接方式。软件安装完成后，选择“文件”→“快速连接”命令，在弹出的对话框中，“协议”选择“Serial”、“端口”选择COM2、“波特率”选择“9600”，其他默认即可，如图2—1—34所示。

1. 交换机命令行界面

（1）命令模式

交换机的配置管理界面分成若干模式，用户当前所处命令模式，决定其可以使用的命令。根据配置管理功能不同，网络交换机可分为三种工作模式。

1）用户模式。

2）特权模式。

3）配置模式（全局配置模式、接口配置模式、VLAN 配置模式、线路配置模式等）。

当用户和设备建立一个会话连接时，首先处于“用户模式”。在用户模式下，只可以使用少量命令，命令的功能也受到限制。要使用更多配置命令，必须进入“特权模式”。在特权模式下，用户可使用更多的特权命令。在进入“配置模式”后，可以使用更多配置模式（全局配置模式、接口配置模式等）命令。

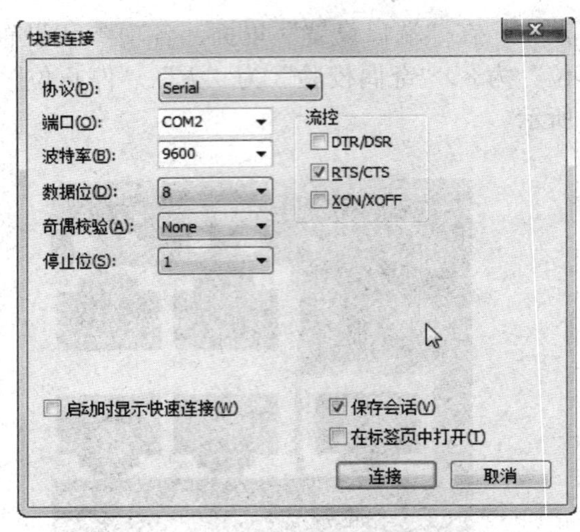

图 2—1—34　SecureCRT 使用串口连接参数配置

配置完成后用户可以保存配置信息，配置信息保存后系统重启时，配置命令依然生效。

表 2—1—6 列出各种命令模式、如何访问每种模式、每种命令模式提示符。

表 2—1—6　　交换机各种命令管理模式

工作模式		提示符	模式切换命令
用户模式		Switch>	
特权模式		Switch#	Switch>enable
配置模式	全局配置模式	Switch（config）#	Switch#configure terminal
	VLAN 配置模式	Switch（config-vlan）#	Switch（config）#vlan.100
	接口配置模式	Switch（config-if）#	Switch（config）#interface fa0/0
	线路配置模式	Switch（config-line）#	Switch（config）#line console 0

下面对每一种工作模式，进行详细解释和说明。

1）用户模式。访问交换机时首先进入该模式，进行基本测试、显示系统信息。

2）特权模式。在用户模式下，使用 enable 命令进入该模式。

3）全局配置模式。在特权模式下，使用 configure 或 configure terminal 命令进入该模式。要返回到特权模式，输入 exit 命令或 end 命令，或者按 Ctrl+Z 组合键。

4）VLAN 配置模式。在全局配置模式下，使用 vlan 命令进入该模式，可以配置 VLAN 参数。

5）接口配置模式。在全局配置模式下，使用 interface 命令进入该模式，配置接口参数。

6）线路配置模式。在特权模式下，使用 line console 0 命令进入线路 0 配置模式配置交换机线路 0 的参数。

（2）获得帮助

用户在命令提示符下，输入问号键“？”，列出每条命令模式支持的所有命令。

用户可以列出相同开头的命令关键字，或者每个命令的参数信息。当然，用户也可以使用 Tab 键，以便自动补齐剩余命令，详细的使用方法见表 2—1—7。

表 2—1—7　配置交换机获得帮助的方法

命令	说明
Help	在任何命令模式下，获得帮助系统摘要描述信息
命令字符串 +?	获得相同开头字母命令关键字字符串，例如： Switch# di? dir disable
命令字符串 +<Tab> 键	使命令关键字完整，例如： Switch# show conf <Tab> Switch# show configuration
?	列出该命令下一个关联关键字，例如： Switch# show?
命令?	列出该关键字关联的下一个变量，例如： Switch（config）# snmp-server community? WORD SNMP community string

2. 简写命令

为简化操作，可以使用简写命令，只需要输入命令一部分字符，能唯一识别该命令关键字即可。如“show running-config”命令，可以简写成：

```
Switch# show run
```

如果输入命令字符不足以让系统唯一标识，则系统会给出“Ambiguous command:”错误提示。

如要查看“access-lists”命令信息，按如下格式输入，系统则认为输入不完整。

```
Switch# show access
% Ambiguous command: "show access"
```

3. 使用命令 no 和 default 选项

所有配置管理的命令都有“no”功能选项。使用“no”命令选项，是指禁止设备某项功能，执行与该命令相反操作。如：

```
Switch#configure terminal
Switch（config）#interface fastethernet 0/4
Switch（config-if）#shutdown          //使用 shutdown 命令关闭接口
Switch（config-if）#no shutdown       //使用 no shutdown 命令打开接口
```

配置命令大多有 default 选项，default 选项将命令设置恢复为默认值。在许多情况下 default 选项作用和 no 选项相同，如上述“shutdown”命令。

4. 理解错误提示信息

在对设备配置的过程中，可能会出现配置命令错误。表 2—1—8 列出配置命令错误的常见错误提示信息。

表 2—1—8　　常见 CLI 错误信息

错误信息	含义	如何获取帮助
% Ambiguous command: “show c”	用户没有输入足够字符，网络设备无法识别唯一命令	重新输入命令，发生歧义单词输入一个问号。输入关键字将被显示出来
% Incomplete command.	用户没有输入该命令必需关键字或变量参数	重新输入命令，输入空格，再输入问号。可能关键字或变量参数将被显示出来
% Invalid input detected at ‘^’ marker.	用户输入命令错误，符号（^）指明产生错误位置	在命令模式提示符下输入一个问号，该模式允许命令关键字将显示出来

5. 使用历史命令

交换机系统提供最近输入命令记录，从历史命令记录中重新调用输入过的命令的操作见表 2—1—9。此外，使用 show history 命令也可以查看历史命令。

表 2—1—9　　使用历史命令

操作	结果
Ctrl+P 或上方向键	在历史命令表中浏览前一条命令。从最近一条记录开始，重复使用该操作可以查询更早记录
Ctrl+N 或下方向键	使用 Ctrl+P 或上方向键操作之后，使用历史命令表中更近一条命令。重复使用该操作可以查询更近记录

五、交换机基础配置

使用 Console 线缆，将交换机 Console 口和计算机上 Com 口连接，如图 2—1—35 所示。再给交换机插上电源，启动计算机“SecureCRT”软件，正确配置参数进行连接。

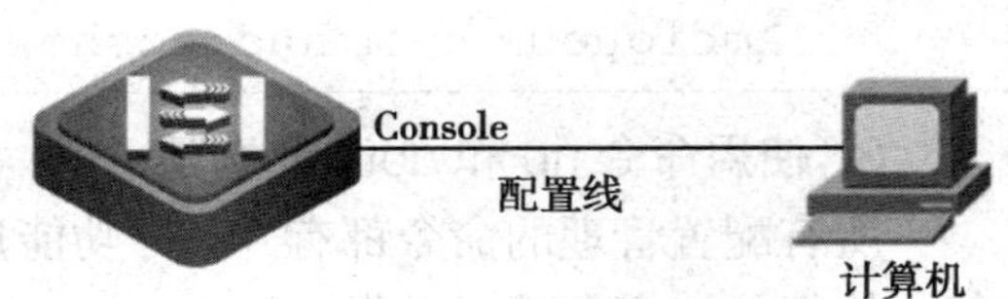

图 2—1—35　配置交换机控制

交换机成功引导之后，进入初始配置。使用 enable 命令进入特权模式后，再使用 configure terminal 命令进入全局配置模式，就可以开始配置。

1. 配置主机名

配置交换机名称，帮助管理者区别网络内每一台交换机：

```
Ruijie>                                          // 普通用户模式
Ruijie>enable                                    // 进入特权模式
Ruijie# configure terminal                       // 进入全局配置模式
Ruijie(config)# hostname  Switch                 // 设置网络设备名称，Switch 为名称
Switch(config)#                                  // 名称已经修改
```

交换机名称长度不能超过255个字符。在全局配置模式下使用“no hostname”命令，将使系统名称恢复为默认值。

2. 设置系统时间

设备时钟将以设置时间为准一直运行下去，即使设备断电，网络设备时钟仍继续运行。所以设备时钟设置一次后，原则上不再设置，除非需要修正设备时间。设置系统时间的命令如下：

```
Switch# clock set hh:mm:ss month day year
```

需要注意，系统时间需在特权模式下进行配置。

如把系统时间改成“2013-1-30，05:54:43”的配置命令如下：

```
Switch# clock set 05:54:43 1 30 2013   // 设置系统时间和日期
Switch# show clock                     // 查看修改系统时间
```

3. 配置每日提示信息

配置每日提示信息可使用户每天登录网络设备时，系统可以告诉用户一些必要信息。通过设置标题（banner）实现每日通知。

每日通知针对所有连接到网络设备用户，当用户登录设备时，通知消息将显示在终端上。利用每日通知可以发送一些较为紧迫的消息（如系统即将关闭等）给网络用户。

配置命令如下：

```
Switch(config)# banner motd
& message &
```

设置每日通知（message of the day）文本。& 表示分界符，这个分界符可以是任何字符，如“&”字符。

输入分界符 & 后，按回车键，就可以输入文本，再输入分界符 &，按回车键，结束文本输入。需要注意，通知信息文本中不能出现分界符 &，文本长度不超过255个字节。

下面例子配置一个每日通知，使用（#）作为分界符。每日通知信息为“Notice: system will shutdown on July 6th.”，配置如下：

```
Switch(config)# banner motd  #                              // 开始分界符
Enter TEXT message. End with the character '#'.
Notice: system will shutdown on July 6th.#                  // 结束分界符
Switch(config)#
```

在全局配置模式下，使用“no banner motd”命令，可以删除配置每日通知。

4. 配置交换机接口速度

快速以太网交换机端口速度默认为 100 Mbit/s、全双工。在网络管理工作中，在交换机接口配置模式下，可使用以下命令来设置交换机端口速率。

（1）速率

根据交换机的接口速率不同，100 Mbit/s 端口一般遵循百兆以太网速率标准（10/100），1 000 Mbit/s 端口一般遵循千兆以太网速率标准（10/100/1 000）。在默认情况下，交换机端口的速率为自协商（auto），协商的结果一般为双方能够支持的最高带宽。如果协商失败则接口无法通信，需要手工指定。

> 名称解释
>
> bit/s：bits per second，比特/秒，每秒传送位数，在网络设备上以 bit/s 为单位计算端口速率。
>
> 1 kbit/s=1 000 × 1 bit/s、1 Mbit/s=1 000 × 1 kbit/s=1 000 × 1 000 × 1 bit/s。
>
> 在生活中安装宽带时，运营商使用宣传的带宽单位为 MBps，使用的是 B（Byte，字节）而不是 bit（位）。字节和位之间的转换为 1 B=8 bit。

（2）双工

单工：两个数据站（终端等）之间只能沿着单一方向传输数据。例如，电台广播。

半双工：两个数据站（终端等）之间可以实现双向传输数据，但双向不能同时进行。例如，对讲机。

全双工：两个数据站（终端等）之间可以实现双向同时进行传输数据。例如，电话。

交换机接口默认情况处于自协商模式，正常情况都会协商成为全双工工作模式。但是当协商出现问题时，一个端口为半双工、另一个端口为全双工就会导致双工不匹配，可能出现丢包现象。

需要注意，当不同厂商设备连接时由于双方设备协商参数可能存在差异，导致双工协商不匹配，这时就需要手动指定双工模式。

端口的相关配置如下：

```
Switch# configure terminal
Switch(config)#interface  fastethernet 0/3      //F0/3 的端口模式
Switch(config-if)#speed  100                   //配置端口速率为 100M
//配置端口速率参数有 100(100M)、10(10M)、auto（自适应），默认是 auto
Switch(config-if)#duplex   full                   //配置端口的双工模式为全双工
//配置双式模式有 full（全双工）、half（半双工）、auto（自适应），默认是 auto
Switch(config-if)#no shutdown                    //开启该端口，转发数据
```

5. 配置管理 IP 地址

二层交换机接口不能配置 IP 地址，可以给交换虚拟接口 SVI（Switch Virtual Interface）配置 IP 地址作为交换机的管理地址。管理员可通过该管理地址管理设备。默认交换虚拟接

口 VLAN1 是交换机管理接口，交换机所有的接口都处于这个接口下。给 VLAN1 配置地址可连通到所有接口，相当于给该台交换机配置管理地址。

二层交换机管理 IP 只能有一个生效。使用以下命令来配置交换机管理 IP 地址。

```
Switch> enable
Switch# configure terminal
Switch(config)# interface vlan 1                    // 打开 VLAN1 交换机
管理中心
Switch(config-if)# ip address 192.168.1.1 255.255.255.0
// 给该台交换机配置一个管理地址，ip address 为接口配置地址命令
Switch(config-if)# no shutdown
```

6. 查看并保存配置

在特权模式下，使用“show running-config”命令，查看当前生效配置。如果需要对配置进行保存，使用“write”命令保存配置。

```
Switch#show version                   // 查看交换机的系统版本信息
…… ……
Switch#show running-config            // 查看交换机的配置文件信息
…… ……
Switch#show vlan 1                    // 查看交换机的管理中心信息
…… ……
Switch#show interfaces fa0/1          // 查看交换机的 FA0/1 接口信息
…… ……
```

使用以下命令，来保存交换机的配置文件信息。

```
Switch # write memory
或者：
Switch # write
或者：
Switch# copy running-config startup-config
```

需要注意，running-config 配置为当前生效（运行）配置，而 startup-config 配置为启动加载的配置。执行的配置保存命令就是将 running-config 配置保存到 startup-config 配置，如果没有进行保存直接重启设备则未保存的配置命令将丢失。

7. 设置系统重启

如果需要重启交换机可以使用“reload”命令立即重启设备。

在特权模式下直接输入“reload”命令，来重启系统。

```
Switch # reload        // 重启系统
```

在输入 reload 命令后一般情况会提示是否保存当前配置，根据需要输入参数后重启。

六、配置交换机的安全登录

1. 配置特权模式密码

通过如下命令格式，配置登录交换机控制台特权密码。

```
Switch(config)# enable secret  0|5  encrypted-password
```

设置安全口令加密算法，将口令加密为密文保存。

关键参数“0”：表示输入一个明文口令，默认为0可不在命令中输入。

关键参数“5”：表示输入一个已经加密口令。

以下命令是配置交换机的特权密码。

```
Switch >enable
Switch # configure terminal
Switch(config)# enable secret star    //配置密码为star
```

2. 配置 Telnet 远程登录

除通过 Console 端口管理设备外，还可以使用 Telnet 程序，通过交换机 RJ-45 口远程连接，从远程登录交换机管理设备，如图 2—1—36 所示。

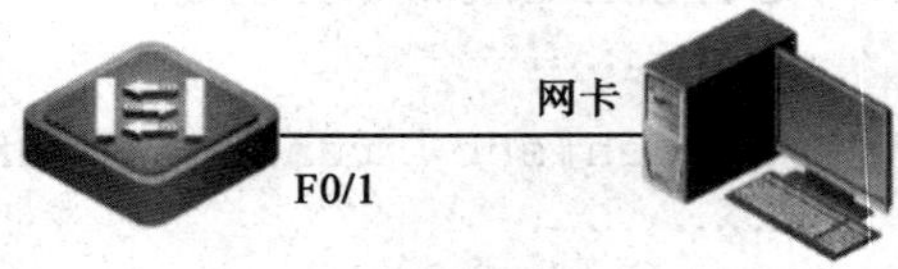

图 2—1—36　Telnet 登录交换机

如果希望以 Telnet 方式远程配置交换机，则需要提前开启交换机的 Telnet 服务相关配置。系统默认交换机上 Telnet 服务是开启，如果没有开启，用下面命令开启：

```
Switch(config)# enable service telnet-server
```

通常，可网管交换机同时只能建立一个 telnet 连接，对 Telnet 连接参数进行设置，可开启多条远程连接。在全局配置模式下，用“line vty”命令，配置进入交换机线程数。

```
Switch (config)#line vty 0 4                //启动5条线程
```

若使用 Telnet 远程登录并且配置交换机，则交换机本地特权密码必须配置。

配置交换机远程登录密码的步骤如下。

（1）配置交换机远程登录地址

交换机的管理 IP 地址一般加载交换机的管理中心 VLAN1 上，如果管理的计算机在其他 VLAN 中，也可以给其他 VLAN 配置合适的管理地址。

```
Switch >enable
Switch # configure terminal
Switch (config)#interface vlan 1      //配置远程登录交换机的管理地址
Switch (config-if)#ip address 192.168.1.1 255.255.255.0
Switch (config-if)#no shutdown
```

（2）配置交换机的特权密码

```
Switch # configure terminal
Switch (config)#enable secret star
```

（3）启动交换机的远程登录线程密码

```
Switch # configure terminal
Switch (config)#line vty 0 4                //启动5条线程
Switch (config-if)#password ruijie          //配置线程密码
Switch (config-if)#login                    //激活线程
```

按照如上操作步骤配置完成后，通过 Telnent 远程登录交换机首先需要输入线程密码 ruijie，然后进入特权模式时需要输入本地特权密码 star，成功进入特权模式后才能配置管理交换机。

七、网络测试

1. 内网互联测试

进行内网互联测试时，首先需要把 Windows 自带防火墙关闭，以免影响测试，关闭方法为选择“控制面板”→“系统和安全”→“Windows 防火墙”→“打开或关闭 Windows 防火墙”选项，在如图 2—1—37 所示窗口中关闭防火墙。

然后使用 ping 命令测试内网计算机（终端）之间的连通性，如图 2—1—38 所示。

图 2—1—37　关闭 Windows 自带防火墙

```
C:\Users\Administrator>ping 192.168.136.241

正在 Ping 192.168.136.241 具有 32 字节的数据:
来自 192.168.136.241 的回复: 字节=32 时间=2ms TTL=128
来自 192.168.136.241 的回复: 字节=32 时间=8ms TTL=128
来自 192.168.136.241 的回复: 字节=32 时间=78ms TTL=128
来自 192.168.136.241 的回复: 字节=32 时间=14ms TTL=128

192.168.136.241 的 Ping 统计信息:
    数据包: 已发送 = 4, 已接收 = 4, 丢失 = 0 (0% 丢失),
往返行程的估计时间(以毫秒为单位):
    最短 = 2ms, 最长 = 78ms, 平均 = 25ms
```

图 2—1—38　ping 测试结果

2. 查看 ARP 缓存表

ping 测试完成后可以查看计算机 ARP 缓存表，在 DOS 命令窗口中输入 arp–a 命令进行查看，ARP 缓存表如图 2—1—39 所示。

```
C:\Users\Administrator>arp -a

接口: 192.168.136.250 --- 0x10
  Internet 地址         物理地址              类型
  192.168.136.241       f0-7b-cb-01-a1-cc     动态
  192.168.136.242       74-e5-0b-94-77-ea     动态
  192.168.136.244       00-21-00-f5-c8-bd     动态
  192.168.136.252       6c-e8-73-32-7e-dc     动态
  192.168.136.255       ff-ff-ff-ff-ff-ff     静态
  224.0.0.2             01-00-5e-00-00-02     静态
  224.0.0.252           01-00-5e-00-00-fc     静态
  239.255.255.250       01-00-5e-7f-ff-fa     静态
```

图 2—1—39　查看 ARP 缓存表

经过以上几个步骤就完成了创卓商贸有限公司内部对等网络搭建。

巩固练习

一、选择题

1. 5 类双绞线最长传输距离为________。

A. 80 m　　B. 100 m　　C. 120 m　　D. 200 m

2. 通过双绞线连接两台交换机应该使用________线缆。

A. 平行线　　B. 交叉线

C. 任意线序均可　　D. COM 线

3. 下列关于多模光纤和单模光纤的说法正确的是________。

A. 多模光纤传输距离比单模光纤传输距离远

B. 单模光纤尾纤一般为黄色，多模光纤尾纤一般为橙色

C. 单模光纤成本要低于多模光纤

D. 单模光纤损耗较小，传输效率较高

4. 当交换机收到一个数据帧其目的地址不在MAC地址表中时，交换机会________数据帧。

A. 丢弃 B. 缓存

C. 从所有端口转发 D. 从除接收端口外的所有端口转发

5. 在________模式下配置交换机系统时间。

A. 用户模式 B. 特权模式

C. 全局配置模式 D. 接口配置模式

二、填空题

1. 按照传输的信号分类，局域网可分为____________、____________。
2. 按网络转接方式分类，局域网可分为____________、____________。
3. IEEE 802参考模型将数据链路划分为两个子层，即____________、____________。
4. ____________是目前应用最为广泛的局域网。

三、简答题

1. 简述交换机的工作原理。
2. EIA/TIA 568A、568B双绞线线序是什么？
3. 简述ARP的工作原理。
4. 简述IP地址的分类。
5. OSI模型中定义了几类地址？其作用分别是什么？

项目三　组建 SOHO 网络

SOHO（Small Office Home Office）指的是小型办公室、家庭办公室，以此引申出的 SOHO 一族泛指在家办公的人员或者小型公司的工作人员。顾名思义，SOHO 网络就是指小型办公室网络和家庭网络。

随着互联网的蓬勃发展，SOHO 网络已经遍布于大小不同的写字楼、餐厅、书店、超市，以及千家万户。

当在家里使用计算机访问互联网的时候，有没有想过自己正在使用的是 SOHO 网络呢？用户可能会觉得一台计算机和一台小路由器组成的网络过于简单，但是，简单正是 SOHO 网络最显著的特征。

任务 1　组建家庭 SOHO 网络

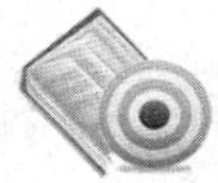

学习目标

1. 了解 SOHO 网络的构成。
2. 了解组建家庭 SOHO 网络的过程。

任务描述

用户家里有两台计算机，要使用同一条 ADSL 线路实现两台计算机同时上网。因此，用户需要准备一些硬件组建家用 SOHO 网络。

任务分析

目前家庭上网的方式有很多，包括 ADSL、小区光纤、有线电视宽带等。其中使用较为普遍的就是 ADSL。在本任务中，在了解多种接入方式的基础上，重点实现使用 ADSL 方式完成家庭组网。

相关知识

一、SOHO 网络的接入方式

运营商提供了多种接入互联网的方式，对于 SOHO 网络，常见的有传统电话拨号（一般情况使用 56 kbit/s 的 Modem）、ADSL、光纤到小区、光纤到户和 Cable Modem 等。

在网络中，数据的传输是双向的，通常根据接入用户传输数据的方向，将数据传输分为上行传输和下行传输。例如，当用户浏览网页时，用户浏览器发送的浏览请求是从用户的计算机流向网站服务器，这就是上行传输。网站服务器在相应用户请求后，网页信息是从网站服务器流向用户计算机，这就是下行传输，如图 3—1—1 所示。

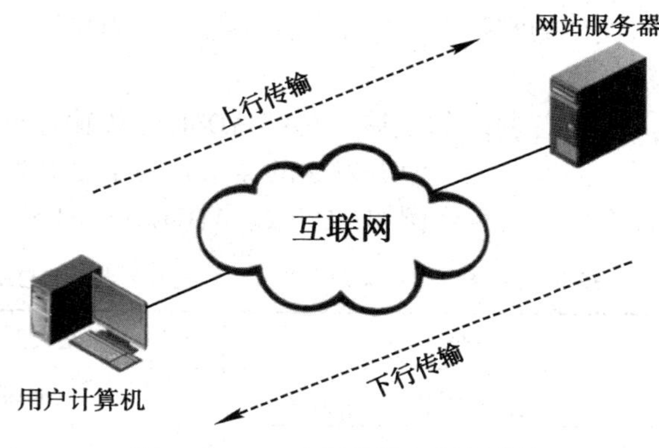

图 3—1—1　上行传输与下行传输

在宽带业务出现之前，用户接入互联网大多数采用传统的电话拨号方式，即使用 56 kbit/s 的 Modem 通过 PSTN（公共交换电话网络）接入互联网。传统的电话拨号使用现有的语音电话网络，让用户便捷地接入互联网。但是电话拨号只能提供 56 kbit/s 的速率，并且在访问互联网时不能拨打电话。随着网络技术的发展，宽带接入方式的出现，传统的电话拨号方式已经基本退出市场。

1. ADSL（Asymetric Digital Subscriber Loop）

ADSL 是采用非对称数字用户环路技术，利用现有的两条电话铜线，为用户同时提供宽带通信服务和电话服务的网络接入方案。用户端通过分离器将低频的语音信号和高频的数据信号分离开，保证电话和上网可以同时进行。

ADSL 具有以下一些特点。

高速传输：提供上行和下行不对称的传输速率，下行速率最高能够达到 8 Mbit/s，上行速率最高能够达到 1 Mbit/s，最大传输距离可以达到 5 km。这里的传输距离，指的是电话线距离。

上网与电话互不干扰：由于用户端通过分离器将低频的语音信号和高频的数据信号分离开，实现了 ADSL 数据信号和电话语音信号互不干扰，而传统的电话拨号方式由于使用 PSTN，导致数据传输和语音电话无法同时使用。

独享带宽：ADSL 采用星型拓扑结构，用户和运营商的设备之间没有其他用户存在，用户可以独享高带宽。

安装方便快捷：利用现有的电话线，无须增加线缆铺设，节省投资。用户只需安装一台 ADSL Modem 即可，不需要为了上网增加线路。

价格实惠：ADSL 上网的数据信号不通过 PSTN 网络，这意味着使用 ADSL 上网只需要为数据通信付费，并不需要支付额外的电话费。

虽然 ADSL 有很多优点，但是也有很多影响 ADSL 传输速率的因素。

线路质量：ADSL 技术对线路质量要求很高，所以选择的线路规格较高。一些早期的住宅区因为电话线路老化，可能会影响 ADSL 的传输质量。

噪声干扰：噪声产生的原因很多，可能是家电开关、电话摘机和挂机，以及其他电器的运转等，这些突发的电磁波会对 ADSL 线路产生影响。

线路长度：在传输系统中，发射端发出的信号会随着传输距离的增加而产生损耗，传输距离越远，信号衰减越严重。ADSL 的最大下行速率为 8 Mbit/s，随着距离的增加，ADSL 能够提供的实际下行速率也越来越小。当传输距离达到 5 km 左右时，基本上已经无法正常传输了。

随着网络的发展，传统 ADSL 的传输速度已经不能完全满足日益增长的网络流量需求了。因此，处于业务发展的需求，为了更好地迎合网络运营和信息消费的需求，新的 ADSL 标准应运而生，例如 ADSL2、ADSL2+、ADSL2++。各种 ADSL 技术见表 3—1—1。

表 3—1—1　各种 ADSL 技术

ADSL 标准	最大下行速率	最大上行速率
ADSL	8 Mbit/s	1 Mbit/s
ADSL2	12 Mbit/s	1 Mbit/s
ADSL2+	26 Mbit/s	1 Mbit/s
ADSL2++	50 Mbit/s	12.5 Mbit/s

ADSL 接入互联网有虚拟拨号接入和专线接入两种方式。

ADSL 专线接入：运营商为用户分配固定的公网 IP 地址，此 IP 地址为用户专用。并且运营商不对上网时间和流量进行限制，一般小型企业会使用这种方式接入网络。其费用要比虚拟拨号贵。

虚拟拨号接入：在 ADSL 线路上进行虚拟拨号，用户输入用户名和密码，只有在用户名和密码验证正确的情况下才可以上网。虚拟拨号采用动态分配 IP 的方式，用户在上网时才会得到 IP 地址，当用户断线后此 IP 地址就会被释放，留给其他拨号上网的用户使用。所以获得的 IP 地址每次都是不同的。通过虚拟拨号，运营商可以对用户的上网时间、流量进行控制，可以按照时间或流量进行计费。一般家庭用户采用虚拟拨号的方式接入网络。对于虚拟拨号用户，一些运营商会封堵用户的 TCP80 端口，阻止用户将自己的网站对外发布。如果需要将内网的某服务器映射到外网供外网用户访问，虚拟拨号用户必须使用动态域名技术（DDNS）。

2. 光纤到小区

光纤到小区又称为光纤到楼（Fiber To The Biulding，FTTB），它是基于光纤电缆并采用光电子将诸如电话三重播放、宽带互联网和电视等多重高档的服务传送给家庭或企业。

这种接入方式是在光纤到小区、到大楼的基础上，采用千兆以太网交换技术，利用光纤和 5 类双绞线线缆来实现用户高速信息接入的一种方式，俗称小区宽带。它能够为用户提供双向 10 M/100 M 的标准以太网接口，并在提供高速上网的同时，还可以提供基于 IP 技术的所有业务。典型的接入方案是千兆到小区，百兆到大楼，十兆到用户。

光纤到小区的方式有以下特点。

安装方便快捷：由于运营商提供给用户的仅有一条双绞线，可以直接连接在计算机网卡上，不需要额外增加 Modem 设备。

高带宽：能够提供给用户比 ADSL 更高的上行和下行速率。在一些城市，已经可以提供 10 Mbit/s 甚至 10 Mbit/s 以上的带宽。

多运营商出口：一些二级运营商同时购买了多个运营商（如联通和电信）的线路，可以实现用户访问不同运营商的服务都能达到较高的速率和较低的延迟。

受环境影响小：由于运营商铺设了光纤，因此能够确保环境的变化对传输质量的影响较小。

但是，光纤到小区的方式也有一些劣势。

用户并非独享带宽：所有用户都是连接到运营商的交换机上，当用户数过多时，将会出现交换机上行链路带宽不足的问题。在这种情况下，运营商会采取一些流控措施，针对不同的应用进行带宽限制。这时，用户会感觉到网页流量的速度还是很快的，但是迅雷/BT下载的速度明显降低。

非公网IP：一些小区宽带运营商的公网IP地址数量是有限的，因此在运营商的出口会执行网络地址转换（NAT），而分配给用户使用的将会是私有IP地址。在这种情况下，因为用户获得的并不是公网IP，因此用户无法在其他网络位置（如出差中）访问SOHO网络中的服务。

光纤到小区有认证和专线接入两种方式。

认证方式是在用户接入互联网前必须使用PPPoE方式进行认证，或者访问一个认证Web页面。认证成功之后才可以接入互联网。如果提供宽带接入的服务商是二级运营商，且二级运营商的公网IP数量有限，那么这类用户可能得到的是私有IP地址。

专线接入的用户拥有静态IP地址，只要开机即可接入互联网。这类用户一般都是企业，宽带运营商一般会分配公网IP地址。

3. 光纤到户

光纤到户（Fiber To The Home，FTTH）和光纤到小区类似，其区别是光纤到户直接将光纤接入用户家中，因此其网络结构更加简单。和光纤到小区相比，由于是光纤直接接入，用户可以享受到更高的速度，并可实现独享带宽。光纤到户建设成本相对较高，但随着技术的高速发展和国家“宽带中国”战略的推进，光纤到户的接入方式现在已越来越普及，很多城市的电信运营商已普遍开始提供10 M、20 M，甚至50 M、100 M带宽的服务。

在具体的设备接入方式上，光纤到户和ADSL基本类似，主要是ONU设备（俗称“光猫”）代替了ADSL Modem；在认证方式上也类似，常采用PPPoE等方式完成认证。

4. Cable Modem

Cable Modem是采用光纤和有线电视网络（光纤同轴电缆混合网，Hybrid Fiber Coaxial，HFC）传输数据的宽带接入技术。有线电视数据网可以提供除CATV业务以外的语音、数据和其他交互型业务。利用光纤网可以将宽带业务信号传至光网络单元，进行光电转换后经同轴电缆送至用户。

但由于电视信号占用了部分带宽，只剩余了一部分可供传输其他数据信号，所以Cable Modem的实际传输速率只能达到理论值的一小半。此外，HFC本身是一个总线型网络，这意味着用户要和其他邻近的用户分享有限的带宽，当一条线路上用户增加时，网络传输速率将会明显降低。

Cable Modem和ADSL一样，提供不对称的传输速率，并且抗干扰能力较弱。

二、SOHO网络的硬件设备

SOHO网络的硬件设备主要分为ADSL Modem、ADSL分离器和SOHO宽带路由器。采用ADSL接入方式时，必要的接入设备是ADSL Modem和ADSL分离器。如果需要多台计算机同时上网，还需要一台SOHO宽带路由器，如图3—1—2所示。

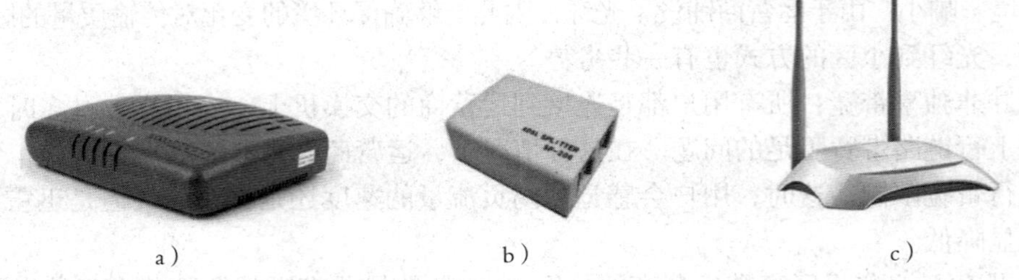
a）　　b）　　c）

图 3—1—2　SOHO 网络的硬件设备

a）ADSL Modem　b）ADSL 分离器　c）SOHO 宽带路由器

1. ADSL Modem

ADSL Modem 是 ADSL 网络的用户端接入设备，它将用户数据进行调制后在铜制双绞线上进行传输，提供高速的 ADSL 上网服务。通常 ADSL Modem 提供了 ADSL 接口和 Ethernet 接口。前面板如图 3—1—3 所示。

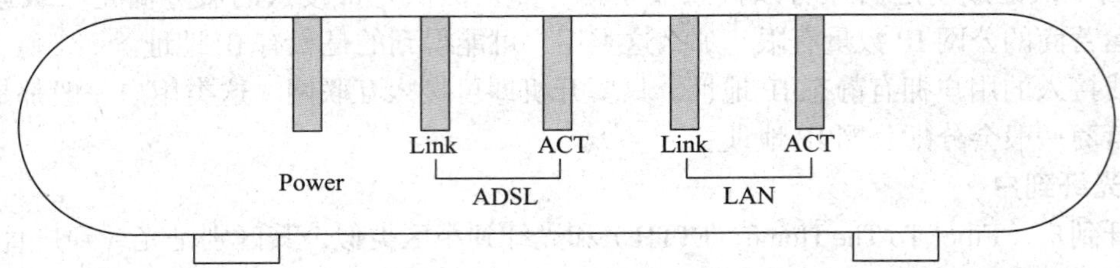

图 3—1—3　ADLS Modem 的前面板

前面板指示灯说明见表 3—1—2。

表 3—1—2　ADSL Modem 前面板指示灯说明

指示灯	功能
LAN ACT	此灯闪烁表示以太网链路有流量，即 Modem 的 Ethernet 接口有数据在传输
LAN Link	此灯常亮表示以太网链路连接正常
ADSL ACT	此灯闪烁表示 ADSL 链路有流量
ADSL Link	此灯常亮表示 ADSL 链路正常，闪烁表示 ADSL 链路正在激活
Power	此灯常亮表示电源连接正常

某些 ADSL Modem 并不是这 5 个指示灯，具体情况可以参考实际设备的说明文档。

后面板如图 3—1—4 所示，接口说明见表 3—1—3。

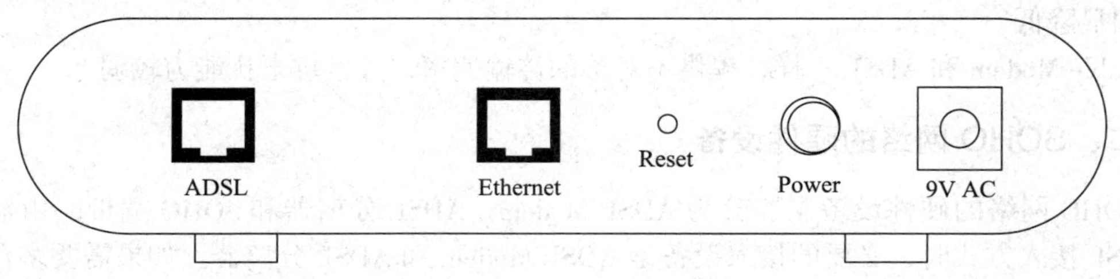

图 3—1—4　ADSL Modem 的后面板

表 3—1—3　　ADSL Modem 后面板接口说明

接口	功能
ADSL	连接 ADSL 电话线，连接到分离器上的 Modem 口
Ethernet	连接到局域网或计算机
Reset	Modem 复位键。一般为长按几秒，使设备恢复出厂设置
Power	电源开关
9V AC	9V 交流电源连接口

2. ADSL 分离器

ADSL 分离器的作用就是将 ADSL 电话线路中的高频数据信号和低频语音信号分离，从而使数据和语音可以互不干扰，在同一条电话线上传输。

通常情况下，ADSL 分离器有三个接口，分别说明如下。

Line：连接电话线。

Modem：连接到 ADSL Modem 的 ADSL 口。

Phone：连接电话。

如图 3—1—5 所示，使用电话线将 Modem 的 ADSL 口和分离器的 Modem 口相连，将电话连接到分离器的 Phone 口上，再将进户电话线连接到分离器的 Line 口上。用以太网双绞线将 ADSL Modem 和计算机网卡（或宽带路由器）连接起来。

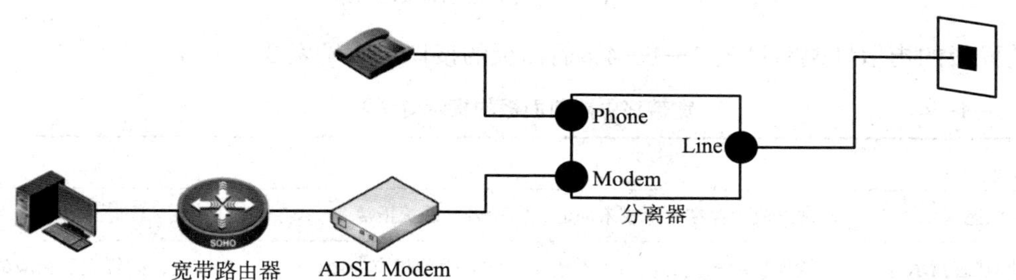

图 3—1—5　ADSL 分离器连接示意图

3. SOHO 宽带路由器

目前市场上存在的宽带路由器品牌和型号十分繁杂，不同品牌不同型号的宽带路由器也不尽相同。但宽带路由器以下最基本的功能是所有品牌都支持的。

WAN 口接入类型设置：用户可以根据接入方式的不同，配置 WAN 口的特性来支持动态 IP、静态 IP 或 PPPoE 虚拟拨号。

网络地址转换（NAT）：用户购买宽带路由器的初衷就是为了实现多台计算机共享同一条线路来上网。所以 NAT 是宽带路由器的必备功能。大多数宽带路由器的 NAT 功能是默认启动并且无法关闭的。有关 NAT 技术，请参考“项目四：组建中型企业网”。

DHCP：动态主机配置协议，该功能可以实现自动为用户计算机分配 IP 地址、默认网关及 DNS 参数。用户只需要将网络的 TCP/IP 属性设置为自动获取即可。

带宽管理：控制用户的带宽，包括下行和上行。

现在以 TP-Link TL-WR842N 宽带路由器为例介绍宽带路由器的外观结构，如图 3—1—6 和图 3—1—7 所示。

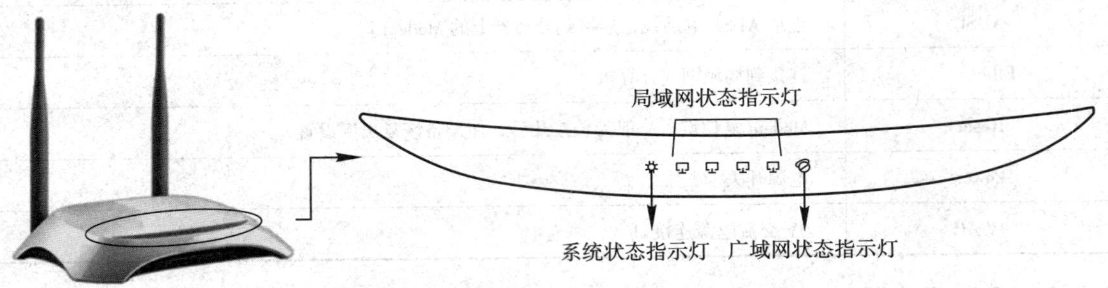

图 3—1—6 宽带路由器前面板

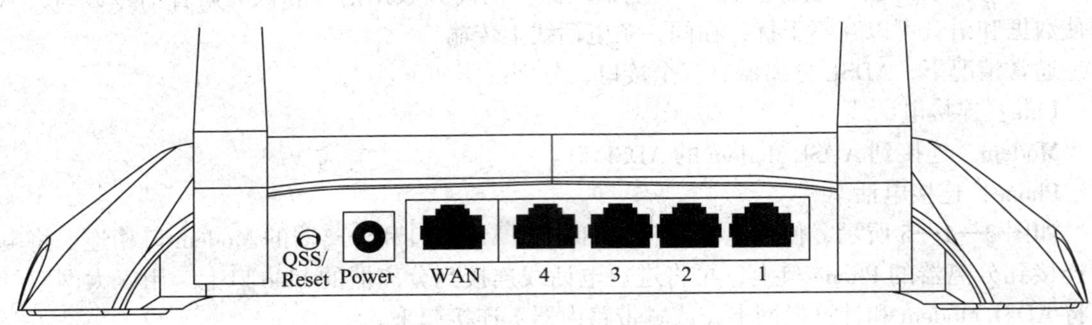

图 3—1—7 宽带路由器后面板

前面板的指示灯说明见表 3—1—4，后面板的接口说明见表 3—1—5。

表 3—1—4 宽带路由器前面板的指示灯说明

指示灯	功能
系统状态指示灯	常灭表示存在故障或未加电，常亮表示系统正常
局域网状态指示灯	常灭表示相应的接口没有连接，常亮表示相应的接口已经正确连接，闪烁表示相应的端口正在进行数据传输
广域网状态指示灯	常灭表示没有连接，常亮表示接口已经正确连接，闪烁表示接口正在进行数据传输

表 3—1—5 宽带路由器后面板的接口说明

按键 / 接口	功能
QSS/Reset	QSS 快速安全设置和 Reset 复位功能的复用按钮。当按住该按钮的时间小于 5 s，松开按钮时即触发 QSS 功能，用来与具备 QSS 或 WPS 功能的网络设备快速建立安全连接。当在上电状态下按住该按钮的时间长于 5 s，则直接触发硬件复位功能，用于将设备恢复到出厂默认设置
Power	用来连接电源，为路由器供电
WAN	广域网接口（RJ-45）。该接口用来连接以太网电缆或 ADSL Modem/Cable Modem
1/2/3/4	宽带路由器固化的 4 口交换机，属于同一个广播域。用于连接计算机或局域网中的其他设备

光纤到小区一般为双绞线直接入户，不需要像 ADSL 那样配置 Modem，如果用户需要多台主机共享 IP 上网的话，只需购买一台宽带路由器即可。

采用有线电视宽带时，必要的接入设备是 Cable Modem，如图 3—1—8 所示。

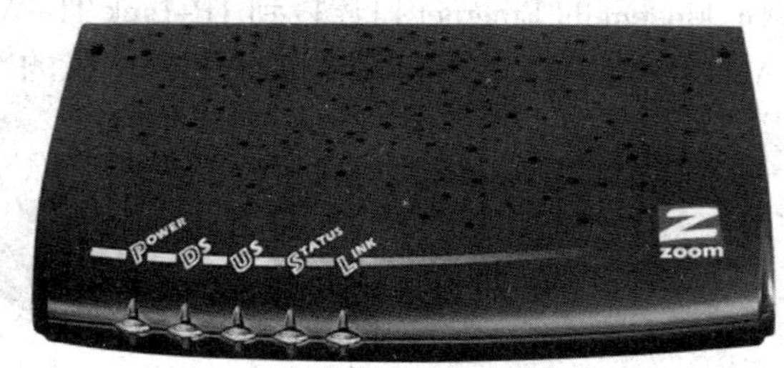

图 3—1—8 Cable Modem

任务实施

一、硬件准备

初装 ADSL 时，运营商提供了分离器和 ADSL Modem。用户还需要购买一台 SOHO 级别的宽带路由器，如前面提到的 TP-Link TL-WR842N。

二、拨号测试

一般在初装 ADSL 时，用户应该使用计算机的宽带拨号功能测试网络的连通性。连接方式如图 3—1—9 所示。

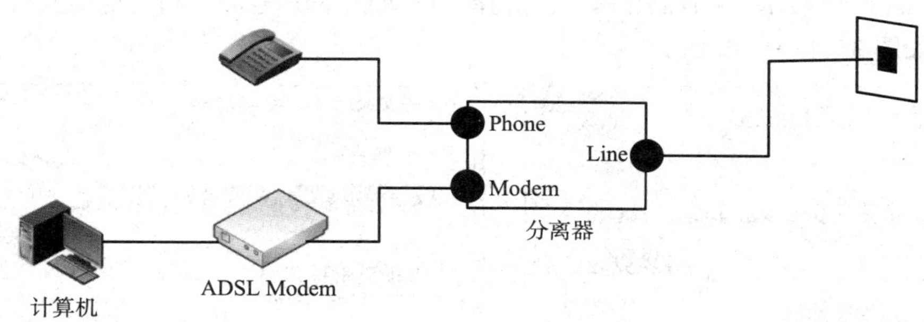

图 3—1—9 使用计算机进行虚拟拨号连接示意图

计算机的配置方式如下（以 Windows 7 操作系统为例）。

（1）选择“控制面板”→“所有控制面板项”→“网络和共享中心”命令，点击“设置新的连接或网络”。

（2）在弹出的窗口中选择“连接到 Internet”，点击“下一步”按钮。

（3）选择“宽带（PPPoE）”选项。

（4）输入运营商分配的用户名和密码。

（5）点击“连接”按钮。

如果连接不成功，Windows 提示错误代码，可以根据代码进行问题定位。

三、设备连接

将电话线连接到分离器上，再使用电话线将分离器的 ADSL 口连接到 ADSL Modem 的 ADSL 口，使用网线将 ADSL Modem 的 Ethernet 口连接到 TP-Link TL-WR842N 的 WAN 口，将 TP-Link TL-WR842N 的 LAN 口 1 和 LAN 口 2 分别连接到两台主机的网卡上，如图 3—1—10 所示。

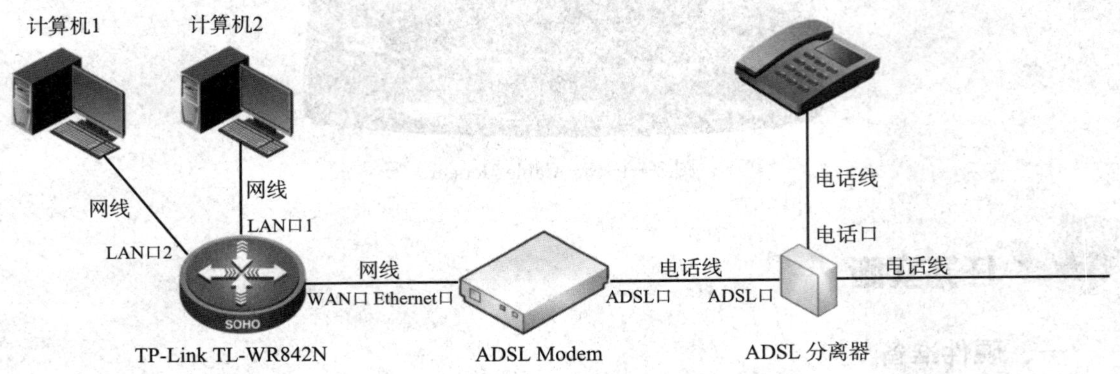

图 3—1—10　配置路由器时的连接方式

四、配置 SOHO 路由器

1. 配置计算机自动获取 IP 地址

在其中一台计算机选择“开始”→“控制面板”→“网络和 Internet”→“网络和共享中心”→“更改适配器设置”/“管理网络连接”选项，右击“本地连接”选择“属性”命令。双击“Internet 协议版本 4（TCP/IPv4）”，选择“自动获得 IP 地址”和“自动获得 DNS 服务器地址”，如图 3—1—11 所示。

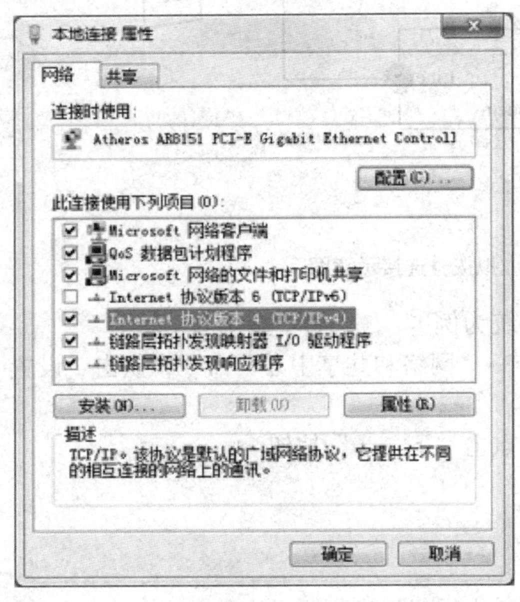

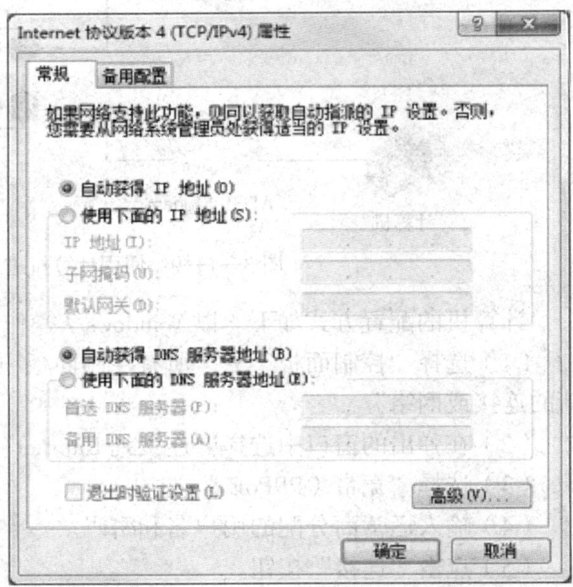

图 3—1—11　配置主机自动获得 IP

2. 进入路由器配置界面

TP–Link TL–WR842N 宽带路由器出厂默认的管理地址是 192.168.1.1/24，默认的管理员用户名和密码为 admin。

打开浏览器，在地址栏输入 192.168.1.1，进入路由器的管理页面。进入页面前，要求输入管理路由器的用户名和密码。进入管理页面后，浏览器会显示路由器的配置界面，如图 3—1—12 所示。

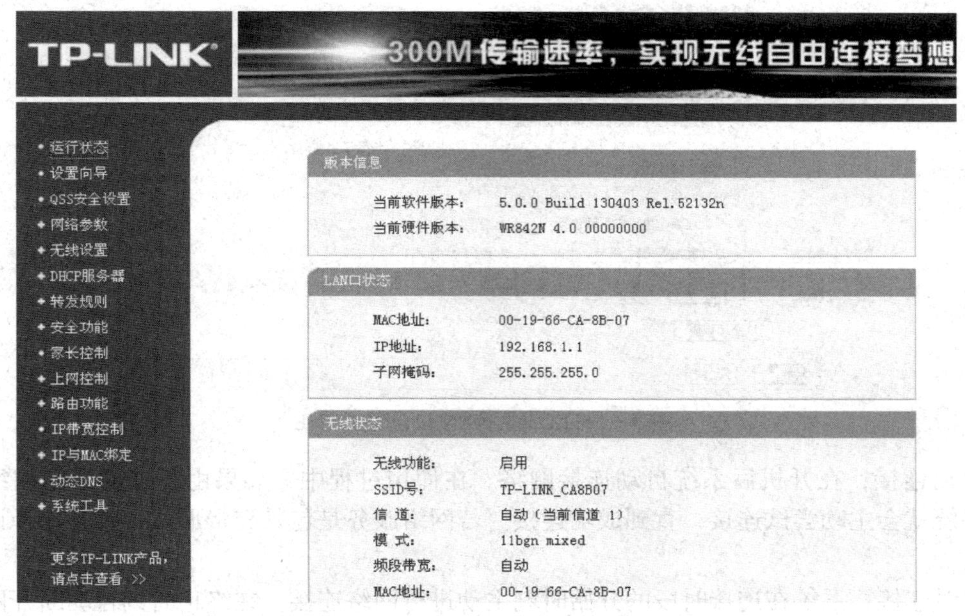

图 3—1—12　TL–WR842N 配置页面

3. 配置 WAN 口

选择菜单中的“网络参数”→“WAN 口设置”选项，可以在随后出现的界面中配置 WAN 口的参数。

如图 3—1—13 所示，在“WAN 口连接类型”中选择“PPPoE”，并输入运营商提供的上网账号和上网口令。

上网账号：请正确输入 ISP 提供的上网账号，必须填写。

上网口令：请正确输入 ISP 提供的上网口令，必须填写。

确认口令：请再次输入 ISP 提供的上网口令，必须填写。

第二连接：如果 ISP 还提供了以动态 IP 或静态 IP 的方式连接到局域网的连接，请选择“动态 IP”或“静态 IP”来启动这个连接。

按需连接：若选择按需连接模式，当有来自局域网的网络访问请求时，系统会自动进行连接。若在设定时间内（自动断线等待时间）没有任何网络请求时，系统会自动断开连接。对于采用按使用时间进行交费的用户，选择按需连接可以有效节省上网费用。

自动断线等待时间：如果自动断线等待时间 T 不等于 0（默认时间为 15 分钟），则在检测到连续 T 分钟内没有网络访问流量时自动断开网络连接，保护上网资源。此项设置仅对“按需连接”和“手动连接”生效。

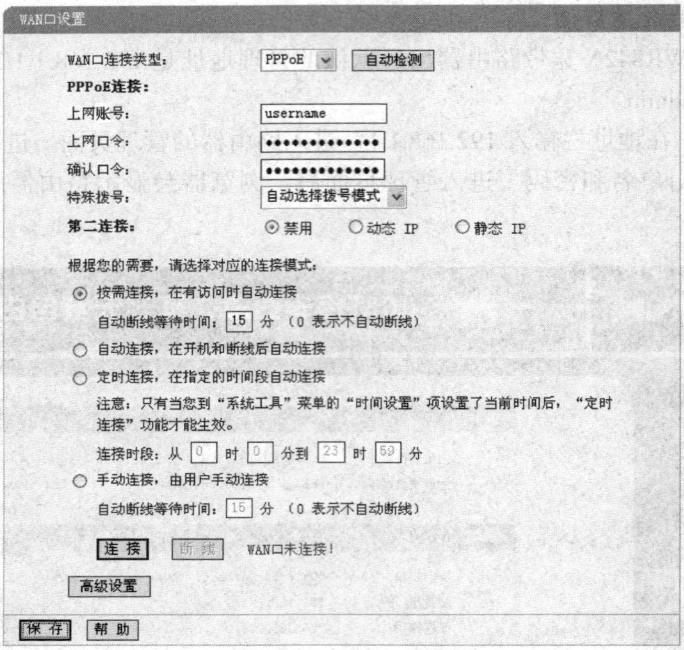

WAN口设置

WAN口连接类型： PPPoE 自动检测

PPPoE连接：

上网账号： username

上网口令： ••••••••••••••

确认口令： ••••••••••••••

特殊拨号： 自动选择拨号模式

第二连接： ⊙禁用 ○动态 IP ○静态 IP

根据您的需要，请选择对应的连接模式：

⊙ 按需连接，在有访问时自动连接

自动断线等待时间： 15 分 （0 表示不自动断线）

○ 自动连接，在开机和断线后自动连接

○ 定时连接，在指定的时间段自动连接

注意：只有当您到"系统工具"菜单的"时间设置"项设置了当前时间后，"定时连接"功能才能生效。

连接时段：从 0 时 0 分到 23 时 59 分

○ 手动连接，由用户手动连接

自动断线等待时间： 15 分 （0 表示不自动断线）

连 接 断 线 WAN口未连接！

高级设置

保 存 帮 助

图 3—1—13 在 WAN 口设置 PPPoE

自动连接：在开机后系统自动连接网络。在使用过程中，如果由于外部原因网络被断开，系统就会主动尝试连接，直到成功连接。若网络服务是包月交费形式，推荐选择该项连接方式。

定时连接：系统在连接时段的开始时刻主动进行网络连接，在终止时刻自动断开网络连接。选择此连接模式，可以有效控制内网用户的上网时间。

手动连接：开机或断线后，在此处或个人计算机中手动拨号连接。若在指定时间内（自动断线等待时间）没有任何网络请求时，系统会自动断开连接。若网络服务是按时间交费，选择手动连接可有效节省上网费用。

连接 / 断线：单击此按钮，可进行即时的连接 / 断线操作。

配置后，点击"连接"按钮，路由器将会进行宽带拨号。拨号成功后，使用 PC 即可访问互联网。

任务 2 组建小型办公 SOHO 网络

学习目标

1. 掌握宽带接入方式。
2. 掌握 WAN 口和 LAN 口配置方法。
3. 掌握 ADSL 接入方式中设备之间的连接。

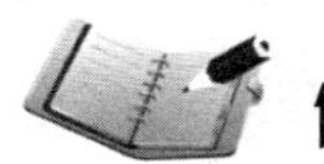

任务描述

一家初创公司租用了某写字楼中的两间办公室。共有 10 台 PC 和一台服务器需要访问互联网。服务器使用 HTTP 方式提供办公自动化服务，能够实现信息交流、文档管理、工作汇报等功能。接入方式为 ADSL 拨号。为了满足 10 台 PC 同时上网，公司需要购买一台交换机，将 10 台 PC 组建为对等网后，再连接到宽带路由器实现共享上网。同时，将 OA 办公自动化服务发布到公网，以实现员工不在办公室的时候也可以访问公司 OA。

任务分析

SOHO 也代表了一种更为自由、开放、弹性的工作方式。网络时代的到来，使得 SOHO 成为人们争相追逐的时髦词汇之一，专门为 SOHO 族设计的房屋、家具、用品也成为商家的新卖点，一些楼盘常常被冠以 SOHO 一词，意思就是给自由职业者准备的商、住合一的公寓，一时间也风光无限。而近两年，随着互联网在各个领域的广泛运用及计算机、传真机、打印机等办公设备在家庭中的普及，SOHO 成为越来越多的人可以尝试的一种工作方式，而它的内涵与形式也在发生变化。

小型办公 SOHO 网络可以看作是家庭 SOHO 网络的扩展，其主要区别在于小型办公 SOHO 网络的 PC 数量较多。在这种情况下，宽带路由器提供的 LAN 口是不足以支撑较多的 PC 连接的，因此必须采用以太网交换机先组建对等网，再将对等网连接到路由器。

由于采用了 ADSL 虚拟拨号的方式，每次拨号成功后获得的公网 IP 是不同的，即使将内网的 OA 通过宽带路由器的虚拟服务器功能发布到外网，因不确定 IP 地址，用户是无法访问 OA 的。因此，必须依赖宽带路由器中的 DDNS 功能，实现无论获取的公网 IP 如何变化，域名始终是不变的。这样，外网用户通过域名即可访问 OA。

相关知识

组建对等网和交换机的相关知识，请回顾“项目二：组建对等网”。

任务实施

一、准备硬件

由于 TL-WR842N 路由器仅提供了 4 个 LAN 口连接内部 PC，无法实现 10 台 PC 同时上网。因此，需要采购一台以太网交换机。如图 3—2—1 所示，这台交换机具备 16 个以太网接口，完全可以满足连接 10 台 PC 的需求。

图 3—2—1　16 口以太网交换机

二、设备连接

使用网线，将交换机的接口连接到路由器的 LAN 口，将 PC 连接到交换机的接口上。如图 3—2—2 所示。为了方便管理，建议使用交换机的最后一个接口连接到路由器。

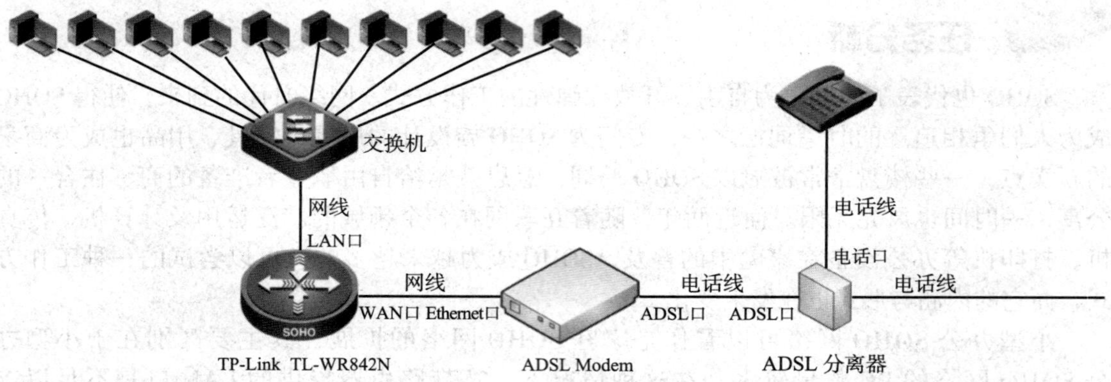

图 3—2—2　10 台主机共享上网连接方式

三、WAN 口配置

配置方法与本项目任务一配置相同，此处不再重复。

四、LAN 口配置

选择菜单“网络参数→ LAN 口设置”，在如图 3—2—3 所示界面中配置 LAN 接口的网络参数。如果需要，可以更改 LAN 接口 IP 地址以配合实际网络环境的需要。

完成更改后，点击“保存”按钮，路由器会自动重启。

LAN 口的设置，并不是设置路由器后面板上的 1/2/3/4 口。1/2/3/4 口只是路由器提供的 4 口交换机而已。实际设置的 LAN 口其实为虚拟口。可以按图 3—2—4 所示理解宽带路由器的 LAN 口。

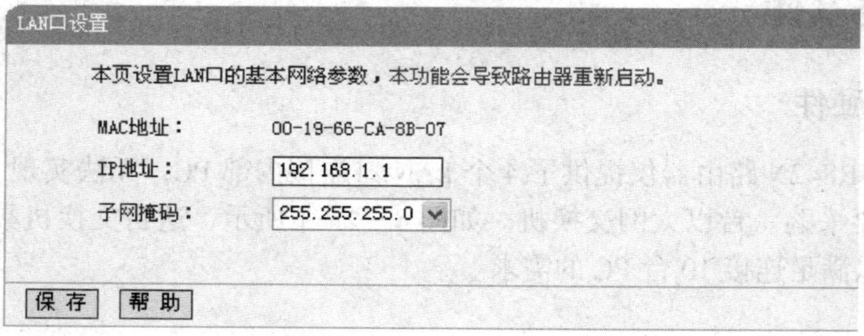

LAN口设置

本页设置LAN口的基本网络参数，本功能会导致路由器重新启动。

MAC地址：　00-19-66-CA-8B-07

IP地址：　192.168.1.1

子网掩码：　255.255.255.0

保 存　帮 助

图 3—2—3　“LAN 口设置”界面

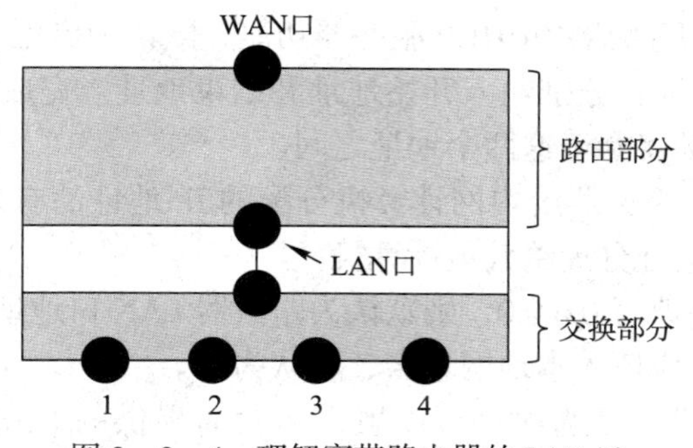

图 3—2—4　理解宽带路由器的 LAN 口

五、主机配置

将所有 PC 配置为“自动获得 IP 地址”和“自动获得 DNS 服务器地址”，即可实现所有 PC 能够访问互联网。

六、DHCP 配置

DHCP 指动态主机配置协议（Dynamic Host Configuration Protocol）。TP-Link TL-WR842N 有一个内置的 DHCP 服务器，它能够自动分配 IP 地址给局域网中的计算机。对于普通用户来说，为局域网中的所有计算机手工配置 TCP/IP 协议参数并不是一件容易的事，它包括 IP 地址、子网掩码、网关、DNS 服务器的设置等。若使用 DHCP 服务则可以解决这些问题。TL-WR842N 默认已经启用了 DHCP 功能，这也是用户在使用计算机对其进行 Web 配置时，计算机采用自动获取 IP 的方式即可访问路由器配置界面的原因。默认情况下，IP 地址的分配范围为 192.168.1.100 ~ 192.168.1.199，如图 3—2—5 所示。如果之前已经修改过 LAN 口地址，这里的开始地址和结束地址也会自动变更。

DHCP服务

本路由器内建的DHCP服务器能自动配置局域网中各计算机的TCP/IP协议。

DHCP服务器：	○不启用 ⊙启用	
地址池开始地址：	192.168.1.100	
地址池结束地址：	192.168.1.199	
地址租期：	120 分钟	（1～2880分钟，缺省为120分钟）
网关：	0.0.0.0	（可选）
缺省域名：		（可选）
主DNS服务器：	0.0.0.0	（可选）
备用DNS服务器：	0.0.0.0	（可选）

保存　帮助

图 3—2—5　默认 DHCP 配置

DHCP 服务器：选择是否启用 DHCP 服务器功能，默认为启用。

地址池开始 / 结束地址：分别输入开始地址和结束地址。完成设置后，DHCP 服务器分配给内网计算机的 IP 地址将介于这两个地址之间。

地址租期：即 DHCP 服务器给内网计算机分配的 IP 地址的有效使用时间。在该段时间内，服务器不会将该 IP 地址分配给其他计算机。

网关：可选项。如果填写 0.0.0.0，则默认为路由器 LAN 口地址。

缺省域名：可选项。应填入本地网域名，默认为空。

主 / 备用 DNS 服务器：可选项。可以填入运营商提供的 DNS 服务器或保持缺省，若保持默认，则计算机获取到的 DNS 为路由器 LAN 口地址，此时路由器会执行 DNS 代理。

完成更改后，点击“保存”按钮使设置生效。

当有计算机成功获得 IP 地址后，在客户端列表中可以显示目前已经获取 IP 地址的计算机信息，如图 3—2—6 所示。

客户端列表

ID	客户端名	MAC 地址	IP 地址	有效时间
1	si-lou	00-25-22-4A-91-85	192.168.1.122	01:43:20

刷 新

图 3—2—6　DHCP 客户端列表

由于 DHCP 是动态分配 IP 地址的，因此一台主机每次开机之后获取的 IP 地址可能是不同的。如果想为某一台计算机分配固定的 IP 地址，可以选择菜单“DHCP 服务器→静态地址保留”，如图 3—2—7 所示。静态地址保留功能可以为指定 MAC 地址的计算机预留静态 IP 地址。当该计算机请求 DHCP 服务器分配 IP 地址时，DHCP 服务器将给它分配表中预留的 IP 地址。

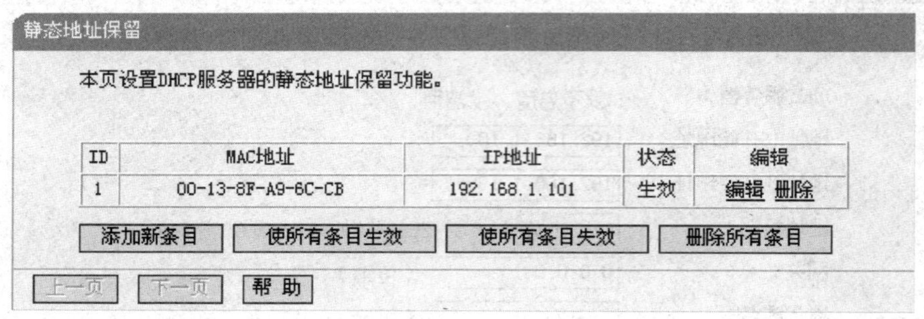

图 3—2—7　“静态地址保留”界面

点击“添加新条目”按钮，可以在图 3—2—8 所示界面中设置新的静态地址保留条目。

如果不清楚计算机的 MAC 地址，可以让计算机先自动获取 IP 地址，然后在客户端列表中查看它的 MAC 地址，以及在计算机上查看网络连接的详细信息或者执行 ipconfig/all 指令。

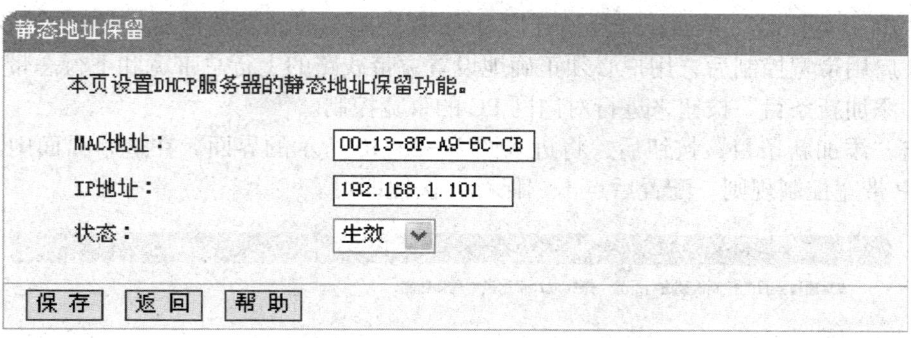

图 3—2—8　添加静态地址条目

七、带宽控制

由于内网同时在线的 PC 数量较多，所有计算机都在争抢有限的出口带宽。如果其中一台 PC 执行了需要消耗大量带宽的操作，如迅雷、BT、网页视频，其他 PC 的上网速度将会受到影响。

带宽控制功能可以实现对局域网计算机上网带宽的控制。在带宽资源不足的情况下，通过对具体的 IP 地址段的计算机上网带宽进行控制，可以实现带宽的合理分配，达到有效利用现有带宽的目的。通过 IP 带宽控制功能，可以设置局域网内主机的可用上网带宽的上下限，保证每台主机都能通畅地共享网络，并在网络空闲时充分利用网络带宽。

用户可以选择菜单中的“IP 带宽控制”，将进入图 3—2—9 所示界面。在此界面中，可以开启或关闭 IP 带宽控制功能，并设置 IP 带宽控制规则。

IP带宽控制

本页对IP带宽控制的开启与关闭进行设置。只有IP带宽控制的总开关为开启时，后续的“IP带宽控制规则”才能够生效；反之，则失效。

注意：

1、带宽的换算关系为：1Mbps = 1024Kbps；

2、选择宽带线路类型及填写带宽大小时，请根据实际情况进行选择和填写，如不清楚，请咨询您的宽带提供商（如电信、网通等）；

3、修改下面的配置项后，请点击“保存”按钮，使配置项生效。

☑ 开启IP带宽控制

宽带线路类型：ADSL线路

上行总带宽：1024 Kbps

下行总带宽：8192 Kbps

保存

ID	IP地址范围	下行带宽(Kbps)		上行带宽(Kbps)		启用	配置
		最小	最大	最小	最大		
当前列表为空							

添加新条目　删除所有条目

上一页　下一页　当前第 1 页　帮助

图 3—2—9　“IP 带宽控制”界面

在“IP带宽控制”界面，选择“开启IP带宽控制”前的复选框后，带宽控制功能才会生效。在启用带宽控制后，用户必须正确地设置宽带线路的上行总带宽和下行总带宽。然后再点击“添加新条目”按钮来进行对内网PC的带宽控制。

点击“添加新条目”按钮后，将进入图3—2—10所示的界面。在这个界面中添加并设置新的IP带宽控制规则。配置后点击“保存”按钮即可。

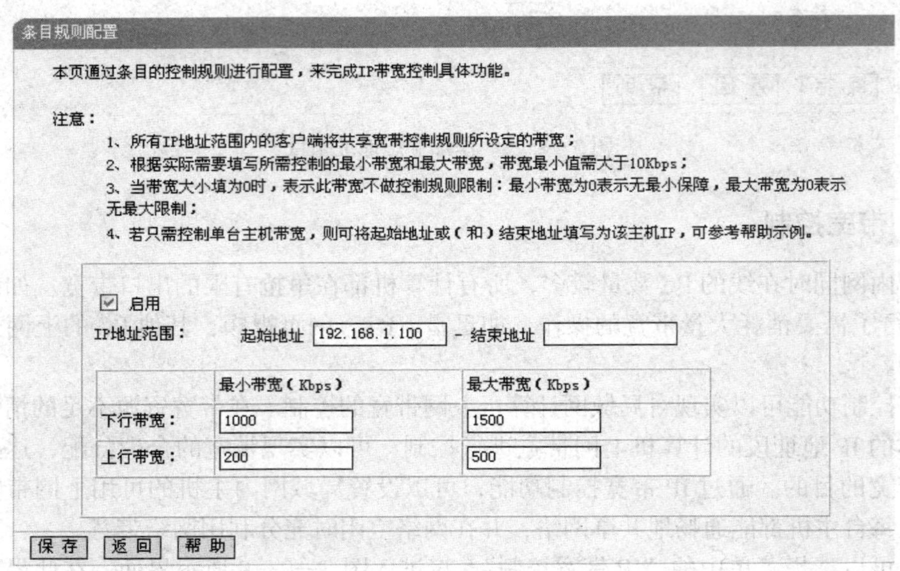

图3—2—10　IP带宽控制的条目规则页面

假设用户宽带线路类型为下行总带宽为4 000 kbit/s，上行总带宽为500 kbit/s，用户进行了如图3—2—11所示IP带宽设置。

ID	IP地址范围	下行带宽(Kbps)		上行带宽(Kbps)		启用	配置
		最小	最大	最小	最大		
1	192.168.1.100	1000	1500	200	500	☑	编辑　删除
2	192.168.1.101 - 192.168.1.105	1000	2000	300	400	☑	编辑　删除

图3—2—11　IP带宽配置示例

规则1表示分配给局域网内IP地址为192.168.1.100的计算机的下行带宽最小为1 000 kbit/s、最大为1 500 kbit/s，上行带宽最小为200 kbit/s、最大为500 kbit/s。

规则2表示局域网内IP地址为192.168.1.101到192.168.1.105的五台计算机的带宽总和为下行带宽最小为1 000 kbit/s、最大为2 000 kbit/s，上行带宽最小为300 kbit/s、最大为2 000 kbit/s。

八、动态DNS

动态DNS又名DDNS，它的主要功能是实现固定域名到动态IP地址之间的解析。对于使用动态IP地址的用户，在每次上网得到新的IP地址后，宽带路由器上的动态域名功能就会将该IP地址发送到由DDNS服务商提供的动态域名解析服务器，并更新域名解析数据库。

当 Internet 上的其他用户需要访问这个域名的时候，动态域名解析服务器就会返回正确的 IP 地址。这样，大多数不使用固定 IP 地址的用户，也可以通过动态域名解析服务器高效地构建自身的网络系统。

有很多服务商提供动态 DNS 服务，此处以该路由器支持的花生壳 DDNS 服务为例进行说明。在菜单中选择动态 DNS，选择服务提供者“花生壳（www.oray.net）”，可以在下图 3—2—12 界面中设置 DDNS。如果还没有花生壳的账号，请点击“注册”进入花生壳官网进行注册。在注册成功后，可以用注册的用户名和密码登录到 DDNS 服务器上。当连接状态显示成功之后，互联网上的其他计算机就可以通过域名的方式访问宽带路由器或内部服务器了。

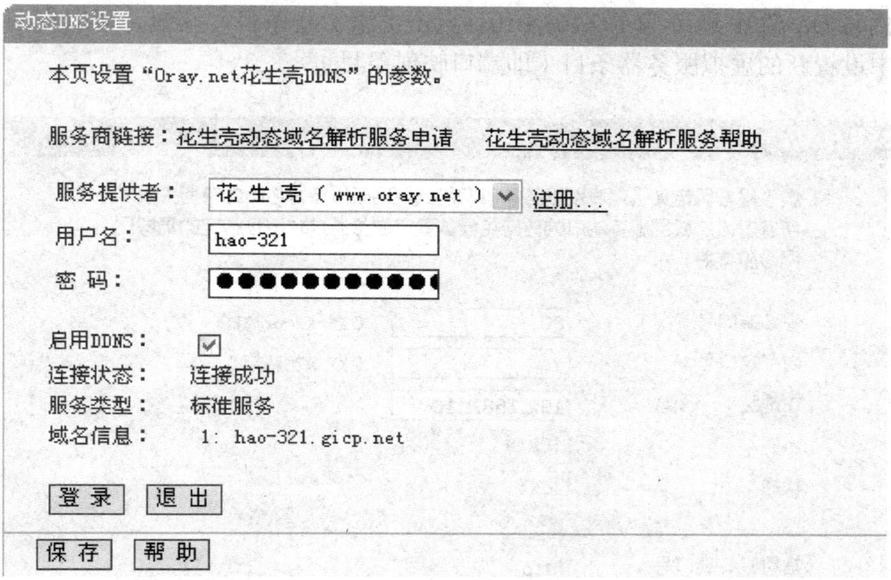

图 3—2—12　设置花生壳 DDNS

如果希望在外网远程管理宽带路由器，还需要设置远程管理参数；如果希望局域网中的服务器向互联网开放，还需要在转发规则中设置相应的端口映射。

九、端口映射

通过将宽带路由器配置为虚拟服务器，可以使互联网中的用户访问局域网内部的服务器，如 Web、FTP、邮件服务器等。

由于网络地址转换的原因，宽带路由器会将局域网主机的 IP 地址隐藏起来，使外网计算机无法主动与局域网计算机建立连接。因此，若要使外网用户能够访问局域网内的服务器，需要设置虚拟服务器条目，即端口映射。

“虚拟服务器”定义了路由器的外网服务端口与局域网服务器 IP 地址之间的对应关系。外网所有对此端口的服务请求都会转发给通过 IP 地址指定的局域网服务器，这样既保证了外网用户成功访问局域网中的服务器，又不影响局域网内部其他计算机的网络安全。

选择菜单“转发规则→虚拟服务器”，可以在如图 3—2—13 所示界面中设置虚拟服务器条目。

虚拟服务器
虚拟服务器定义了广域网服务端口和局域网网络服务器之间的映射关系，所有对该广域网服务端口的访问将会被重定位给通过IP地址指定的局域网网络服务器。
ID
服务端口
IP地址
协议
状态
编辑
添加新条目
使所有条目生效
使所有条目失效
删除所有条目
上一页
下一页
帮 助

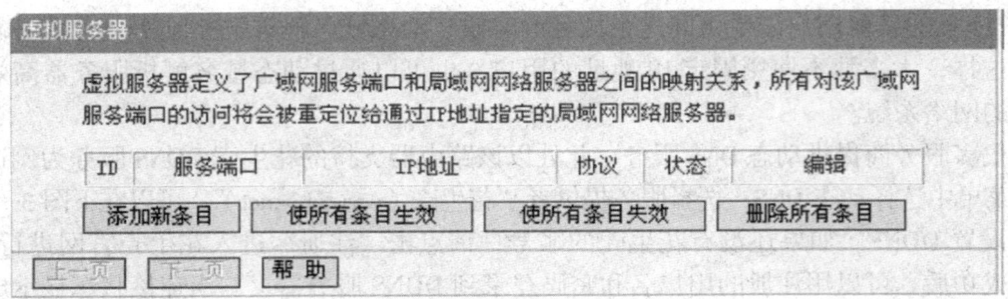

图 3—2—13 “虚拟服务器”界面

假设内部 OA 的 IP 地址为 192.168.1.10。点击“添加新条目”按钮，可以在图 3—2—14 所示界面中设置新的虚拟服务器条目（即端口映射条目）。

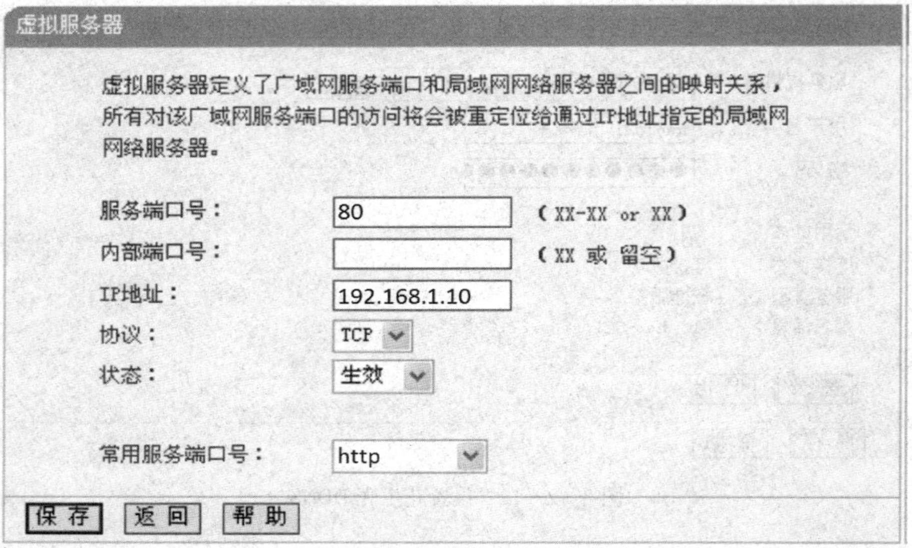

虚拟服务器
虚拟服务器定义了广域网服务端口和局域网网络服务器之间的映射关系，所有对该广域网服务端口的访问将会被重定位给通过IP地址指定的局域网网络服务器。
服务端口号：
80
（XX-XX or XX）
内部端口号：
（XX 或 留空）
IP地址：
192.168.1.10
协议：
TCP
状态：
生效
常用服务端口号：
http
保 存
返 回
帮 助

图 3—2—14 添加端口映射条目

点击“保存”按钮后，互联网中的用户就可以在浏览器中输入 DDNS 注册得到的域名来访问内部 OA 服务器了。

这里需要注意的是：

如果运营商封堵了 TCP80 端口，那么服务端口号必须是 80 以外的值，如 88。外网用户在访问时需要在浏览器中输入“http：// 域名：88”才可以访问 OA。

如果宽带路由器同时允许外网用户的远程管理，那么远程管理端口不可以与此服务端口号冲突。

十、远程 WEB 管理

远程 WEB 管理功能允许用户通浏览器从外网登录此管理界面配置管理宽带路由器。

选择菜单“安全功能→远程 WEB 管理”，可以在如图 3—2—15 所示界面中设置远程管理主机的 IP 地址和登录端口。

远程WEB管理

本页设置路由器的WEB管理端口和广域网中可以执行远程WEB管理的计算机的IP地址。

注意： 1、路由器默认的WEB管理端口为80，如果您改变了默认的WEB管理端口（例如改为88），则您必须用"IP地址:端口"的方式（例如http://192.168.1.1:88）才能登录路由器执行WEB界面管理。此功能需要重启路由器才能生效。

2、路由器默认的远程WEB管理是不启用状态，在此默认状态下，广域网中所有计算机都不能登录路由器执行远程WEB管理，如果您启动了远程WEB管理并设置了IP地址（例如设置为202.96.12.8），则广域网中只有具有指定IP地址（例如202.96.12.8）的计算机才能登录路由器执行远程WEB管理。如果将远程WEB管理IP地址设置为255.255.255.255，那么，广域网中所有的计算机都可以登录路由器执行远程WEB管理。

3、如果WEB管理端口与"转发规则"中虚拟服务器条目的端口产生冲突，则需要将WEB管理端口设置为冲突端口以外的值或者删除虚拟服务器对应条目，否则发生冲突，而导致远端WEB管理功能不起作用。

WEB管理端口： 80

远程WEB管理状态： ○启用 ⊙不启用

远程WEB管理IP地址： 0.0.0.0

确 定 帮 助

图 3—2—15 "远程 WEB 管理"界面

WEB 管理端口：用于访问宽带路由器的 WEB 管理端口号。路由器默认的 WEB 管理端口为 80，如果改变了默认的 WEB 管理端口（例如改为 8080），则必须用"http：//IP 地址：端口"的方式（例如 http：//192.168.1.1：8080）才能登录路由器执行 WEB 管理。此功能需要重启路由器后才生效。

远程 WEB 管理 IP 地址：外网中可以访问该路由器执行远程 WEB 管理的计算机 IP 地址。路由器默认的远程 WEB 管理 IP 地址为 0.0.0.0，在此默认状态下，外网中所有计算机都不能登录路由器执行远程 WEB 管理。如果改变了默认的远程 WEB 管理 IP 地址，则外网中只有具有该指定 IP 地址的计算机才能登录路由器执行远程 WEB 管理。如果改为 255.255.255.255，则外网中所有主机都可以登录路由器执行远程 WEB 管理。对于远程 WEB 管理，同样依赖动态域名功能提供的固定域名。

完成更改后，点击"确定"按钮。

至此，该公司的 SOHO 办公网络已经基本设置完成了。

知识拓展

家庭网络是融合家庭控制网络和多媒体信息网络于一体的家庭信息化平台，是在家庭范围内实现信息设备、通信设备、娱乐设备、家用电器、自动化设备、照明设备、监控装置及水电气热表设备、家庭求助报警等设备互联和管理，以及数据和多媒体信息共享的系统，涉及电信、家电、IT 等行业。

家庭通过组建无线网络来访问因特网背后隐藏着网络安全问题。无线网络比有线网络更容易受到入侵，因为被攻击端的计算机与攻击端的计算机并不需要网线设备上的连接，他只要在你无线路由器或中继器的有效范围内，就可以进入你的内部网络，访问你的资源，如果你在内部网络传输的数据并未加密的话，更有可能被人家窥探你的数据隐私。

巩固练习

一、选择题

1. 如果 SOHO 宽带路由器的 LAN 口数量不足以连接多台计算机，那么应该使用________实现多台计算机的连接。

A. 网卡　　B. 交换机　　C. 防火墙　　D. 路由器

2. 在配置 SOHO 宽带路由器时，配置计算机将 TCP/IP 属性中的 IP 地址配置为自动获取后，就可以访问路由器的管理地址，而不需要手工为配置主机配置 IP 地址，这是因为________。

A. SOHO 宽带路由器出厂默认启动了 HTTP 管理功能

B. SOHO 宽带路由器出厂默认启动了 DHCP 服务

C. SOHO 宽带路由器 WAN 口出厂默认使用 PPPoE 方式

D. SOHO 宽带路由器 LAN 口出厂默认使用 PPPoE 方式

二、填空题

1. Internet 的基本服务功能主要有三种：__________、__________和文件传输（FTP）。

2. 目前，较流行的四大网络操作系统是__________、__________、__________、__________。

3. 网络操作系统的主要发展趋势是从__________向__________、__________发展。

三、简答题

1. 常见的宽带接入方式有哪几种？

2. 在 ADSL 接入方式中，用户需要哪些设备？这些设备之间是如何连接的？

项目四　组建中型企业网

A 公司由于公司业务规模的不断扩大，网络需求度也越来越高，对等网、SOHO 网络已经完全不能满足现状，所以 A 公司需要着手扩大网络规模与复杂程度以满足公司日益增长的用网需求。下面来讨论一下 A 公司的网络改造项目。

任务　组建中型企业网

学习目标

1. 了解传输介质——光纤。
2. 了解多交换机之间级联网络技术。
3. 了解多交换机之间聚合链路技术。
4. 了解 IP 地址、VLAN、干道技术。
5. 了解子网规划方法、划分 VLAN 方法。
6. 掌握单臂路由技术。
7. 能组建中型企业网。

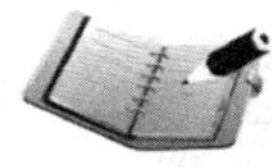

任务描述

A 公司目前具有四个职能部，分别为销售部（17 人）、技术部（11 人）、财务部（4 人）及经理办公室（2 人）。全公司终端数为 34 个，当然在设计时需要考虑到扩展性问题。

A 公司网络需求相对简单，具体如下：

（1）网络需要稳定，便于管理。

（2）合理的网络资源规划。

（3）部门之间需要互访

1）经理办公室可以访问任何部门。

2）销售部与技术部可以互访。

3）销售部与技术部不能访问财务部。

（4）全公司都能够访问互联网。

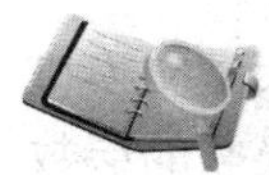

任务分析

通过分析任务要求可知，要完成项目的改造，首先要明确以下几个问题：

（1）接入交换机将所有用户接入网络中，公司所有终端均连接至接入交换机。

（2）接入交换机通过百兆位上联链路连接至出口路由器。

（3）出口路由器通过 10 Mbit/s 专线连接至 Internet。

中型企业网拓扑图如图 4—1—1 所示。经过逻辑拓扑分析，进行设备的物理连接。设备互联涉及技术如下：

设备互联可以使用光纤、双绞线等物理介质。

设备互联的方式包括级联、堆叠。

需求已得知，接下来需要将用户需求转换为具体的技术解决方案。

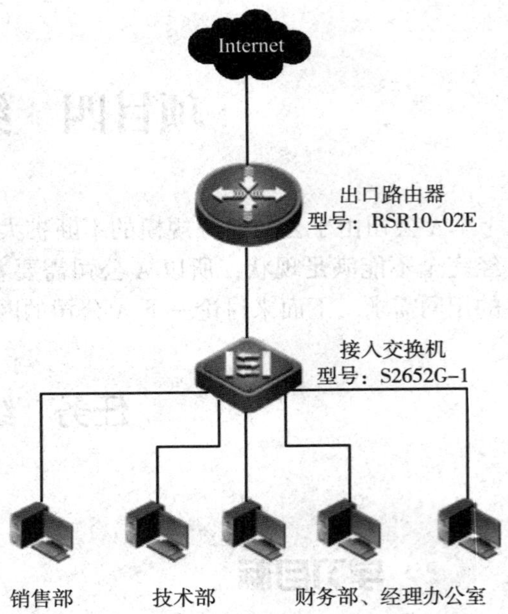

图 4—1—1　中型企业网拓扑图

1. 网络稳定，便于管理

（1）通过 VLAN 隔离广播域，保证网络相对的安全性与稳定性，便于管理。

（2）如网络需要更为稳定、可靠，可以将设备和线路都进行冗余，冗余的意思就是用多台设备和多条线路来实现通信。那么设备冗余后就可能会涉及生成树协议或链路聚合技术。

2. 合理的网络资源规划

（1）通过合理的子网规划达成目标。

（2）使 VLAN 的规划更为合理。

3. 部门互访

VLAN 间的通信可以保证跨部门之间的通信，单臂路由技术可以解决此问题。

4. 全公司需要能够访问互联网

（1）需要路由器进行拨号连接互联网。

（2）需要在路由器上进行 NAT 地址转换。

相关知识

一、交换机的级联与堆叠技术

1. 级联

级联可以定义为两台或两台以上的交换机通过一定的方式相互连接，根据需要，多台交换机可以以多种方式进行级联，在较大的局域网中，多台交换机按照性能和用途一般形成总线型、树型或星型的级联结构。

用交换机进行级联时要注意以下几个问题。原则上任何厂商、任何型号的以太网交换机均可进行级联，但也不排除一些特殊情况下两台交换机无法进行级联，交换机间级联的层数是有一定限度的。成功实现级联的最根本原则就是任意两站点之间的距离不能超过媒体段的最大跨越。多台交换机级联时，应保证它们都支持生成树协议（后面知识拓展中会进行简单介绍），既要防止网内出现环路，又要允许冗余链路的存在。

进行级联时，应该尽力保证交换机间中继链路具有足够的带宽。为此可采用全双工技术和链路汇聚技术（后面知识拓展中会进行简单介绍），交换机端口采用全双工技术后，不但相应的端口的吞吐量加倍，而且设备间距离增加，使得异地分布、距离较远的多台交换机级联成为可能。

2. 堆叠

堆叠技术是一种集中管理和端口扩展技术。用户可以使用堆叠端口（堆叠模块）和堆叠连接线将多台独立的交换机连接在一起构成统一堆叠系统。堆叠效果如图4—1—2所示。

图4—1—2　交换机堆叠

堆叠技术是在以太网交换机上扩展端口使用较多的一类技术，是一种非标准化技术。各个厂商之间不支持混合堆叠，堆叠模式为各厂商制定，不支持拓扑结构。

（1）堆叠的优势

灵活扩展端口密度。堆叠系统的端口数是由堆叠中所有成员设备的端口相加得到的，用户可以根据网络规模灵活地增加或减少端口数量，而不需要废弃先前采购的设备，从而保护了用户投资。

方便用户管理操作。堆叠系统在逻辑上是一台设备，在网络中是一个节点，它通过一个IP地址来管理，减少IP地址的占用并方便网络管理。

（2）堆叠的模式

流行的堆叠模式主要有两种：菊花链模式和星型模式。

菊花链式堆叠是一种基于级联结构的堆叠技术，对交换机硬件没有特殊的要求，通过相对高速的端口串接和软件的支持，最终实现构建一个多交换机的层叠结构，通过环路，可以在一定程度上实现冗余。但是，就交换效率来说，同级联模式处于同一层次。菊花链式堆叠通常有使用一个高速端口和两个高速端口的模式。使用一个高速端口（GE）的模式下，在同一个端口收发分别上行和下行，最终形成一个环形结构，任意两台成员交换机之间的数据交换都需绕环一周，经过所有交换机的交换端口，效率较低，尤其是在堆叠层数较多时，堆叠端口会成为严重的系统瓶颈。使用两个高速端口实施菊花链式堆叠，由于占用更多的高速端口，可以选择实现环形的冗余。菊花链式堆叠模式与级联模式相比，不存在拓扑管理，一般不能进行分布式布置，适用于高密度端口需求的单节点机构，可以使用在网络的边缘。

星型堆叠技术是一种高级堆叠技术，对交换机而言，需要提供一个独立的或者集成的高速交换中心（堆叠中心），所有的堆叠主机通过专用的（也可以是通用的高速端口）高速堆叠端口上行到统一的堆叠中心，堆叠中心一般是一个基于专用 ASIC 的硬件交换单元，根据其交换容量，带宽一般在 10 ~ 32 Gbit/s 之间，ASIC 交换容量限制了堆叠的层数。

3. 级联与堆叠的区别

对设备要求不同。级联可通过一根双绞线在任何网络设备厂家的交换机之间，或者交换机与集线器之间完成。而堆叠只有在自己厂家的设备之间，并且该交换机必须具有堆叠功能才可实现。

对连接介质要求不同。级联时只需一根跳线，而堆叠则需要专用的堆叠模块和堆叠线缆，当然堆叠模块是需要另外订购的。

最大连接数不同。交换机间的级联，在理论上没有级联数的限制。但是，叠堆内可容纳的交换机数量，各厂商都会明确地进行限制。

管理方式不同。堆叠后的数台交换机在逻辑上是一个被网管的设备，可以对所有交换机进行统一的配置与管理。而相互级联的交换机在逻辑上是各自独立的，必须依次对其进行配置和管理。

设备间连接带宽不同。多台交换机级联时会产生级联瓶颈，并将导致较大的转发延迟。例如，4 台百兆位交换机通过跳线级联时，彼此之间的连接带宽也是 100 Mbit/s。当连接至不同交换机上的计算机之间通信时，也只能通过这条百兆位连接，从而成为传输的瓶颈。同时，随着转发次数的增加，网络延迟也将变得很大。而 4 台交换机通过堆叠连接在一起时，堆叠线缆将能提供高于 1 Gbit/s 的背板带宽，从而可以实现所有交换机之间的高速连接。尽管级联时交换机之间可以借助链路汇聚技术来增加带宽，但是，这是以牺牲可用端口为代价的。

二、链路聚合

链路聚合是将两个或更多数据信道结合成一个单个的信道，该信道以一个单个的更高带宽的逻辑链路出现。一旦一条物理链路失效，另外一条仍然能正常转发，不会造成数据丢失，提高了链路的可靠性。

当网络对于稳定性要求极高或对于链路带宽要求较高时，可以通过链路聚合来实现此需求。

如图 4—1—3 所示，两台设备之间用一条物理线缆进行连接，当此链路出现了物理或逻辑故障，那么结论就是两设备无法进行通信，进行冗余的其中一个办法就是将线缆进行冗余，如图 4—1—4 所示。此时即使一条链路出现故障了，那么设备之间也是可以通信的。多条链路互联同理。

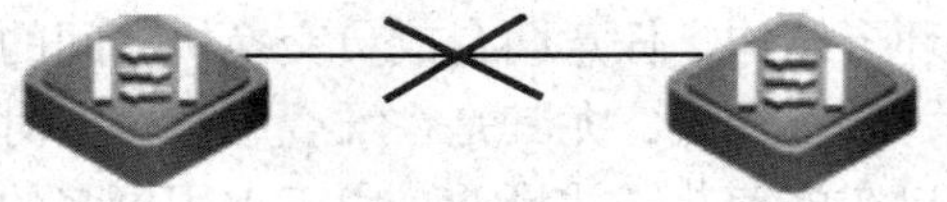

图 4—1—3　单链路失效

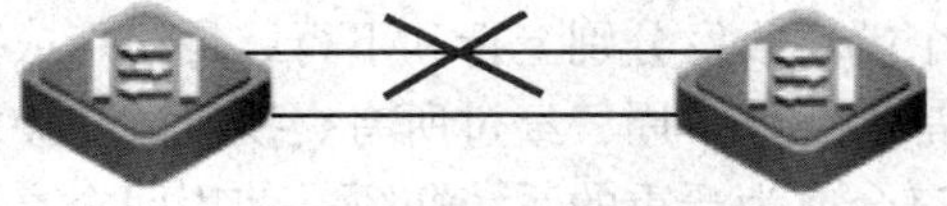

图 4—1—4　链路聚合后的单链路失效

如图 4—1—5 与图 4—1—6 所示，两设备之间通过一根 10 Mbit/s 物理介质进行连接，那么此时如想增加两设备之间的连接带宽，可以通过增加线缆的方式进行，如图 4—1—6 所示再增加一条物理线缆。当然还具有其他实现方式，只不过此例中讨论的是链路聚合。

图 4—1—5　单链路带宽　　　　图 4—1—6　链路聚合后带宽

如果仅仅单纯地增加一条链路，那么不但可能出现了二层环路，也可能不能达到多链路优势，那么此时就需要将多条链路进行聚合来实现最终目的，接下来讨论一下实施链路聚合的具体技术。

1. 链路聚合的基本概念

（1）聚合接口

聚合接口是一个逻辑接口，它可以分为二层聚合接口和三层聚合接口。

（2）聚合组

聚合组是一组以太网接口的集合。聚合组是随着聚合接口的创建而自动生成的，其编号与聚合接口编号相同。

（3）二层聚合组

随着二层聚合接口的创建而自动生成，只能包含二层以太网接口。

（4）三层聚合组

随着三层聚合接口的创建而自动生成，只能包含三层以太网接口。

2. 链路聚合的模式

按照聚合方式的不同，链路聚合可以分为静态聚合模式和动态聚合模式两种。

（1）静态聚合模式

成员端口的 LACP 协议为关闭状态。系统按照以下原则设置成员端口的选中状态。

当聚合组内有处于 up 状态的端口时，系统按照端口全双工 / 高速率、全双工 / 低速率、半双工 / 高速率、半双工 / 低速率的优先次序，选择优先次序最高且处于 up 状态的端口的第二类配置和对应聚合接口的第二类配置相同的端口作为该组的参考端口（优先次序相同的情况下，端口号最小的端口为参考端口）。

与参考端口的端口属性配置和第二类配置一致且处于 up 状态的端口成为可能处于 Selected 状态的候选端口，其他端口将处于 Unselected 状态。

聚合组中处于 Selected 状态的端口数是有限制的，当候选端口的数目未达到上限时，所有候选端口都为 Selected 状态，其他端口为 Unselected 状态；当候选端口的数目超过这一限制时，系统将按照端口号从小到大的顺序选择一些候选端口保持在 Selected 状态，端口号较大的端口则变为 Unselected 状态。

当聚合组中全部成员都处于 down 状态时，全组成员均为 Unselected 状态。因硬件限制（如不能跨板聚合）而无法与参考端口聚合的端口将处于 Unselected 状态。

（2）动态聚合模式

当聚合组配置为动态聚合模式后，聚合组中成员端口的 LACP 协议自动使能。

在动态聚合模式中，成员端口处于不同状态时对协议报文的处理方式如下：Selected 端口可以收发 LACP 协议报文。

如果处于 up 状态的 Unselected 端口配置和对应的聚合接口配置相同，可以收发 LACP 协议报文。

三、VLAN 技术

局域网在现在的社会中覆盖率越来越高，大部分的机关、学校、企事业单位都已经有了自己的交换式局域网，但随着局域网内的主机数量日益增多，由大量的广播报文带来的带宽浪费、安全等问题变得越来越突出。此外，企业对组网的灵活要求也越来越高。

为了解决这个问题，可以使用的一种方法是将网络改造成用路由器连接的多个子网，但这样会增加网络的设备的投入；另一种成本较低却又行之有效的方法就是采用 VLAN（Virtual Local Area Network，虚拟局域网），虚拟局域网还提供了更加灵活的组网方式。

1. VLAN 基础

一方面，VLAN 建立在局域网交换机的基础之上；另一方面，VLAN 是局域交换网的灵魂。这是因为通过 VLAN 用户能方便地在网络中移动和快捷地组建宽带网络，而无须改变任何硬件和通信线路。这样，网络管理员就能从逻辑上对用户和网络资源进行分配，而无须考虑物理连接方式。VLAN 充分体现了现代网络技术的重要特征：高速、灵活、管理简便和扩展容易。是否具有 VLAN 功能是衡量局域网交换机的一项重要指标。网络的虚拟化是未来网络发展的潮流。

VLAN 与普通局域网从原理上讲没有什么不同，但从用户使用和网络管理的角度来看，VLAN 与普通局域网最基本的差异体现在：VLAN 并不局限于某一网络或物理范围，VLAN 中的用户可以位于一个园区的任意位置，甚至位于不同的国家。

VLAN 是一种逻辑上的局域网，它可以将不同交换机、不同地域的接口划分到一个虚拟的 LAN 中，便于管理和维护，同时划分 VLAN 还可以隔离广播流量，防止大型网络中多台机器广播影响性能。

对一个极大规模的未分配 VLAN 的网络，不明地址的单播帧和组播流量能在同一个广播域中畅通无阻，图 4—1—7 是一个由 5 台二层交换机（交换机 1 ~ 5）连接了大量客户机构成的网络。假设此时计算机 A 需要与计算机 B 通信。在基于以太网的通信中，必须在数据帧中指定目标 MAC 地址才能正常通信，因此计算机 A 必须先广播“ARP 请求（ARP Request）信息”，来尝试获取计算机 B 的 MAC 地址。

交换机 1 收到广播帧（ARP 请求）后，会将它转发给除接收端口外的其他所有端口，也就是泛洪。随后交换机 2 收到广播帧后也会泛洪。交换机 3、4、5 也还会泛洪。最终 ARP 请求会被转发到同一网络中的所有客户机上，那么就会造成以下危害：第一，广播信息消耗了网络整体的带宽；第二，收到广播信息的计算机还要消耗一部分 CPU 时间来对它进行处理。

图 4—1—7 为未配置 VLAN 的 ARP 请求被泛洪的情况，下面分析配置了 VLAN 的网络的广播流量的流向。如图 4—1—8 所示，依然是计算机 A 与计算机 B 进行通信，但此时网络中已经规划了相关 VLAN，那么 ARP 请求只会发送到相同 VLAN 的 PC 上，而其他非相同 VLAN 是没有 ARP 请求报文的。这是 VLAN 隔离广播域的一个实例，减少了广播报文所造成的影响。

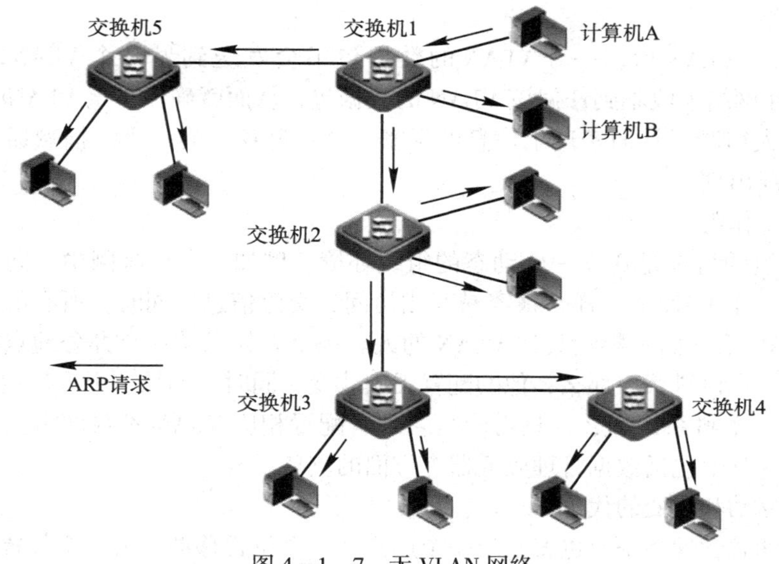

图 4—1—7　无 VLAN 网络

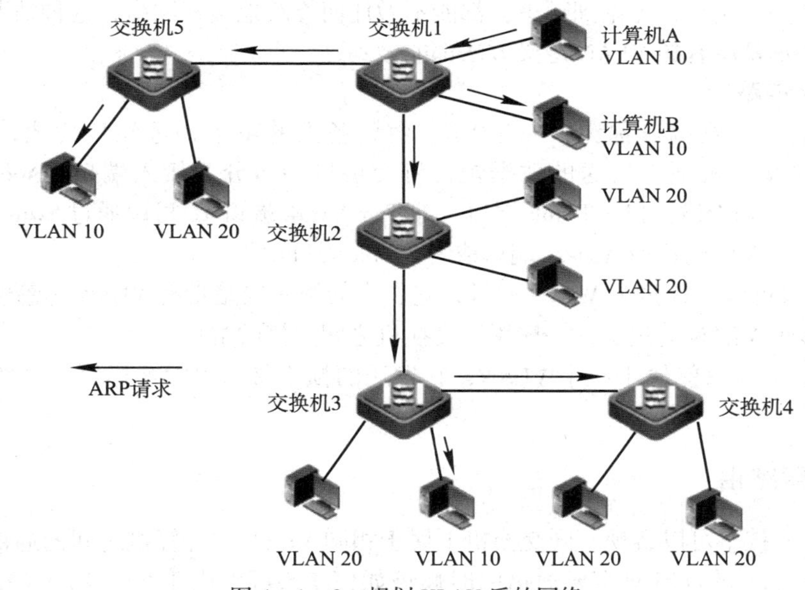

图 4—1—8　规划 VLAN 后的网络

2. VLAN 的优点

使用 VLAN 技术可以为网络带来的优点如下。

（1）限制广播包

根据交换机的转发原理，如果一个数据帧找不到应该从哪个端口转发出去，那么交换机就会将该数据帧向所有的其他端口发送，即数据帧的泛洪。这样的结果，毫无疑问极大地浪费了带宽。如果配置了 VLAN，那么，当一个数据包不知该如何转发时，交换机只会将此数据包发送到所有属于该 VLAN 的其他端口，而不是所有的交换机的端口，这样，就将数据包限制到了一个 VLAN 内，在一定程度上可以节省带宽。

（2）安全性

由于配置了 VLAN 后，一个 VLAN 的数据包不会发送到另一个 VLAN，这样，其他 VLAN 的用户在网络上收不到任何该 VLAN 的数据包，从而就确保了该 VLAN 的信息不会被其他 VLAN 的人窃听，从而实现了信息的保密。这也避免了同一个广播域通过抓包造成的信息泄密等情况出现。

（3）虚拟工作组

虚拟工作组的目标是建立一个动态的组织环境。例如，在校园网中，同一个科系的终端就好像在同一个 LAN 上一样，很容易互相访问、交流信息，同时，所有的广播包也都限制在该虚拟 LAN 上，而不影响其他 VLAN 的人。一个人如果从一个办公地点换到另外一个地点，而他仍然在该科系，那么，他的配置无须改变，同时，如果一个人虽然办公地点没有变，但他换了一个科系，那么，只需网络管理者配置相应 VLAN 参数即可。当然，要实现它，还需要一些其他包括数据管理服务器等方面的支持。

（4）减少移动和改变的代价

即所说的动态管理网络，也就是当一个用户从一个位置移动到另一个位置时，他的网络属性不需要重新配置，而是动态地完成，这种动态管理网络给网络管理者和使用者都带来了极大的好处，一个用户，无论到哪里，都能不做任何修改地接入网络，这种情况是非常理想的。当然，并不是所有的 VLAN 定义方法都能做到这一点。

3. Trunk 链路

交换机上的二层端口称为 Switch Port，由设备上的单个物理端口构成，只有二层交换功能。针对交换机端口发送的数据帧，将交换机端口分为接入端口（Access 端口，即 UnTagged 端口）和干道接口（Trunk 端口，即 Tag Aware 端口）。可以通过 Switch Port 接口配置命令，把一个端口配置为 Access 端口或者 Trunk 端口。

Trunk 端口可以允许多个 VLAN 通过，它发出的帧一般是带有 VLAN 标签的，所以可以接收和发送多个 VLAN 的报文，一般用于交换机之间连接的端口。

而 Access 端口只能属于一个 VLAN，它发送的帧不带有 VLAN 标签，一般用于连接计算机的端口。

四、单臂路由

使用 Trunk 技术可以实现不同交换机上属于相同 VLAN 的计算机之间的通信。那么，如果属于不同 VLAN 的计算机需要通信的时候该如何实现呢？由于每个 VLAN 相当于一个单独的网段，所以要实现不同 VLAN 间通信需要使用三层设备。要实现不同 VLAN 之间的通信有许多方法，单臂路由就是其中一种方法。

将路由器和交换机相连，使用 IEEE 802.1Q 来启动一个路由器上的子接口成为干道模式，就可以利用路由器来实现 VLAN 之间的通信，一般称这种方式为单臂路由，如图 4—1—9 所示。

路由器可以从某一个 VLAN 接收数据包，并且将这个数据包转发到另外的一个 VLAN，要实施 VLAN 间的路由，必须在一个路由器的物理接口上启用子接口，也就是将以太网物理接口划分为多个逻辑的、可编址的接口，并配置成干道模式，每个 VLAN 对应一个这种接口，这样路由器就能够知道如何到达这些互联的 VLAN。

图 4—1—10 展示了单臂路由中干道在路由器一端的子接口，FastEthernet 0/0 端口被划分为 3 个子接口，FastEthernet 0/0.1、FastEthernet 0/0.2、FastEthernet 0/0.3，每个子接口为一个单独的 VLAN 服务，子接口地址成为该 VLAN 网段的网关地址。

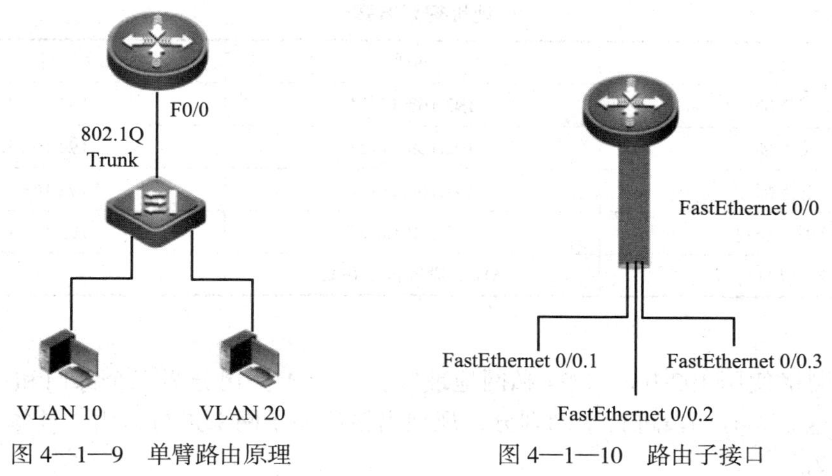

图 4—1—9　单臂路由原理　　　　图 4—1—10　路由子接口

如果没有这种子接口，要想完成 VLAN 间的路由，每一个单独的物理接口都要被分配到单独的 VLAN 中去，这样无疑是非常消耗接口资源的。

任务实施

一、任务拓扑图

在进行项目实施之前，必须将项目拓扑图绘制完毕，A 公司网络拓扑图如图 4—1—1 所示。

二、设备物理连接

拓扑图确定后需要考虑设备物理连接。将网络设备（一台路由器、一台交换机）放置在公司设备间，然后用物理线缆将设备连接起来，因为公司整体带宽要求一般，所以采用了百兆到桌面，终端 PC 与交换机用超五类双绞线连接即可。而接入交换机与出口路由器之间可以使用光纤也可以使用双绞线，此可根据客户具体需求来决定，此例中将接入交换机与出口路由器之间使用双绞线连接。

进行项目实施之初，首先需要确定运营商线路是否已经到位，如运营商线缆已到位，那么后续实施将会相对方便，如运营商线路未到位，那么建议先协调客户催促运营商线路到位再进行网络实施。此例中假设运营商线路已经铺设完好。

三、网络资源规划

方案一

一般在进行网络项目实施时，除了金融、运营商行业的网络外，一般项目中的 IP 地址不进行精确的子网划分，采用大范围的私网地址就可以实现。采用 192.168.1.0/24 ~ 192.168.4.0/24 四个网段，分别分配给销售部、技术部、财务部与经理办公室，具体分配见表 4—1—1。

表 4—1—1 IP 地址规划方案一

部门	网段	网关
销售部	192.168.4.0/24	192.168.4.1
技术部	192.168.3.0/24	192.168.3.1
财务部	192.168.2.0/24	192.168.2.1
经理办公室	192.168.1.0/24	192.168.1.1
外网出口	ADSL 拨号自动获取	

方案二

A 公司网络使用 192.168.1.0/24 私网地址段。由于 A 公司分为三个部门和一个办公室，所以需要将这个私有网段进行子网划分，规划出精确的子网来进行运用。具体 IP 地址规划见表 4—1—2。

表 4—1—2 IP 地址规划方案二

部门	网段	网关
销售部	192.168.1.0/27	192.168.1.1/27
技术部	192.168.1.32/28	192.168.1.33/28
财务部	192.168.1.48/29	192.168.1.49/29
经理办公室	192.168.1.56/30	192.168.1.57/30
外网出口	ADSL 拨号自动获取	

一般情况下，中小型项目实施不会使用表 4—1—2 中的子网划分的 IP 地址规划，因为相对复杂和麻烦。

四、连接接口规划

在项目实施方案编写时需要详细规划，所以将设备之间进行互联的端口也要规划出来，具体见表 4—1—3。

表 4—1—3 接口规划

本端	本端接口 ID	对端	对端接口 ID
接入交换机	1 ~ 20 口	销售部终端	
接入交换机	21 ~ 35 口	技术部终端	
接入交换机	36 ~ 41 口	财务部终端	
接入交换机	42 ~ 45 口	经理办公室	
接入交换机	48 口	出口路由器	1 口
出口路由器	2 口	运营商设备	

五、VLAN 规划

VLAN 包含用户 VLAN 与管理 VLAN，用户 VLAN 是基于部门的，管理 VLAN 独立出来就可以。具体 VLAN 规划见表 4—1—4。

表 4—1—4　　VLAN 规划

VLAN ID	VLAN 名称	作用表述
10	XS	销售部用户 VLAN
20	JS	技术部用户 VLAN
30	CW	财务部用户 VLAN
40	JL	经理办公室 VLAN
100	GL	接入交换机的管理 VLAN

六、设备命名规则

设备命名规则是项目实施中的典型规划点，要对网络设备进行明确的规则指定，以便在远程登录设备时可以根据 hostname 分辨出不同的设备。此项目中两台设备的命名分别为：CK-1002E-1、JR-2652-1。原则是：[出口 | 接入] – [产品型号] – [产品编号]。

七、设备配置

1. 配置接入交换机

（1）根据 VLAN 规划，创建 VLAN，在接入交换机上配置已规划的 VLAN 10、VLAN 20、VLAN 30、VLAN 40、VLAN 100。

新设备建立 VLAN：

```
Ruijie>enable                        //用户模式
Ruijie#configure terminal                   //特权模式
Enter configuration commands, one per line. End with CNTL/Z.
Ruijie(config)#vlan 10            //设置 VLAN 10
Ruijie(config-vlan)#name XS                 //设置 VLAN 名称
Ruijie(config-vlan)#exit
Ruijie(config)#vlan 20            //设置 VLAN 20
Ruijie(config-vlan)#name JS                 //设置 VLAN 名称
Ruijie(config-vlan)#exit
Ruijie(config)#vlan 30            //设置 VLAN 30
Ruijie(config-vlan)#name CW                        //设置 VLAN 名称
Ruijie(config-vlan)#exit
Ruijie(config)#vlan 40            //设置 VLAN 40
Ruijie(config-vlan)#name JL                        //设置 VLAN 名称
Ruijie(config-vlan)#exit
```

```
Ruijie(config)#vlan 100          //设置VLAN 100
Ruijie(config-vlan)#name GL                  //设置VLAN名称
Ruijie(config-vlan)#exit
```

（2）将接口划入VLAN，按照表4—1—3中的接口规划将相应的接口划入对应的VLAN中。

```
Ruijie>enable                    //用户模式
Ruijie#configure terminal            //特权模式
Ruijie(config)#interface rang fastethernet0/1-20    //进入配置1～20端口
Ruijie (config-if-range)#switchport mode access     //配置接口为Access模式
Ruijie(config-if-range)#switchport access vlan 10  //将1～20端口加入VLAN 10
Ruijie(config-if-range)#exit
Ruijie(config)#interface rang fastethernet0/21-35  //进入配置21～35端口
Ruijie (config-if-range)#switchport mode access    //配置接口为Access模式
Ruijie(config-if-range)#switchport access vlan 20  //将21～35端口加入VLAN 20
Ruijie(config-if-range)#exit
Ruijie(config)#interface rang fastethernet0/36-41  //进入配置36～41端口
Ruijie (config-if-range)#switchport mode access    //配置接口为Access模式
Ruijie(config-if-range)#switchport access vlan 30  //将36～41端口加入VLAN 30
Ruijie(config-if-range)#exit
Ruijie(config)#interface rang fastethernet 0/42-45    //进入配置42～45端口
Ruijie (config-if-range)#switchport mode access    //配置接口为Access模式
Ruijie(config-if-range)#switchport access vlan 40   //将42～45端口加入VLAN 40
Ruijie(config-if-range)#exit
```

（3）配置Trunk，以便子网之间能通过此链路与路由通信，实现子网之间通信。

```
Ruijie(config)# interface fastethernet 0/48
Ruijie(config-if)#switchport trunk encapsulation dot1q    //选择封装协议
Ruijie(config-if)#switchport mode trunk              //配置接口模式为Trunk
Ruijie(config-if)#switchport trunk allowed vlan all  //Trunk允许所有VLAN的信息通过
Ruijie(config-if)#exit
```

（4）配置管理 VLAN，配置 IP 地址 100.1.1.1/24。

```
Ruijie>enable                        //用户模式
Ruijie#configure terminal            //特权模式
Ruijie(config)#interface vlan 100    //管理VLAN为VLAN 100
Ruijie(config-if)#ip address 100.1.1.1 255.255.255.0 //给管理VLAN配置管理IP地址
Ruijie(config-if)#no shutdown //激活管理IP，养成习惯，无论配置什么设备，都使用一次这个命令
```

（5）配置默认网关，以便其他网段的设备能够访问此二层交换机。

```
Ruijie(config)#ip default-gateway 100.1.1.254  //假设网关地址为100.1.1.254，此命令用户二层设备
```

2. 出口设备配置

（1）配置单臂路由

```
Ruijie>enable                        //用户模式
Ruijie#configure terminal            //特权模式
Enter configuration commands, one per line. End with CNTL/Z.
Ruijie(config)#interface fastethernet 0/0 //主接口对应VLAN
Ruijie(config-if)#no shutdown        //打开主接口
Ruijie(config-if)#exit
Ruijie(config)#intere0/0.1           //创建子接口
Ruijie(config-subif)#encapsulation dot1q 10//封装dot1q,VLAN ID 10,对应VLAN 10,VLAN 10的路由点
Ruijie(config-subif)#ip address 192.168.1.1 255.255.255.224
Ruijie(config-subif)#no shutdown         //打开子接口
Ruijie(config-subif)#exit
Ruijie(config)#intere0/0.2              //创建子接口
```

```
Ruijie(config-subif)#encapsulation dot1q 20// 封装 dot1q,VLAN ID 20,对应 VLAN 20,VLAN 20 的路由点
Ruijie(config-subif)#ip address 192.168.1.33 255.255.255.240
Ruijie(config-subif)#no shutdown          // 打开子接口
Ruijie(config-subif)#exit
Ruijie(config)#intere0/0.3                // 创建子接口
Ruijie(config-subif)#encapsulation dot1q 30// 封装 dot1q,VLAN ID 30, 对应 VLAN 30,VLAN 30 的路由点
Ruijie(config-subif)#ip address 192.168.1.49 255.255.255.248
Ruijie(config-subif)#no shutdown          // 打开子接口
Ruijie(config-subif)#exit
Ruijie(config)#intere0/0.4                // 创建子接口
Ruijie(config-subif)#encapsulation dot1q 40// 封装 dot1q,VLAN ID 40, 对应 VLAN 40,VLAN 40 的路由点
Ruijie(config-subif)#ip address 192.168.1.57 255.255.255.252
Ruijie(config-subif)#no shutdown          // 打开子接口
Ruijie(config-subif)#exit
```

（2）物理接口下开启 PPPoE

```
Ruijie>enable
Ruijie#configure terminal
Ruijie(config)#interface FastEthernet 0/1
Ruijie(config-if-FastEthernet 0/1)#pppoe enable    // 打开 PPPoE 功能
Ruijie(config-if-FastEthernet 0/1)# pppoe-client dial-pool-number 5 no-ddr     // 绑定以太网口到拨号池 5
Ruijie(config-if-FastEthernet 0/1)#exit
```

（3）配置拨号逻辑接口

```
Ruijie(config)#interface dialer 0
Ruijie(config-if-dialer 0)#encapsulation ppp                 // 封装 ppp
Ruijie(config-if-dialer 0)#ppp chap hostname pppoe  // 配置 chap 加密的用户名：pppoe
Ruijie(config-if-dialer 0)#ppp chap password pppoe  // 配置 chap 加密的密码：pppoe
Ruijie(config-if-dialer 0)#ppp pap sent-username pppoe password pppoe // 配置 pap 加密的用户名和密码
Ruijie(config-if-dialer 0)#ip address negotiate      // 地址协商获取
Ruijie(config-if-dialer 0)#dialer pool 5             // 关联拨号池 5
```

```
Ruijie(config-if-dialer 0)#dialer-group 1          //刺激拨号的规则
Ruijie(config-if-dialer 0)#dialer idle-timeout 300       //300s没有流量后，拨号断开
Ruijie(config-if-dialer 0)#exit
Ruijie(config)#access-list 1 permit any
Ruijie(config)#dialer-list 1 protocol ip permit        //全局的拨号规则列表
```

（4）配置 NAT

```
Ruijie(config)#access-list 100 permit ip any any    //定义要执行NAT的数据流，此处定义的是所有
Ruijie(config)#ip nat pool ruijie prefix-length 24        //配置NAT地址池名为ruijie，匹配掩码24位
Ruijie(config-ipnat-pool)#address interface dialer 0 match interface dialer 0          //配置NAT转换IP，数据从dialer 0转发，那么使用dialer 0上的地址做NAT
Ruijie(config-nat-pool)#exit
Ruijie(config)#ip nat inside source list 100 pool ruijie overload //配置NAT策略，100表示access-list 100,ruijie 表示NAT地址池
Ruijie(config)#interface dialer 0
Ruijie(config-if-dialer 0)#ip nat outside            //定义为NAT外网接口
Ruijie(config-if-dialer 0)#interface fastEthernet 0/0
Ruijie(config-if-FastEthernet 0/0)#ip nat inside    //定义为NAT内网接口
Ruijie(config-if-FastEthernet 0/0)#ip address 192.168.1.1 255.255.255.0            //配置内网的地址，作为内网网关
Ruijie(config-if-FastEthernet 0/0)#exit
```

（5）配置默认路由

```
Ruijie(config)#ip route 0.0.0.0 0.0.0.0  dialer 0
```

3. 终端 PC 配置

（1）配置本机 IP 地址

（2）配置本机网关

（3）配置 DNS 地址

具体配置步骤请参照项目六相关内容。

八、项目测试

通过各部门的终端计算机去 ping 网关地址，如网关地址可以通信，然后 ping 外网地址，如没有问题证明终端可以访问 Internet。在进行 ping 的过程中查看一下具体的 ping 包延迟。

对于销售、技术部门互访可以通过不同部门的终端计算机进行 ping 测试。

对于销售、技术部门不能访问财务部门可以通过 ping 测试。

九、项目验收

在客户的陪同下，进行项目验收工作，签订项目验收报告。完成项目实施阶段任务。

知识拓展

一、STP 协议

1. 产生原因

为了使网络更加稳定，网络设计人员常常想使用环状的网络结构来确保出现单点故障而不影响网络的正常进行，但是根据交换机的转发原理，当网络为环状拓扑时，交换机就会将在环形拓扑中不断转发广播永不停止，这就是广播风暴。那么，如何增加网络的冗余，又不会产生广播风暴呢？这就需要使用生成树协议（STP）。

2. 二层冗余网络中的环路问题

如果二层网络出现了环路，且没有采取特殊措施，冗余的链路会导致广播风暴和 MAC 地址表振荡。当接入交换机收到类似 ARP 查询这样的广播报文时，会从同一个 VLAN 内的所有端口转发。广播报文的不断复制和转发，最终会使得整个二层网络中充斥着广播报文，导致广播风暴。广播风暴发生时，可以看到交换机的所有端口指示灯都在以相同的频率闪烁。

3. 生成树协议概述

现在所说的生成树是 STP、RSTP、MSTP 的总称，协议标准由 IEEE（Institute of Electrical and Elect ronics Engineers，电气和电子工程师协会）维护并发布。其中，STP（Spanning-Tree Protocol）的协议标准是 IEEE 802.1D，在它的基础上改进的 RSTP（Rapid STP）的协议标准是 IEEE 802.1W，MSTP（Muliti STP）的协议标准是 IEEE 802.1S。

由于生成树技术是本书的扩展知识，所以下面仅讨论相对简单的传统生成树 STP（IEEE 802.1D）协议，其他生成树协议不在本书的讨论范围。

4. 生成树工作原理

（1）选举一个网桥 ID 最小的交换机作为根网桥（Root Bridge）

为了保证所有的交换机就堵塞后无环的拓扑达成一致，在网络中必须有一个唯一的参考点，这个参考点就是根网桥。网桥是一个较早的名词，基本对应现在所说的交换机。

（2）每个非根网桥选举一个根端口（Root Port，RP）

选举根网桥后，其他交换机（非根网桥）都会以它为参考点，在本交换机上找出到根交换机“最近”的端口，用于转发数据，这个端口就是根端口。每个非根网桥有且只有一个根端口。堵塞端口的目的是构造数据所走的路径，因此，堵塞哪个端口的依据就是堵塞后所形成的路径是否是所有可能路径中“最好”的。

（3）每个交换网段选择一个指定端口（Designated Port，DP）

为了避免广播风暴，在两台或者多台交换机互联的网段中只能由一个交换机负责转发数据，这个交换机就叫作该网段的指定网桥，指定网桥上连接这个网段的接口就叫指定端口。每个交换网段有且只有一个指定端口。选择根端口是每个交换机自身的事情，在本交换机上所有端口中选择一个最好的端口。而选择指定端口是互联的两个交换机之间的行为，它们必须通过交换配置 BPDU 就最好的端口达成一致。

（4）堵塞其他端口（非根非指定端口）

通过选举，一个交换机上最好的端口——根端口、互联的两个交换机之间最好的端口——指定端口都已经确定了，这两种端口可以用来转发数据，而剩余的其他端口（非根非指定端口）就必须堵塞。堵塞端口不能转发用户数据，只能丢弃接收到的用户数据，二层环路被逻辑打破了。

交换机之间之所以能选举根网桥、根端口、指定端口，就无环的拓扑达成一致，是因为配置了生成树协议的交换机之间在交换配置 BPDU，并且在选择最佳配置 BPDU 的同时完成以上工作。

二、NAT 协议

通过前面的内容可以搭建一个局域网，并且确保网络内部的正常通信。大部分网络的建立最终目的是使内部员工可以访问互联网，互联网的客户可以访问网络中的服务器。那么，局域网如何和 Internet 连接，以及局域网中使用的是私网地址如何和 Internet 的公网地址相互访问呢？这就需要使用网络地址转换（NAT）。

1. NAT 的原理

NAT 技术可以将内部私有地址转换为外部公有网络地址，转换的过程如图 4—1—11 所示。

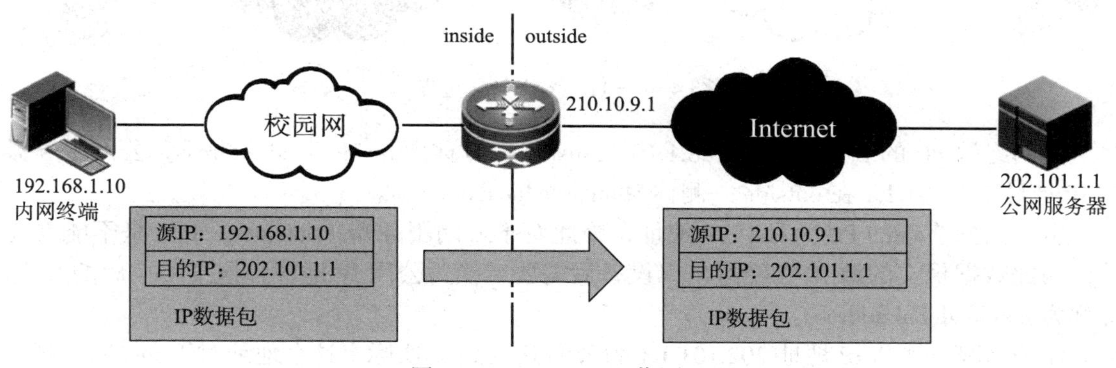

图 4—1—11　NAT 工作原理

内网终端想访问互联网上的一台公网服务器（202.101.1.1），它的 PC 所发出的数据报文的源 IP 为本机 IP 192.168.1.10，目的 IP 即为 202.101.1.1，这个报文在经过校园网的各种网络设备根据路由信息转发到出口路由器设备，这个报文是不能够直接转发到互联网中的，因为数据报文的源 IP 为私有 IP 地址。几乎在绝大多数的情况下，运营商都会将源 IP 为私有 IP 地址的数据报文给过滤掉。即使运营商不过滤掉这样的数据包，即这个数据报文能进入到运营商网络中，但这也会是一个“有去无回”的结果，因为运营商是不会维护 RFC 1918 中定义的私有网段路由的（返回的报文目的 IP 变为私有 IP）。

根据上面的描述，知道了为什么要在出口设备上将内网接口上接收到的数据报文的源 IP 地址转换为公网 IP 地址。出口设备通过 NAT 技术完成这样的地址转换，那么有下面两个问题需要进行考虑。

（1）NAT 设备根据什么表项信息来进行地址转换?

（2）返回的数据报文如何经过 NAT 设备变回原来的私有 IP?

2. 四种地址的概念

在 NAT 技术中存在四种地址概念，分别是：

（1）inside local address

（2）inside global address

（3）outside local address

（4）outside global address

出口设备在进行 NAT 转换时，是依赖这四类地址进行源 IP 或者目的 IP 地址的转换。

3. local 和 global

local 和 global 从字面意义上理解即为本地和全局，这两个概念需要与 inside/outside 来配合使用，如图 4—1—12 所示。

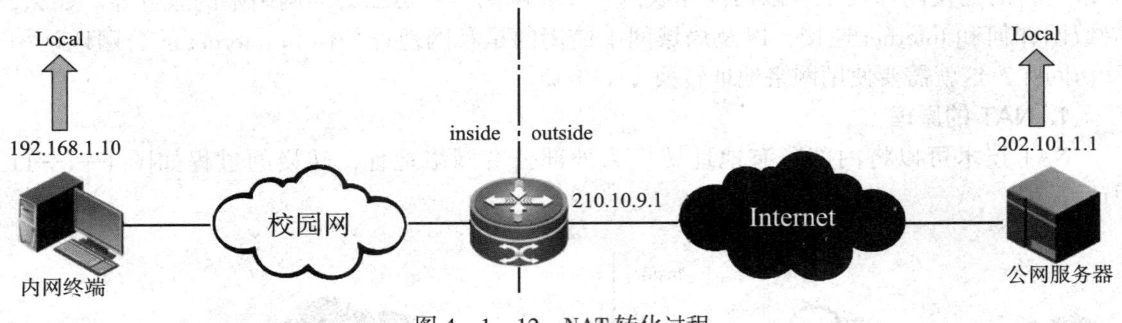

图 4—1—12　NAT 转化过程

内网终端 PC 的 IP 地址 192.168.1.10 在 inside 一侧称为 inside local address，公网服务器的 IP 地址 202.101.1.1 在 outside 一侧称为 outside local address。

由于内网终端的 PC 为私有 IP 地址，因此对于公网服务器（outside 一侧）是不能看到的，因此数据报文的源 IP 在经过出口设备后需要转换为公网 IP 地址，这个转换后的 IP 地址称为 inside global address。

而公网服务器的 IP 地址 202.101.1.1 为公网 IP 地址，实际上这个地址对于 inside 一侧是可见的（即可以通过路由可达），因此通常不需要做地址转换。但是即使不需要做地址转换，对于 inside 一侧，202.101.1.1 这个地址也同样称为 outside global address。

因此根据前面的描述，可以做总结如下：

对于 inside 一侧，outside local address 是不可见的，inside 一侧能“看见”的是 outside global address。同样对于 ouside 一侧，inside local address 是不可见的，outside 一侧能“看见”的是 inside global address。

根据这样的原则，再结合前面所描述的场景，可以得到结论如下：

内网终端 PC 在发送数据报文给公网服务器 202.101.1.1 时，数据报文的源 IP 为 192.168.1.10（inside local address），目的 IP 为 202.101.1.1（outside global address）。数据报文在经过路由器设备后，源 IP 变为了 210.10.9.1（inside gobal address），目的 IP 仍然为 202.101.1.1（但称为 outside local address）。

如图 4—1—13 所示，源 IP 为 192.168.1.10、目的 IP 为 202.101.1.1 的数据报文在经过出口设备转发时，查找 NAT 表项，将报文的源 IP（192.168.1.10）、目的 IP（202.101.1.1）与 inside local 和 outside global 两项进行对比，并找到匹配的条目，找到后，将源 IP 和目的 IP 替换为该条目对应的 inside global（210.10.9.1）和 outside local（202.101.1.1），这样完成了 NAT 地址转换。注：对于常见的开启 NAT 功能的设备而言，数据报文能够被 NAT 的前提是，数据报文从 inside 一侧进入，从 outside 一侧转发出去（或者从 outside 一侧进入，从 inside 一侧转发出去），也可以理解为数据报文在“穿越”NAT 设备时进行了地址转换，“穿越”的前提是要提前存在相应路由条目，将数据报文从 inside 接口转发至 outside 接口。

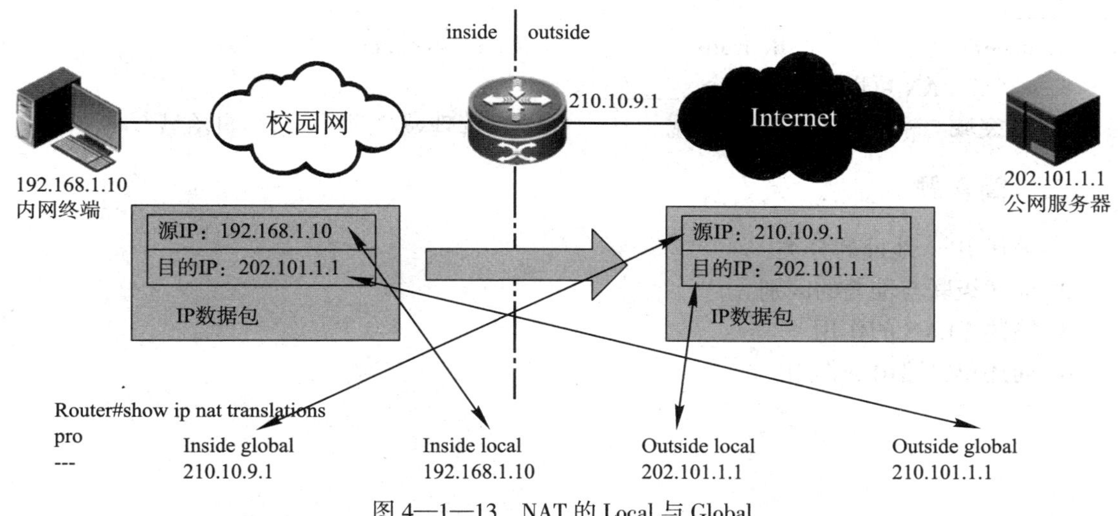

图 4—1—13　NAT 的 Local 与 Global

巩固练习

一、选择题

1. 光纤跳线接口类型有________。

A. BS　　B. FC　　C. LC　　D. CS

2. 123.1.1.1/24 属于________类 IPv4 地址。

A. A　　B. C　　C. B　　D. D

3. 以下地址是私有地址的是________。

A. 10.1.1.32　　B. 101.1.2.5　　C. 171.16.5.1　　D. 192.16.17.1

4. 某公司申请到一个 C 类 IP 地址，但要连接 3 个子公司，最大的一个子公司有 58 台计算机，每个子公司在一个网段中，则子网掩码应设为________。

A. 255.255.255.0　　B. 255.255.255.128

C. 255.255.255.192　　D. 255.255.255.224

5. 以下关于 IP 地址的说法正确的是________。

A. IP 地址可以固化在硬件中，是独一无二的

B. IP 地址分为 A、B、C、D、E 五类

C. IP 地址通常用点分十六进制来表示，例如：10.110.192.111

D. IP 地址是由 32 个二进制位组成的

6. IP 地址 132.119.100.200 的子网掩码是 255.255.255.240，那么它所在子网的广播地址是________。

A. 132.119.100.207　　B. 132.119.100.255

C. 132.119.100.193　　D. 132.119.100.223

7. 要让交换机的一个端口承载传输多个 VLAN 的信息，需要将这个端口的属性配置为________。

A. access　　B. trunk　　C. no swithport

8. 一个 VLAN 可以看作是一个________。

A. 冲突域　　B. 广播域　　C. 管理域　　D. 自治域

二、简答题

1. 简述 IPv4 地址的分类。

2. 简述级联与堆叠的区别。

3. 简述 VLAN 的作用。

4. 简述单臂路由的作用。

项目五　组建无线局域网

随着信息技术快速发展，笔记本式计算机、智能手机、平板电脑等越来越多的新产品、新技术逐渐走近了人们的生活和工作当中，人们对信息的需求和接入的便利性提出了更高的挑战，线缆的束缚和高额的运营商通信费用严重限制了用户畅游网络快感。应市场的需求，无线局域网技术（WLAN）应运而生，给信息化时代带来了又一次重大的变革，未来随着WLAN技术的不断成熟，它将会在网络方面占据不可替代的位置。

任务1　组建家庭无线局域网

学习目标

1. 认识无线局域网。
2. 掌握无线局域网组网方式。
3. 了解组建家庭无线局域网常用设备。
4. 能组建家庭无线局域网。

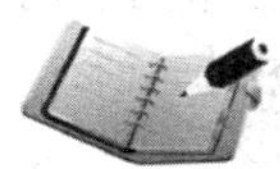

任务描述

小鑫是一个IT爱好者，喜欢追逐科技前沿的一些产品和技术，最近又新入手了一台平板电脑和一部智能手机，但是每月高额的上网流量费用使其心疼不已，由于家里原来有一条ADSL线路，于是想通过这条线路组建一个无线局域网，实现所有终端设备在家里免费使用无线网络上网。

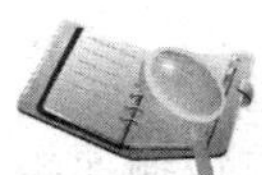

任务分析

常见的家庭无线组网有两种方法：

一是用原来的台式计算机做代理共享，但是这样计算机需要长时间开机，还要为原来的计算机购置一个无线网卡。

二是购买一台家庭级的无线路由器，由于无线路由器支持有线和无线同时接入，因此所有终端都能够使用，设置完成后只要保持无线路由器开机即可，也是家庭最常用的组网方式。

相关知识

一、无线局域网概述

无线局域网（Wireless Local Area Network，WLAN）技术是在20世纪90年代才开始逐渐进入市场的，它利用射频（Radio Frequency，RF）技术，取代旧式碍手碍脚的双绞线所构成的局域网络，通过无线通信技术将计算机终端设备互联起来，实现相互通信和资源共享的目的。

1. 无线局域网的优势

由于无线网络在部署中不需要考虑线缆、物理布局等情况，因此WLAN相对于传统的局域网有非常明显的优势。

（1）安装便携、移动方便

在有线网络中，网络设备的安放位置受网络位置的限制，而无线局域网在无线信号覆盖区域内的任何一个位置都可以接入网络，并且安装方便。无线局域网另外一个最大的优点在于其移动性，连接到无线局域网的用户可以移动且能同时与网络保持连接。

（2）易于扩展

对于有线网络来说，办公地点或网络拓扑的改变通常意味着重新建网。重新布线是一个昂贵、费时、浪费和琐碎的过程，无线局域网可以通过增加接入点（AP）的数量方便地对原有网络进行扩容。

（3）覆盖范围广

无线局域网不受环境条件的影响，传统的有线网络需要考虑线缆的介质、物理布局等情况，无线局域网以空气作为传输介质，网络覆盖范围广，最大覆盖范围可以达到几十千米。

2. 无线局域网的不足之处

无线局域网在能够给网络用户带来便捷和实用的同时，也存在着一些缺陷。无线局域网的不足之处体现在以下几个方面：

（1）性能

无线局域网是依靠无线电波进行传输的。这些电波通过无线发射装置进行发射，而建筑物、车辆、树木和其他障碍物都可能阻碍电磁波的传输，所以会影响网络的性能。

（2）速率

无线信道的传输速率与有线信道相比要低得多。目前，无线局域网的理论最大传输速率为600Mbit/s，只适合于个人终端和小规模网络应用。

（3）安全性

本质上无线电波不要求建立物理的连接通道，无线信号是发散的。从理论上讲，很容易监听到无线电波广播范围内的任何信号，造成通信信息泄露。

二、无线局域网组网方式

常见的无线局域网的组网方式有三种，分别为独立组网拓扑（Ad-Hoc）、基础组网拓扑（Infrastructure）和中继（Relay）型组网拓扑。

1. 独立组网拓扑

网络中所有的节点地位平等，不需要设置控制节点，独立组网的方式主要是满足网络中暂时的无线网络服务，一般指笔记本式计算机利用其无线网卡通过设置 ESSID 和密码来建立点到点或点到多点的数据通信，在独立组网拓扑中，是不需要额外添加其他网络设备的，仅需要将无线网卡配置相应的无线协议即可。独立组网拓扑如图 5—1—1 所示。

2. 基础组网拓扑

基础组网是指无线终端通过 AP 接入到网络，终端之间的通信都需要通过无线 AP，AP 为所有的终端提供数据转发服务，基础组网拓扑如图 5—1—2 所示。

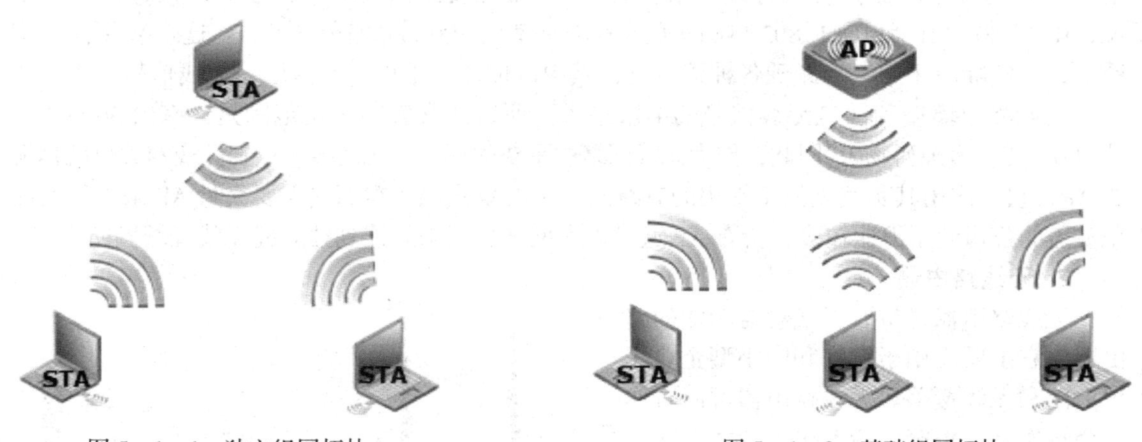

图 5—1—1　独立组网拓扑　　图 5—1—2　基础组网拓扑

3. 中继型组网拓扑

中继是指两个或多个相对独立的网络通过无线中继器、无线网桥采用无线的方式组成一个无线局域网，实现终端之间的相互通信和资源共享，中继型组网拓扑如图 5—1—3 所示。

图 5—1—3　中继型组网拓扑

三、组建家庭无线局域网常用设备

1. 无线 AP

无线 AP（Access Point）主要是提供无线工作站对有线局域网和从有线局域网对无线工作站的访问，一般用于企业网，常见的企业 AP 如图 5—1—4 所示，在访问接入点覆盖范围内的无线工作站时可以通过它进行相互通信。单纯性无线 AP 就是一个无线的交换机，仅仅是提供一个无线信号发射的功能。单纯性无线 AP 的工作原理是将网络信号通过双绞线传送过来，经过 AP 产品的编译，将电信号转换成为无线电信号发送出来，形成无线网的覆盖。根据不同的功率，可以实现不同程度、不同范围的网络覆盖，一般无线 AP 的最大覆盖距离可达 300 m。多数单纯性无线 AP 本身不具备路由功能，包括 DNS、DHCP、Firewall 在内的服务器功能都必须有独立的路由或是计算机来完成。大多数的无线 AP 都支持多用户（30 ~ 100 台计算机）接入、数据加密、多速率发送等功能，在家庭、办公室内，一个无线 AP 便可实现所有计算机的无线接入。单纯性无线 AP 也可对装有无线网卡的计算机做必要的控制和管理。单纯性无线 AP 既可以通过 10BASE-T（WAN）端口与内置路由功能的 ADSL Modem 或 Cable Modem（CM）直接相连，也可以在使用时通过交换机 / 集线器、宽带路由器再接入有线网络。无线 AP 跟无线路由器类似，按照协议标准本身来说，IEEE 802.11b 和 IEEE 802.11g 的覆盖范围是室内 100 m、室外 300 m。这个数值仅是理论值，在实际应用中，会碰到各种障碍物，其中以玻璃、木板、石膏墙对无线信号的影响最小，而混凝土墙壁和铁对无线信号的屏蔽最大。所以通常实际使用范围是：室内 30 m、室外 100 m（没有障碍物）。因此，作为无线网络中重要的环节，无线接入点、无线网关也就是无线 AP，它的作用其实就类似于常用的有线网络中的集线器。在那些需要大量 AP 来进行大面积覆盖的公司使用得比较多，所有 AP 通过以太网连接起来并连到独立的无线局域网防火墙。

企业级室内AP

企业级室外AP

图 5—1—4　企业级 AP

2. 无线路由器

无线路由器是带有无线覆盖功能的路由器，它主要应用于家庭和中小型企业用户上网和无线覆盖。无线路由器可以看作一个转发器，将家中墙上接出的宽带网络信号通过天线转发给附近的无线网络设备（笔记本式计算机、支持 WiFi 的手机等）。市场上流行的无线路由器一般都支持专线 ADSL/CABLE、动态 ADSL、PPTP 三种接入方式，它还具有其他一些网络管理的功能，如 DHCP 服务、NAT 防火墙、MAC 地址过滤等功能。常见的无线路由器品牌有 D-LINK、TP-LINK、腾达、水星等，无线路由器形态如图 5—1—5 所示。

图 5—1—5　无线路由器

3. 无线网卡

无线网卡的作用、功能跟普通计算机网卡一样，是用来连接到局域网上的。它只是一个信号收发的设备，只有在找到上互联网的出口时才能实现与互联网的连接，所有无线网卡只能局限在已布有无线局域网的范围内。无线网卡就是不通过有线连接，采用无线信号进行连接的网卡。无线网卡根据接口不同，主要有 PCMCIA 无线网卡、PCI 无线网卡、MiniPCI 无线网卡、USB 无线网卡、CF/SD 无线网卡几类产品。从速度来看，无线上网卡现在主流的速率为 54 Mbit/s 和 108 Mbit/s，该性能和环境有很大的关系。54 Mbit/s 的 WLAN 传输速度一般在 16 ~ 30 Mbit/s 之间，换算成 MB 也就是每秒传输速度在 2 ~ 4 MB。取其中间值 3 MB，这样的速度要传输 100 MB 的文件需要 35 s 左右，要传输 1 GB 的文件，则需要至少 4 min。108 Mbit/s 的 WLAN 传输速度一般在 24 ~ 50 Mbit/s 之间，换算成 MB 也就是每秒传输速度在 3 ~ 6 MB。取其中间值 4.5 MB，这样的速度要传输 100 MB 的文件需要 25 s 左右，要传输 1 GB 的文件，则需要至少 2.5 min。常见的无线网卡如图 5—1—6 所示。

图 5—1—6　常见无线网卡

任务实施

一、环境搭建

首先将无线路由器打开，加电后使用 ADSL 的 LAN 口连接至无线路由器的 WAN 口，计算机的网卡连接至无线路由器的 LAN 的第一个接口，连接情况如图 5—1—7 所示。

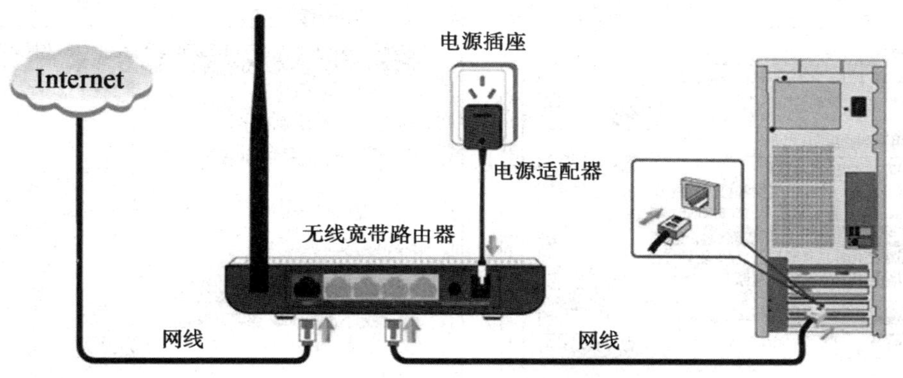

图 5—1—7　设备连接情况

二、设置计算机 IP 地址（以 Windos 7 系统为例）

由于无线路由器默认是开启的 DHCP 功能，因此需要将计算机的 IP 地址设置为自动获取，设置步骤是

（1）点击“开始”按钮，选择“控制面板”选项。

（2）在“控制面板”中，选择“查看网络状态和任务”选项。

（3）在打开的“网络和共享中心”界面中，选择“更改适配器设置”选项。

（4）在打开的“网络连接”界面中，右击“本地连接”，在弹出的菜单中选择“属性”选项。

（5）在弹出的“本地连接 属性”对话框中双击“Internet 协议版本 4（TCP/IPv4）”。

（6）在弹出的“Internet 协议版本 4（TCP/IPv4）属性”对话框中，选中“自动获得 IP 地址”和“自动获得 DNS 服务器地址”单选按钮，点击“确定”按钮完成设置。然后计算机会获取一个 192.168.0.X 的 IP 地址，网关地址是 192.168.0.1，详细步骤如图 5—1—8 所示。

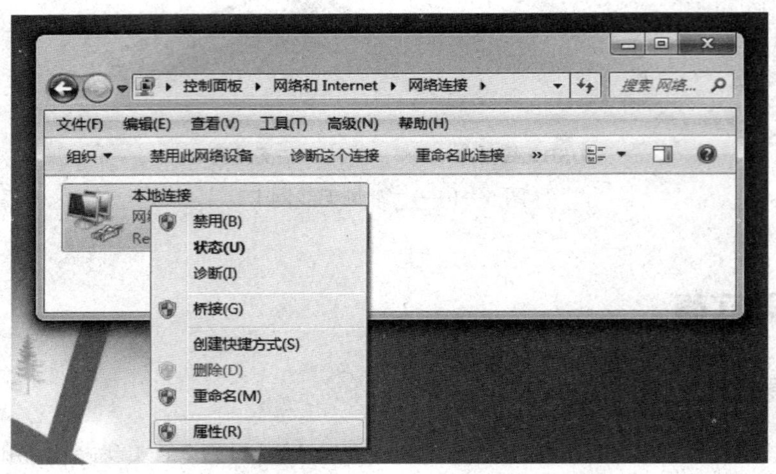

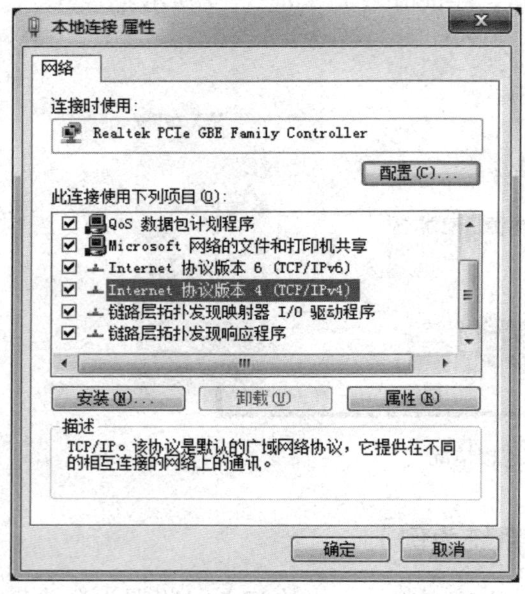

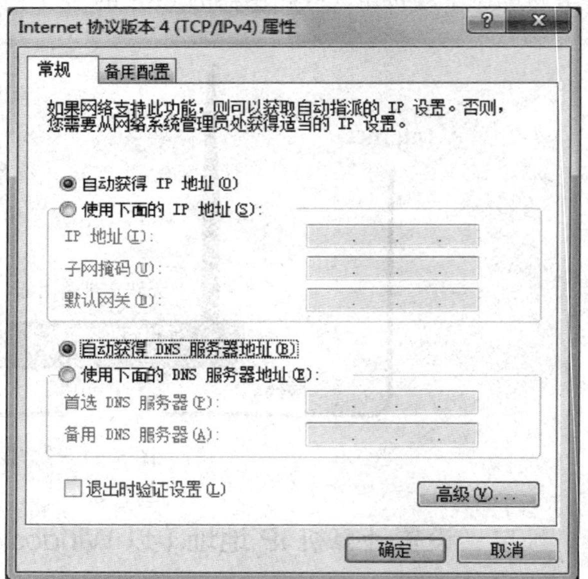

图 5—1—8　网卡配置

三、登录和设置无线路由器

打开 IE 浏览器，在地址栏中输入计算机获取的网关地址 http://192.168.0.1（也就是无线路由器的 IP 地址），然后输入路由器的用户名：admin，密码：admin，然后在首页输入“上网账号”和“上网口令”，点击“确定”按钮即可，设置成功后点击“运行状态”，可以看到已经获取 Internet 的地址，这时无线路由器已经设置成功了。无线路由器设置页面如图 5—1—9 所示。

图 5—1—9　无线路由器设置页面

四、设置无线网卡

由于需要实现无线上网，将购买的 USB 无线网卡插入计算机的 USB 接口（如果 USB 网卡不是免驱动的，需要安装驱动），这时会在计算机的“网络连接”中出现一个“无线网络连接”的图标；点击打开后，选择 SSID 为“tenda”的网络，点击“连接”，然后本地无线网卡将会获得一个 IP 地址，这时就可以使用无线畅游网络了。无线网卡状态如图 5—1—10 所示。

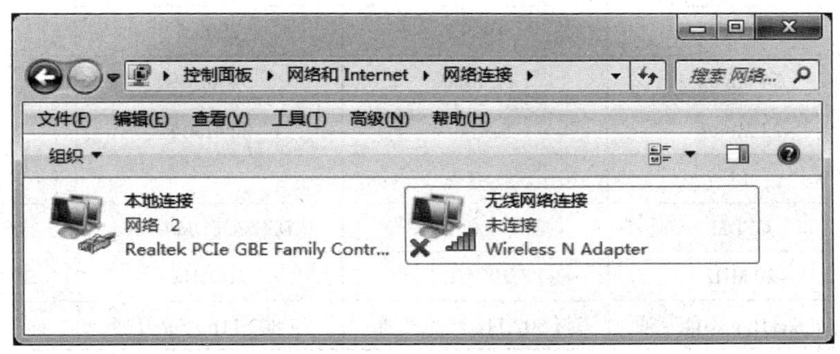

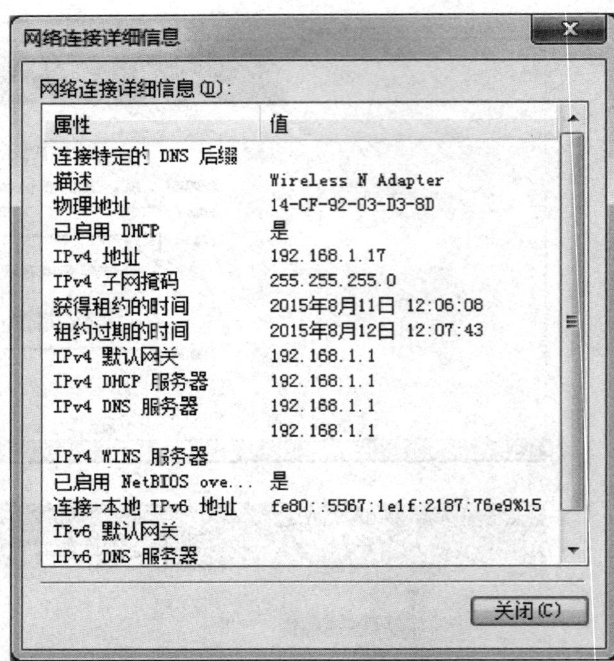

图 5—1—10　无线网卡状态

知识拓展

一、IEEE 802.11 协议

IEEE 802.11 是电气和电子工程师协会（IEEE）为无线局域网络制定的标准，IEEE 最初制定的一个无线局域网标准 IEEE 802.11，主要用于解决办公室局域网和校园网中用户与用户终端的无线接入，业务主要限于数据存取，速率最高只能达到 2 Mbit/s。由于它在速率和传输距离上都不能满足人们的需要，后来这一标准又不断地得到补充和完善，形成 IEEE 802.11 系列，主要传输标准有 IEEE 802.11b、IEEE 802.11a、IEEE 802.11g、IEEE 802.11n。具体标准见表 5—1—1。

表 5—1—1　　IEEE 802.11 标准

标准	802.11a	802.11b	802.11g	802.11n
发布时间	1999.7	1999.7	2003.6	2009.9
数据速率	54 Mbit/s	11 Mbit/s	54 Mbit/s	300+Mbit/s
吞吐量	22 Mbit/s	5 Mbit/s	22 Mbit/s	100+Mbit/s
非重叠信道	13	3	3	3 或 12
调制技术	OFDM	DSSS 和 CCK	DSSS/OFDM/CCK	DSSS/CCK/OFDM
频宽	20 MHz	20 MHz	20 MHz	20 MHz 或 40 MHz
兼容性	与 802.11b/g 不能互通	与 802.11g 产品互通	与 802.11b 产品互通	向下兼容 802.11a/b/g

1. IEEE 802.11a

IEEE 802.11a是IEEE 802.11原始标准的一个修订标准，于1999年获得批准。IEEE 802.11a标准采用了与原始标准相同的核心协议，工作频率为5 GHz，使用52个正交频分多路复用副载波，最大原始数据传输率为54 Mbit/s，这达到了现实网络中等吞吐量（20 Mbit/s）的要求。如果需要的话，数据率可降为48 Mbit/s、36 Mbit/s、24 Mbit/s、18 Mbit/s、12 Mbit/s、9 Mbit/s或者6 Mbit/s。IEEE 802.11a拥有12条不相互重叠的频道（频道也称为信道），8条用于室内，4条用于点对点传输。由于技术方面的原因，它不能与IEEE 802.11b/a相互兼容。

2. IEEE 802.11b

IEEE 802.11b是无线局域网的一个标准。其载波的频率为2.4 GHz，可提供1 Mbit/s、2 Mbit/s、5.5 Mbit/s及11 Mbit/s的多重传送速度。在2.4 GHz的ISM频段共有11个频宽为22 MHz的频道可供使用，它是11个相互重叠的频段，其中可用的不重叠频段为1、6、11。IEEE 802.11b的后继标准是IEEE 802.11g，其传送速度为54 Mbit/s。

3. IEEE 802.11g

IEEE 802.11g在2003年7月被通过。其载波的频率为2.4 GHz（跟802.11b相同），共14个频段，原始传送速度为54 Mbit/s，净传输速度约为24.7 Mbit/s（跟802.11a相同）。IEEE 802.11g的设备向下与IEEE 802.11b兼容。其后有些无线路由器厂商应市场需要在IEEE 802.11g的标准上另行开发新标准，并将理论传输速度提升至108 Mbit/s或125 Mbit/s。IEEE 802.11b/g频段划分如图5—1—11所示。

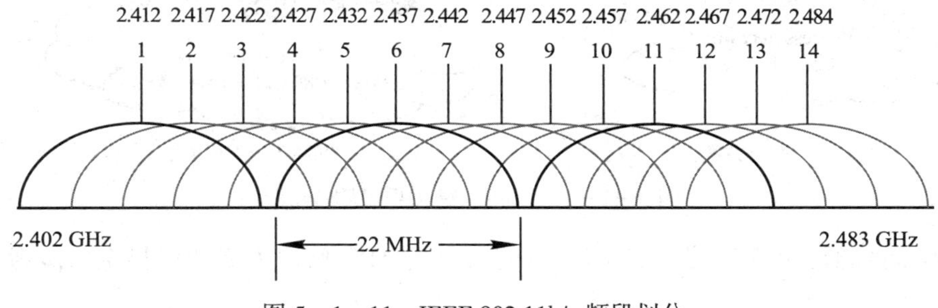

图5—1—11 IEEE 802.11b/g频段划分

4. IEEE 802.11n

IEEE 802.11n主要是结合物理层和MAC层的优化来充分提高WLAN技术的吞吐。主要的物理层技术涉及了MIMO、MIMO-OFDM、Short GI等技术，从而将物理层吞吐提高到600 Mbit/s。如果仅仅提高物理层的速率，而没有对空口访问等MAC协议层的优化，IEEE 802.11n的物理层优化将无从发挥。就好比即使建了很宽的马路，但是车流的调度管理如果跟不上，仍然会出现拥堵和低效。所以IEEE 802.11n对MAC采用了Block确认、帧聚合等技术，大大提高MAC层的效率。另外，IEEE 802.11n载波的频率可以为2.4 GHz，也可以为5.8 GHz。

二、“胖AP”和“瘦AP”

业界所谓的“胖AP”，其学名应该称为无线路由器，也叫Fat AP。无线路由器与纯AP不同，除无线接入功能外，一般具备WAN、LAN两个接口，多支持DHCP服务器、DNS和

MAC 地址克隆，以及 VPN 接入、防火墙等安全功能。一般把需要单独管理和配置的无线设备叫作“胖 AP”。“瘦 AP”也叫 Fit AP，是指 AP 本身不需要进行配置和管理，只负责发射信号和数据的转发，所有的管理、配置、安全等功能由上层的无线交换机来完成。“瘦 AP”一般用于企业需要大规模无线网络部署的场景，这时候需要大量的 AP 作为接入，给管理和维护工作带来了很大的不便，“瘦 AP”解决方案的出现能够很好地解决这个问题。“瘦 AP”解决方案一般由三个部分组成，分别是瘦无线接入点、无线交换机 / 控制器、无线网管平台。

典型的胖瘦 AP 解决方案如图 5—1—12 所示。

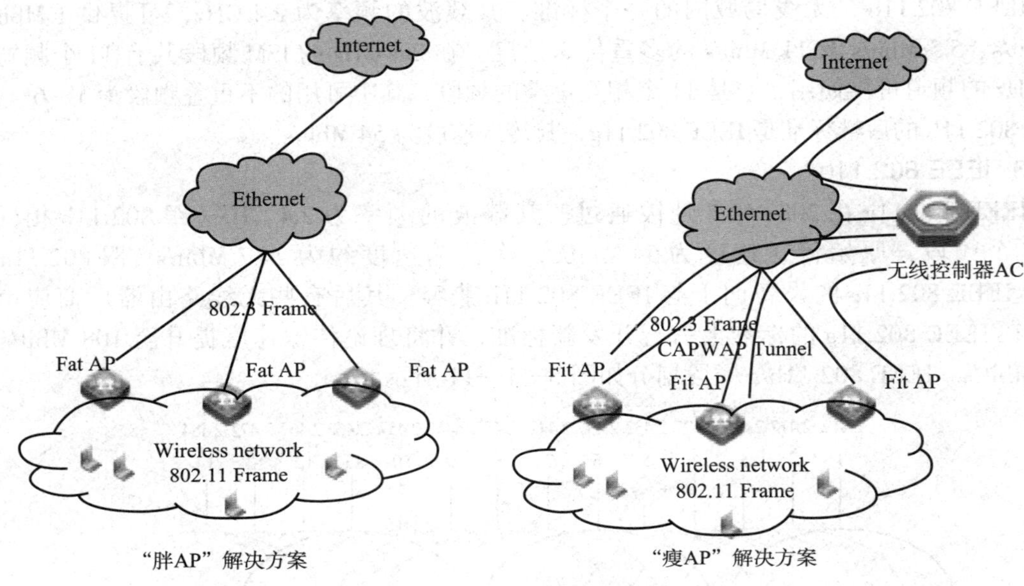

图 5—1—12 “胖、瘦 AP”解决方案

对比传统的自治型无线接入点（“胖 AP”），“瘦 AP”解决方案的优势主要体现在以下几个方面：

1. 统一管理

“胖 AP”的管理只存在于自身，没有全局的统一管理，更没有对无线链路和无线用户的监测与管理；“瘦 AP”解决方案的管理权全部集中在无线交换机 / 控制器上，并通过网管平台，可以直观地对全网设备进行统一的、批量的发现、升级、配置，甚至包括对无线链路的监测、对无线用户的管理。

2. 统一安全

“胖 AP”的安全策略只有很少的一部分，而且只能存在于自身，对于大规模无线网络，安全策略是要经常性批量配置和下发的，“胖 AP”的这种现状无法支撑全局的统一安全。“瘦 AP”解决方案的所有用户和“瘦 AP”的安全策略，全部存在于无线交换机 / 控制器上，安全策略的部署非常容易。

3. 统一认证

“胖 AP”的认证只能部署在 AP 本身，认证策略无法经常性地更新，同时，仅能认证，其他基于认证后的策略无法部署。“瘦 AP”解决方案的认证体是无线交换机 / 控制器，配合后台的 Radius 系统，可以灵活地定义、部署、更改认证策略。

4. 全网漫游

由于“胖 AP”所有管理与配置在自身，其下联用户的 IP 地址也要归属于“胖 AP”直连的以太网交换机的端口 VLAN 和网段的地址规划，如果大规模部署，将会打乱原有有线网络的 IP 规划和 VLAN 规划，并且，在无线用户跨越“胖 AP”时，一旦进入了不同的网段，必然涉及 IP 地址重新请求和重新认证的过程，网络访问必然中断，因此“胖 AP”产品不支持跨网段全网漫游。“瘦 AP”解决方案中，无线用户的 IP 地址、认证、加密全部都来自于无线交换机 / 控制器，因此不论无线用户出于无线网络的任何位置，从哪一个“瘦 AP”进入，其实都是在访问同一个（或同一组）无线交换机 / 控制器，还会保持其原有的连接信息、IP 地址、认证信息、加密信息，因此跨网段漫游不会中断。

巩固练习

将一台家庭无线路由器通过设置实现以下功能：

1. 用户通过终端扫描并能成功接入到 ESSID 为“office”的无线网络当中。

2. 用户无线网卡获取的地址为 192.168.100.10 ~ 192.168.100.50 之间，网关为 192.168.100.254。

3. 对无线信号进行加密。加密安全类型为 WPA2—个人，加密类型为 AES，网络密钥为 tendaoffice。

4. 限制用户上网速度。对 192.168.100.10 ~ 192.168.100.50 的用户限制上传速度为 20 KB/s，下载为 80 KB/s，其他地址不做限制。

5. 设置无线路由器接入方式为 ADSL PPPoE，账号：10010，密码：000000。

任务 2　组建企业无线局域网

学习目标

1. 了解组建企业无线局域网的常用设备及软件。
2. 能选用适当安全技术保障企业的无线局域网。
3. 能组建企业无线局域网。

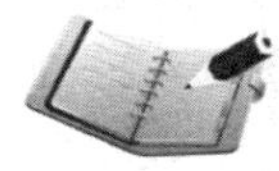

任务描述

一家专业从事台式机、笔记本式计算机、平板电脑销售的公司，随着业务的快速发展，为了增加销量，公司在当地又新租了一个 800 多平方米的门店，作为旗舰店来使用，按照功能划分为办公室、会议室、VIP 休息室、新品体验区、展厅等。由于员工的办公和所销售的大部分产品都需要使用无线网络，因此新门店在网络部署方面考虑采用无线全覆盖。

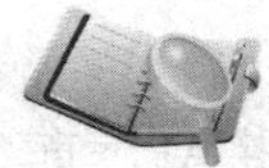

任务分析

新门店在网络部署方面应注意以下几个方面：

（1）由于店面主要业务是从事无线终端的销售，接入用户的数量和频率可能都比较大，因此要避免高峰期时有终端连接不成功的现象。

（2）用户使用无线终端可能会来回移动，需要保障移动到任何覆盖区域都不会断网。

（3）门店空间较大，使用的AP会比较多，要避免出现覆盖盲区和AP之间相互干扰的情况。

（4）为了保证网络的安全，限制非法用户接入，需要部署必要的安全功能。

相关知识

一、组建企业无线局域网的常用设备及软件

1. 无线控制器

无线控制器（Access Controller，AC）在“瘦AP”架构中主要扮演AP的管理角色，它主要是通过国际标准的CAPWAP隧道与“瘦AP”建立通信，来全面地管理“瘦AP”和数据转发，“瘦AP”本身不需要做任何配置，因此，用户的连接、访问、数据转发、认证、权限、安全信息等都受AC的控制和管理，它是作为“瘦AP”架构中的核心设备。AC的选择主要是由数据的吞吐量和AP的数量来决定的；锐捷常见的AC和关键参数如图5—2—1所示。

RG-WS5302
默认支持管理16个AP，
最大支持64个，
最大单接口速率1Gbit/s

RG-WS5504
默认支持管理64个AP，
最大支持512个，
最大单接口速率10Gbit/s

RG-WS5708
默认支持管理128个AP，
最大支持768个，
最大单接口速率10Gbit/s

图5—2—1　无线控制器

2. 瘦无线接入点

瘦无线接入点（Access Point，AP）保留了原有的“胖AP”的无线电射频的部分，是零配置产品，位于网络接入层，其目的是将无线用户接入无线网络中。锐捷所有的AP都能实现“胖”“瘦”手工切换，每个AP单路推荐终端接入数量为14个，常见产品如图5—2—2所示。

3. 无线网管平台

作为全网的统一管理中心平台，所有无线设备的功能、无线用户的信息、无线链路的监测、拓扑、无线定位、告警、配置、报表，全部都会直观地通过网管平台反映并操作，并由无线交换机/控制器来执行。锐捷无线管理平台软件如图5—2—3所示。

RG-AP220-SE
室内单路无线接入点

RG-AP220-E
室内双路无线接入点

RG-AP620-H
室外双路无线接入点

图 5—2—2　无线接入点

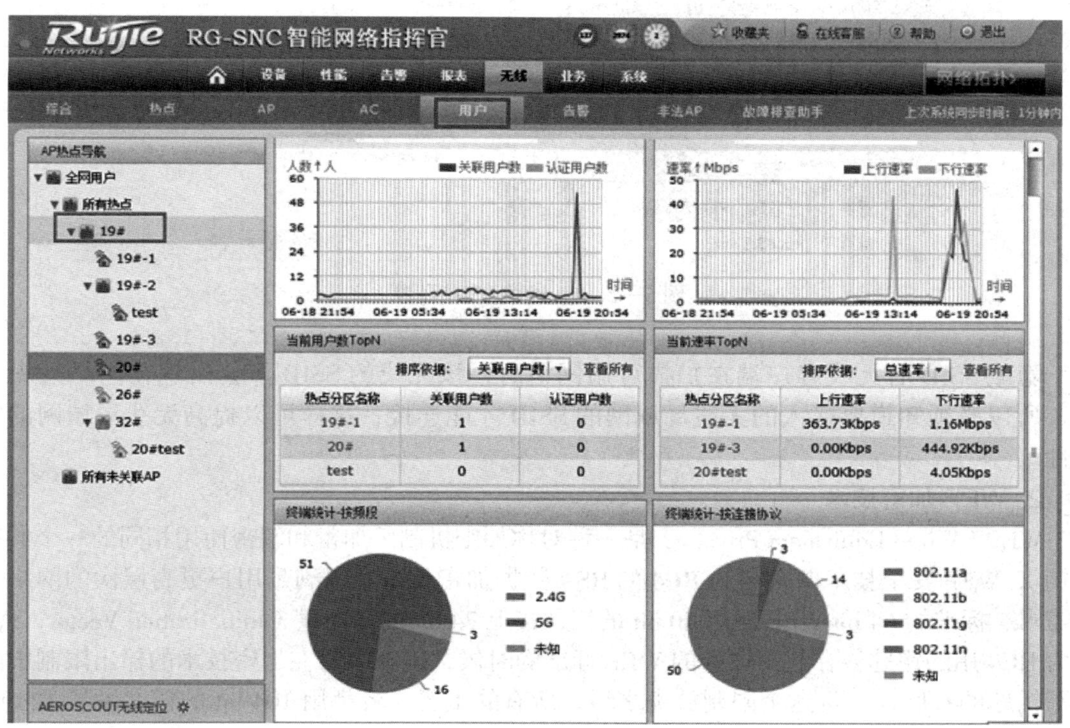

图 5—2—3　无线管理软件 RG-SNC-WLAN

二、WLAN 安全

无线局域网由于不受物理环境的限制，默认情况下，网络信号会在空气中大范围地广播，任意地移动终端都可以无限制地接入到网络当中，使得用户的信息很容易被别人监听和窃取。为了保证用户无线网络的数据传输的机密性、完整性和身份合法性等，大多数的家庭、校园、企业都会对接入网络的移动终端进行控制，避免非授权人员接入网络。目前，WLAN 常用的安全措施有隐藏 SSID、加密和身份认证（将在任务拓展中再作详细介绍）等方式。

1. 隐藏 SSID

SSID 用来标识一个无线网络的唯一性，用户移动终端可以通过扫描的方式获得无线局域网的 SSID，通过相应的 SSID 连接到网络当中。

无线 AP 在进行设置时可以不广播 SSID，来达到隐藏 SSID 的目的。客户端如果要想通过该无线接入到局域网，需要在客户端手工加入无线网络，并且勾选“即使网络未进行广播也连接”，AP（tengda 无线路由）和客户端（Windows 7）设置如图 5—2—4 所示。

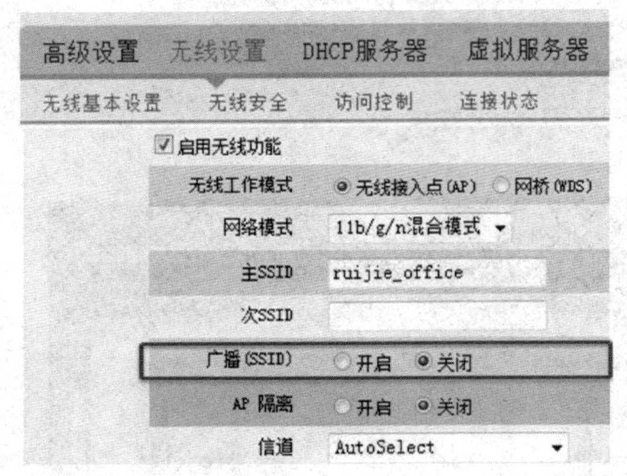

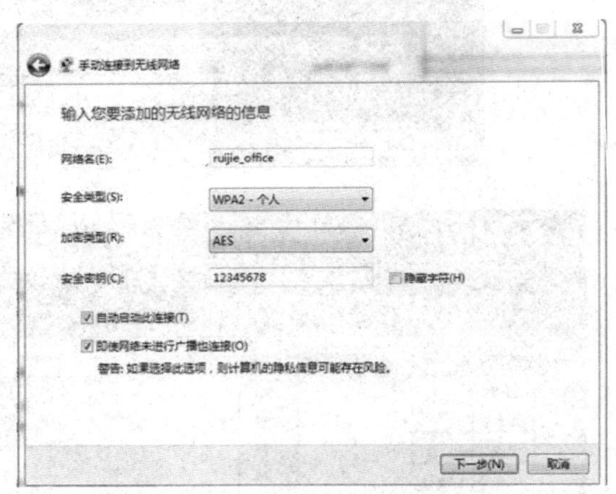

图 5—2—4　隐藏 SSID 设置

隐藏 SSID 后无线客户端在扫描可用网络时，该无线的 SSID 不会出现在网络列表当中，所以必须知道要接入的无线局域网的 SSID 才能连接，这样可以提高无线局域网的安全性。

2. WEP 加密技术

WEP（Wired Equivalent Privacy）是一种对称加密机制（加密和解密使用相同的一个共享密钥），WEP 安全技术源自名为 RC4 的 RSA 数据加密技术，以满足用户更高层次的网络安全需求，标准的 64 bit WEP 使用 40 bit 的钥匙接上 24 bit 的初向量（Initialization Vector，IV）成为 RC4 用的钥匙。在起草原始的 WEP 标准的时候，美国政府在加密技术的输出限制中限制了钥匙的长度，一旦这个限制放宽之后，所有的主要业者都用 104 bit 的钥匙做了 128 bit 的 WEP 延伸协定。

无线终端在使用WEP技术时，认证方式主要有两种：开放式系统认证（open system authentication）和共享密钥认证（shared key authentication）。

（1）开放式系统认证

不需要密钥验证就可以连接，接入认证过程不加密，数据传输通过WEP加密。

（2）共享密钥认证

认证和数据传输过程都通过WEP加密，并且密钥相同。

使用WEP加密并不安全，因为RC4是stream cipher的一种，同一个钥匙绝不能使用两次，所以使用（虽然是用明文传送的）IV的目的就是要避免重复；然而24 bit的IV并没有长到足以担保在忙碌的网络上不会重复，而且IV的使用方式也使其可能遭受到关联式钥匙攻击。利用RC4加解密和IV的使用方式的特性，在网络上偷听几个小时之后，就可以把RC4的钥匙破解出来。

3. WPA加密技术

WPA全名为Wi-Fi Protected Access，有WPA和WPA2两个标准，是一种保护无线计算机网络（WiFi）安全的系统，其主要的目的是解决WEP加密技术的安全隐患，加强无线局域网的安全，WPA和WPA2都是基于IEEE 802.11i协议的。

该标准的数据加密采用TKIP协议（Temporary Key Integrity Protocol），认证有两种模式可供选择，一种是使用IEEE 802.1X协议进行认证；另一种是称为预共享密钥PSK（Pre-Shared Key）模式，现有的WPA安全技术允许采用更多样的认证和加密方法来实现WLAN的访问控制、密钥管理与数据加密。例如，接入认证方式可采用预共享密钥（PSK认证）或IEEE 802.1X认证，加密方法可采用TKIP或AES。WPA同这些加密、认证方法一起保证了数据链路层的安全，同时保证了只有授权用户才可以访问无线网络WLAN。

任务实施

一、环境搭建

网络设计拓扑如图5—2—5所示。

无线控制器RG-WS5302双线连接到核心交换机RG-S5750，一条线设置为三层接口，用于CAPWAP隧道的建立和维护，另一条线为trunk接口，用于STA数据的转发。

核心交换机RG-S5750连接无线控制器RG-WS5302的接口属性和对端一样，下行连接RG-S2628G-P接入交换机的接口属性为trunk，用于给AP分配地址和其他数据转发。

接入交换机RG-S2628G-P上行接口为trunk，下行连接AP的接口属于AP所属的VLAN。

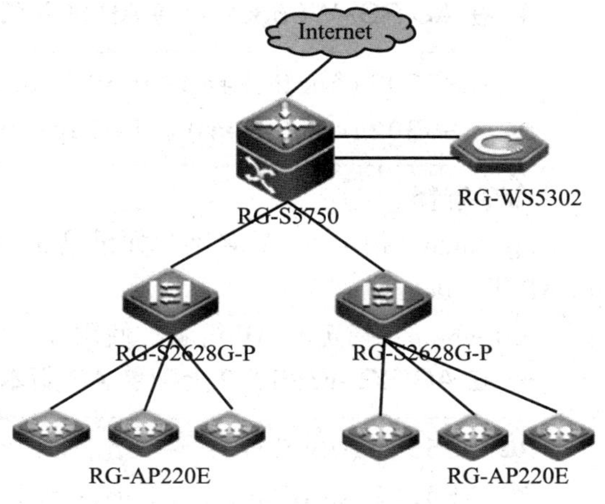

图5—2—5　网络搭建拓扑

无线 AP RG-AP220E 配置通过双绞线连接到 POE 接入交换机 RG-S2628G-P。

二、常见命令解释

1. 配置 AP 的工作模式

```
AP-220E(config)#ap-mode[fit|fat]
```

命令解释：

RG-AP220E 是“胖瘦”一体设备，默认工作是瘦 AP（fit）模式，可以通过以上命令修改。

2. 在 AC RG-WS5302 上配置 SSID

```
RG-WS5302(config)#[no]wlan-config wlan-id  profile-string ssid-string
RG-WS5302(config-wlan)#[no]enable-broad-ssid
```

命令解释：

wlan-id：指定 WLAN 的 ID 号，取值范围 1 ~ 4094。

profile-string：该 WLAN 的描述符，可省略。

ssid-string：SSID 标识符。创建 WLAN 的同时，必须指定该 WLAN 关联的 SSID。

注释：使用 no 命令删除指定 WLAN。缺省情况下，SSID 广播为“enable”。

使用 no 命令可以禁止 SSID 广播。

3. 在 AC RG-WS5302 上配置 AP 组

```
RG-WS5302(config)#ap-group group-name
Ruijie(config-ap-group)#interface-mapping  wlan-id group group-id
```

命令解释：

group-name：配置 AP 组的名称。

wlan-id group-id：配置 WLAN 与 VLAN-Group 的映射关系。

4. 在 AC RG-WS5302 上将 AP 加入到 AP 组

```
RG-WS5302(config)#ap-config ap-name
RG-WS5302(config-ap)#[no]ap-group test-group
```

命令解释：

ap-name：指定 AP 的名字，如果是 all 则代表所有 AP，缺省所有新加入的 AP 都属于默认 AP 组：default

test-group：指定的 AP 组名。使用 no 命令，取消 AP 所属 AP 组，恢复属于默认 AP 组。

5. 在 AC RG-WS5302 上配置 AP 版本升级

```
RG-WS5302(config)#ac-controller
RG-WS5302(config-ac)#[no]active-bin-file ap.bin
```

注释：在 AC 配置模式下，激活 AP 软件版本文件。

ap.bin：指定的软件版本名称，包括后缀。使用 no 命令可以取消该配置。

```
    RG-WS5302(config-ac)#[no]ap-serial serial-name ap-pid1  ap-pid2 ...
ap-pidn hw-ver hardware-version
```

注释：创建 AP 产品系列名称，指定哪些 AP 产品型号属于该系列。

RG-WS5302 系列允许最多同时创建 8 个 AP 产品系列。

serial-name：AP 产品系列名称，最多允许配置 64 个字符，不能包含空格。

hardware-version：AP 硬件版本，最多允许配置 64 个字符，不能包含空格。硬件版本格式为小数格式，符号“x”或“X”可用于通配后面的字符。

ap-pid1 ap-pid2 … ap-pidn：可以罗列一个或多个 AP 产品型号，最多支持配置 5 个 AP 产品型号。

使用 no 命令可以取消该配置。

```
RG-WS5302(config-ac)#[no]ap-image   ap.bin   serial-name
```

注释：配置指定的 AP 产品系列，使用指定的 AP 软件版本文件升级。

ap.bin：指定的软件版本名称，包括后缀。

serial-name：AP 产品系列名称。

使用 no 命令可以取消该配置。

三、配置实现

1. 接入交换机 RG-S2628G-P

RG-S2628G-P 作为 POE 接入交换机，只需要配置管理地址、将连接 AP 的接口加入所属的 VLAN、端口开启 POE 功能即可，关键配置如下。

配置交换机管理地址：

```
RG-S2628G(config)#interface vlan 1
RG-S2628G(config-if)#ip address 172.16.10.1 255.255.255.0
```

将连接 AP 的端口加入 VLAN 10，并且开启接口的 POE 供电功能：

```
RG-S2628G(config)#interface range fastEthernet 0/1-22
RG-S2628G(config-if-range)#switchport access vlan 10
RG-S2628G(config-if-range)#poe enable
```

2. 核心交换机 RG-S5750

RG-S5750 需要配置 AP 和 STA 的 DHCP 地址池、指向 AC 的路由、AP 和 STA 的网关地址，关键配置如下。

配置 AP 和 STA 的 DHCP 地址池：

```
RG-S5750(config)#service dhcp
RG-S5750(config)#ip dhcp pool AP
RG-S5750(dhcp-config)#option 138 ip 1.1.1.1
RG-S5750(dhcp-config)#network 172.16.1.0 255.255.255.0
RG-S5750(dhcp-config)#default-router 172.16.1.254
RG-S5750(config)#ip dhcp pool STA
RG-S5750(dhcp-config)#network 172.16.2.0 255.255.255.0
RG-S5750(dhcp-config)#default-router 172.16.2.254
RG-S5750(dhcp-config)#dns-server 202.102.224.68
```

配置指向 AC Loopback 接口的路由：

```
RG-S5750(config)#ip route 1.1.1.1 255.255.255.255 172.16.254.2
```

配置 AP 和 STA 网关的地址：

```
RG-S5750(config)#interface vlan 10
RG-S5750(config-if-VLAN 10)#ip address 172.16.1.254.255.255.255.0
RG-S5750(config)#interface vlan 20
RG-S5750(config-if-VLAN 10)#ip address 172.16.2.254.255.255.255.0
```

3. 无线控制器 RG-WS5302

（1）AC 的接口及路由配置

AC 配置 Loopback 地址，DHCP 服务器中定义的 option 138 中的 IP 地址一定是 AC 的 Loopback 地址。

AC 与交换机采用双线方式连接，选择 AC 一个接口配置为三层路由口，对端交换机的接口也配置为三层路由口；AC 配置默认路由指向对端交换机，对端交换机配置静态路由（AC 的 Loopback 地址）指向 AC；选择 AC 另一个接口配置为 trunk，对端交换机的接口也配置为 trunk。关键配置如下：

```
RG-WS5302(config)#interface loopback 0
RG-WS5302(config-if-Loopback 0)#ip address 1.1.1.1 255.255.255.255
RG-WS5302(config)#interface gigabitEthernet 0/1
RG-WS5302(config-if)#no switchport
RG-WS5302(config-if)# ip address 172.16.254.2 255.255.255.252
RG-WS5302(config)#interface gigabitEthernet 0/2
RG-WS5302(config-if)# switchport mode trunk
RG-WS5302(config)#ip route 0.0.0.0 0.0.C.0 172.16.254.1
```

（2）AC、AP 的软件升级（AC 和 AP 的软件版本必须相同）

AC 软件版本升级和交换机升级相同。AP 软件版本升级：①将 AP 软件版本通过 TFTP 拷贝到 AC 的 Flash 中，并将其重命名为 ap.bin；②在 AC 上通过配置完成自动升级。AP 的升级配置如下：

```
RG-WS5302(config)#ac-controller
RG-WS5302(config-ac)#active-bin-file ap.bin
RG-WS5302(config-ac)#ap-serial RG-AP220 AP220-SE AP220-E
RG-WS5302(config-ac)#ap-image ap.bin RG-AP220
```

（3）在 AC 上完成 AP 配置信息

1）定义 WLAN。WLAN 是指由 STA 组成的无线局域网，WLAN 通过广播 SSID 供 STA 接入，不同的 WLAN 可以广播相同的 SSID，但是一个 WLAN 只能广播一个 SSID。关键配置如下：

```
RG-WS5302(config)#wlan-config  100  Ruijie
RG-WS5302(config-wlan)#enable-broad-ssid
```

2）定义 WLAN 的安全配置。

WEP 开放式认证配置：

```
RG-WS5302(config)#wlansec 100
security static-wep-key encryption 40 ascii 1 12345
security static-wep-key authentication open
```

WEP 共享密钥认证与加密配置：

```
RG-WS5302(config)#wlansec 100
RG-WS5302(config-wlansec)#security static-wep-key encryption 40
ascii 1 12345
RG-WS5302(config-wlansec)#security static-wep-key authentication
share-key
```

WPA PSK 认证和 AES 加密：

```
RG-WS5302(config)#wlansec 100
RG-WS5302(config-wlansec)#security wpa enable
RG-WS5302(config-wlansec)#security wpa ciphers aes enable
RG-WS5302(config-wlansec)#security wpa akm psk enable
RG-WS5302(config-wlansec)#security wpa akm psk set-key ascii
1234567890
```

RSN(WPA2)PSK 认证和 AES 加密：

```
RG-WS5302(config-wlansec)#wlansec 100
RG-WS5302(config-wlansec)#security rsn enable
RG-WS5302(config-wlansec)#security rsn ciphers aes enable
```

```
RG-WS5302(config-wlansec)#security rsn akm psk enable
RG-WS5302(config-wlansec)#security rsn akm psk set-key ascii
1234567890
```

3）定义 VLAN。在 AC 上定义无线用户所属的 VLAN，无线用户的 VLAN 必须开启 SVI 接口，配置如下：

```
RG-WS5302(config)#vlan 10
RG-WS5302(config)#interface vlan 10
```

4）定义 ap-group。将无线用户所属的 WLAN 与 VLAN 进行关联映射，配置如下：

```
RG-WS5302 (config) #ap-group   Ruijie_Group
RG-WS5302 (config-ap-group) #interface-mapping  100  10  radio 1
```

5）配置 AP。完成以上配置后，等待 AP 与 AC 建立 CAPWAP 隧道后，AP 的信息会自动出现在 AC 的配置中，一般 AP 的名称会以 MAC 地址的形式出现，为了方便记忆，AP 名称可以手工修改，将发现的 AP 加入到 AP 组当中，STA 就可以收到信号了。关键配置如下：

通过 show running-config 查看关联到的 AP 信息如下：

```
ap-config 001a.a94a.82dd
radio-type 1 802.11b
location location default
```

修改 AP 的名称并加入到组当中：

```
RG-WS5302(config)# ap-config 001a.a94a.82dd
RG-WS5302(config-ap)#ap-name AP_1
RG-WS5302(config-ap)#ap-group Ruijie_Group
```

6）常用状态查看命令。在 AC 上查看 CAPWAP 隧道建立：

```
RG-WS5302#sh capwap state
index    peer device               state
1        10.0.0.1:32768            Run
```

10.0.0.1 表示 AP 的地址，Run 表示 CAPWAP 的隧道状态。

在 AC 上查看已经关联成功的 AP 信息：

```
RG-WS5302#show ap-config summary
```

在 AC 上查看关联的 STA 信息：

```
RG-WS5302#sh ac-config client summary by-ap-name
```

知识拓展

1. 开放式系统认证

开放式系统认证允许任何用户接入到无线网络中来。从这个意义上来说，实际上并没有提供对数据的保护，即不认证。也就是说，如果认证类型设置为开放式系统认证，则所有请求认证的 STA 都会通过认证。

开放式系统认证包括两个步骤：

第一步，STA 请求认证。STA 发出认证请求，请求中包含 STA 的 ID（通常为 MAC 地址）。

第二步，AP 返回认证结果。AP 发出认证响应，响应报文中包含表明认证是成功还是失败的消息。如果认证结果为“成功”，那么 STA 和 AP 就通过双向认证。认证过程如图 5—2—6 所示。

STA
1. Authentication Request
2. Authentication Response
AP

图 5—2—6　开放式系统认证过程

2. 共享密钥认证

共享密钥认证是除开放式系统认证以外的另外一种认证机制。共享密钥认证需要 STA 和 AP 配置相同的共享密钥。共享密钥认证的过程如下：

第一步，STA 先向 AP 发送认证请求。

第二步，AP 会随机产生一个 Challenge 包（即一个字符串）发送给 STA。

第三步，STA 会将接收到字符串拷贝到新的消息中，用密钥加密后再发送给 AP。

第四步，AP 接收到该消息后，用密钥将该消息解密，然后对解密后的字符串和最初给 STA 的字符串进行比较。如果相同，则说明 STA 拥有无线设备端相同的共享密钥，即通过了共享密钥认证；否则共享密钥认证失败。认证过程如图 5—2—7 所示。

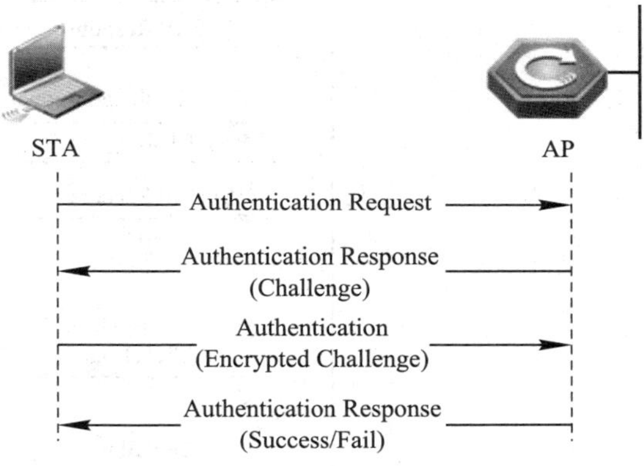

图 5—2—7　共享密钥认证过程

3. PSK 接入认证

PSK 是一种 IEEE 802.11i 身份验证方式，以预先设定好的静态密钥进行身份验证。该认证方式需要在无线用户端和无线接入设备端配置相同的预共享密钥。如果密钥相同，PSK 接入认证成功；如果密钥不同，PSK 接入认证失败。

4. IEEE 802.1X 接入认证

IEEE 802.1X 协议是一种基于端口的网络接入控制协议。这种认证方式在 WLAN 接入设备的端口这一级对所接入的用户设备进行认证和控制。连接在接口上的用户设备如果能通过认证，就可以访问 WLAN 中的资源；如果不能通过认证，则无法访问 WLAN 中的资源。

一个具有 IEEE 802.1X 认证功能的无线网络系统必须具备以下三个要素才能够完成基于端口的访问控制的用户认证和授权。

（1）认证客户端

一般安装在用户的工作站上，当用户有上网需求时，激活客户端程序，输入必要的用户名和口令，客户端程序将会送出连接请求。

（2）认证者

在无线网络中认证者就是无线接入点 AP 或者具有无线接入点 AP 功能的通信设备。其主要作用是完成用户认证信息的上传、下达工作，并根据认证的结果打开或关闭端口。

（3）认证服务器

通过检验客户端发送来的身份标识（用户名和口令）来判别用户是否有权使用网络系统提供的服务，并根据认证结果向认证系统发出打开或保持端口关闭的状态。

认证过程如图 5—2—8 所示。

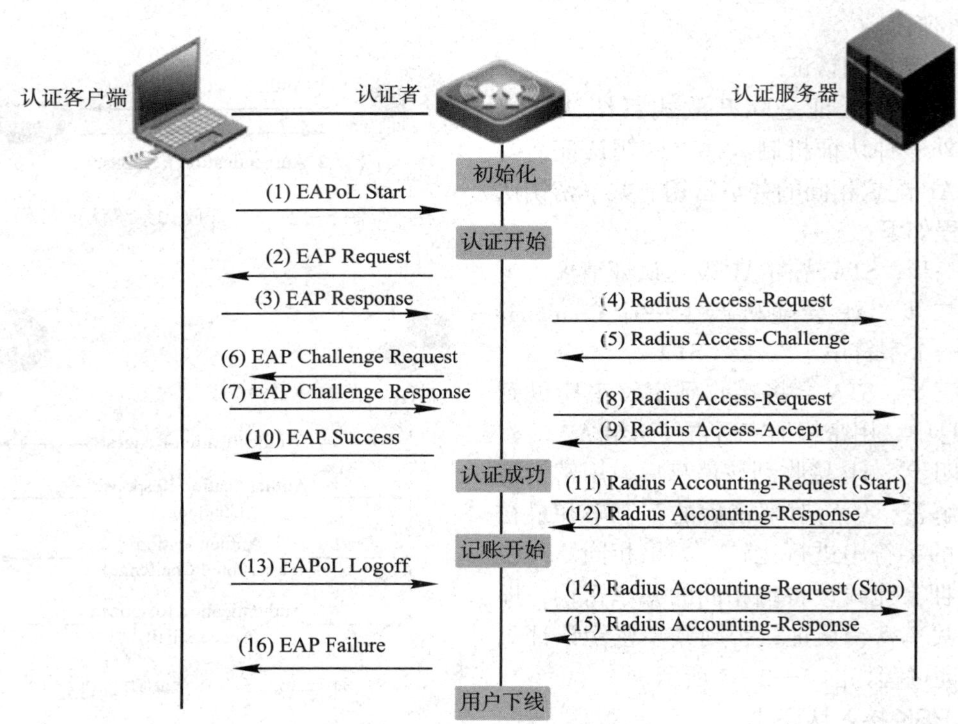

图 5—2—8 IEEE 802.1X 接入认证过程

5. Web 认证

Web 认证是一种对用户访问网络的权限进行控制的身份认证方法，这种认证方法不需要用户安装专用的客户端认证软件，使用普通的浏览器软件就可以进行身份认证。

未认证用户使用浏览器上网时，接入设备会强制浏览器访问特定站点，也就是 Web 认证服务器，通常称为 Portal 服务器。用户无须认证即可享受 Portal 服务器上的服务，比如下载安全补丁、阅读公告信息等。当用户需要访问认证服务器以外的其他网络资源时，就必须通过浏览器在 Portal 服务器上进行身份认证，只有认证通过后才可以使用网络资源。除了认证上的便利性之外，由于 Portal 服务器和用户的浏览器有页面交互，可以利用这个特性在 Portal 服务器页面放置一些广告、通知、业务链接等个性化的服务，因此具有很好的应用前景。

Web 认证使用的是 HTTP 协议，其中无线 AP 和 AAA 服务器之间的认证过程与 IEEE 802.1X 相同，认证过程如图 5—2—9 所示。

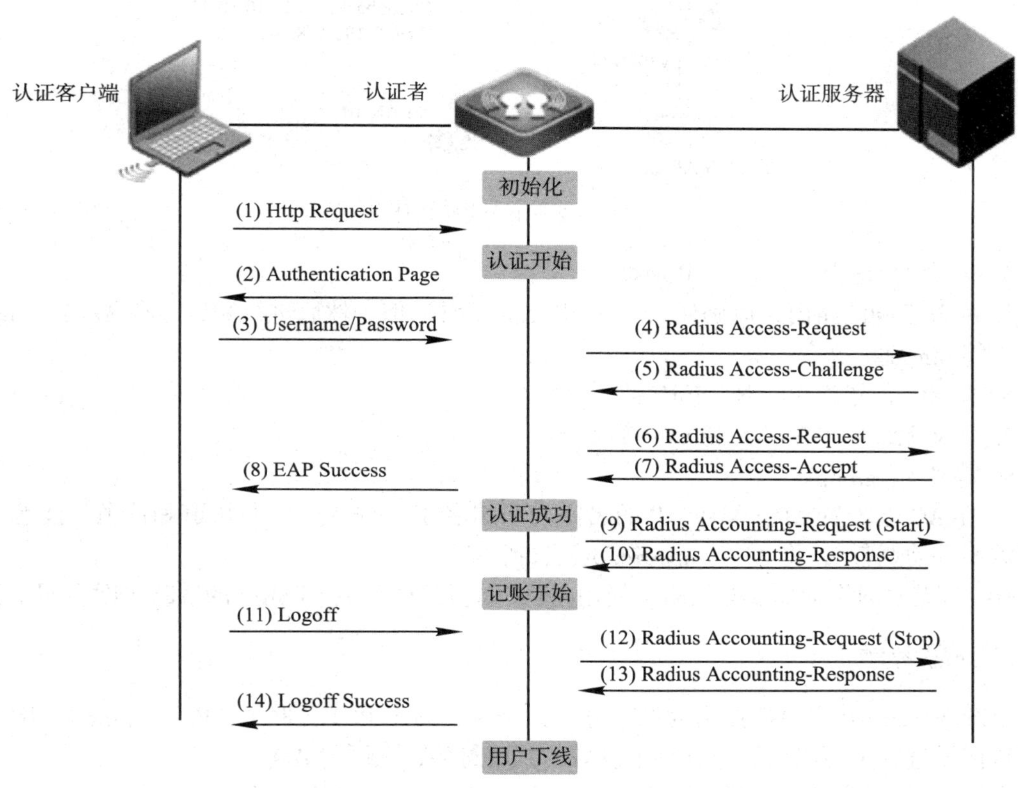

图 5—2—9 Web 认证过程

巩固练习

一、按以下要求完成企业无线局域网的搭建

1. 按图 5—2—10 实验拓扑图连接好设备，做好设备的基本配置（设备命名、设备远程登录配置等）。

2. AP 供电：① AP 直接通过网线与 POE 供电交换机连接（POE 交换连接 AP 的接口开启 POE 供电：poe enable）。②若交换机不支持 POE 供电功能，可使用 E-120 适配器供电，具体连接方式略。③若交换机不支持 POE 供电功能，也没有 E-120 适配器，则可采用普通的 48 V 电源适配。

3. 配置好交换机的 vlan、trunk 与 access 接口；配置交换机三层地址（与 AC 设备互联地址、AP 网关地址）；在交换机配置用户和 AC 的 DHCP 服务器，AP 的 DHCP 服务器需要添加 option138 地址为 AC 的 loopback0 地址。

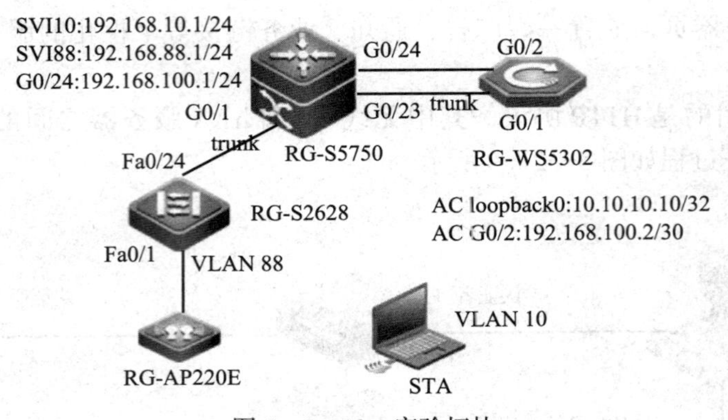

图 5—2—10　实验拓扑

4. 测试 AP 是否可以获取 IP 地址。

5. 配置正确的路由，以确保 AC 与 AP 之间正常通信。然后进行测试，在 AP 上 ping AC 看是否能 ping 通。

6. 在 AC 上定义 WLAN，SSID 使用小组名字。

7. 定义无线用户 VLAN 和 SVI 接口。

8. 定义 ap-group。

9. 在 AC 上配置 AP：修改 AP 的名字为小组名字，改变所处的频道和信道（注意：一般不需要手动调整）；将 AP 与 ap-group 关联到一起。

10. 为无线网络增加安全策略：使用 WPA 的预共享密钥（PSK）的 AES 加密算法。

二、思考题

以图 5—2—10 实验拓扑图为例，分析数据流，写出 PC1 关联上 AP 后，ping PC 网关的数据流传播过程（写出数据包到每个设备的二层封装、三层封装）。

在做 AP 实验前需要做哪些准备工作？在项目中 AP 命名的重要性是什么？

将 RG-S5750 交换机与 AC 之间的两根连接线换成一根连接线能否实现上述方案？如果能，请写出相关配置，并实验验证。

项目六　实现网络服务

企业网络的组建使得企业内部网络能够给员工提供越来越多的服务和便利，例如信息资源共享、网站搭建、打印机共享、域名解析等。本项目将基于 Windows Server 2008 R2 操作系统平台阐述各种网络服务的搭建及管理，从而为企业提供各种网络服务。

任务 1　搭建文件服务器

学习目标

1. 掌握 Windows Server 2008 R2 操作系统相关知识。
2. 掌握创建和访问共享文件夹的方法。
3. 掌握共享权限和 NTFS 权限相关知识。
4. 掌握创建用户和组的方法。

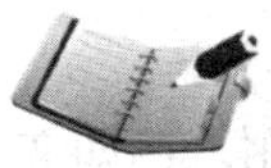

任务描述

随着公司的发展壮大，公司内部管理规定、公文文件越来越多，经常出现员工不知道找谁获得这些相关文件。同时，公司各项目组也希望能够集中管理各项目开发的文档。所以公司急需建立一个文件平台能够分享相关规定和文件。

另外，很多部门经理、员工希望能够分享一些资料、软件供大家学习和使用。网络管理员也能够通过这样一个平台分发推荐一些软件，同时也方便网络管理员在处理计算机故障时下载相关工具或软件。

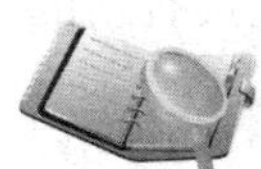

任务分析

通过对公司目前情况分析，可以总结为两点。

（1）需要一个平台分享相关文件。

（2）分享平台能够设置权限，通过权限确定允许查看的人员。

网络管理员决定搭建一台文件服务器来解决公司需求。文件服务器可以通过共享的方式分享文件。其他人员可以通过网络浏览方式查看文件服务器共享的文件，也可以上传自己的文件分享给其他人员。

此外，文件服务器可以针对不同的用户设定不同的权限，确保文件共享的安全性。

相关知识

对于许多中小型企业来说，选择 Windows Server 2008 R2 系统搭建服务器是最简捷的途径。利用 Windows Server 2008 R2 强大的管理功能和安全措施，企业可以简化各种应用程序的管理、提高资源利用率，使 IT 维护人员能够更加轻松有效地管理服务器环境。

一、用户与组

针对计算机而言，不同的用户，指的是使用计算机时所使用的用户名是不同的，而不是使用者的不同。例如，两名员工共用一台计算机，若两名员工使用同一个用户名、密码登录，则从计算机角度看为一个用户使用。

1. 本地账户

安装完成 Windows Server 2008 R2 后，系统内置了若干个账户，称为系统默认账户，包括 Administrator、Guest 等。

（1）Administrator（系统管理员）

此账户拥有计算机的最高权限，可以使用它来管理计算机。该账户不能被删除，但为了安全起见，通常会对此账户改名。

（2）Guest（来宾）

临时账户，提供给临时需要访问服务器而没有相应账号的人使用。使用 Guest 账号登录系统权限较小。此账户默认禁用，需手动开启，同样此账号为内置账户不能删除。

2. 本地账户组

可以在计算机中创建许多账户，而每个账户均要配置适合的权限才能正常使用，例如文件、打印共享等。虽然 Windows Server 2008 R2 系统中可以为用户设定权限，但当用户数量较多时网络管理员将会做大量重复工作。这时可以通过组来实现对相同权限用户的配置。

将权限相同的用户加入同一个用户组，对用户组进行权限设置使得组中用户也具有相同的权限。组是账号的集合，通过组可以方便账号管理。需要注意，一个账号可以加入多个组。

同样，Windows Server 2008 R2 系统内置了许多本地用户组，每个用户组都对应一定的权限，如图 6—1—1 所示。只要将创建的用户加入到合适的本地组中，那么用户就具有组的权限。

3. 管理本地用户账户

Windows Server 2008 R2 默认情况，只有系统管理员或者超级管理员组的用户才能管理用户和用户组。若要管理用户或组时，需要使用系统管理员或超级管理员组的用户登录系统。

当一个用户需要通过本地登录或网络访问本地计算机时，需要为该用户创建一个新的账户。在 Windows Server 2008 R2 中，管理员可以通过“服务器管理器”“本地用户和组”等多种方式创建本地用户。使用“本地用户和组”方法为选择“开始”→“管理工具”→“计算机管理”→“系统工具”→“本地用户和组”选项后，右击“用户”选择“新用户”，出现如图 6—1—2 所示的“新用户”对话框。

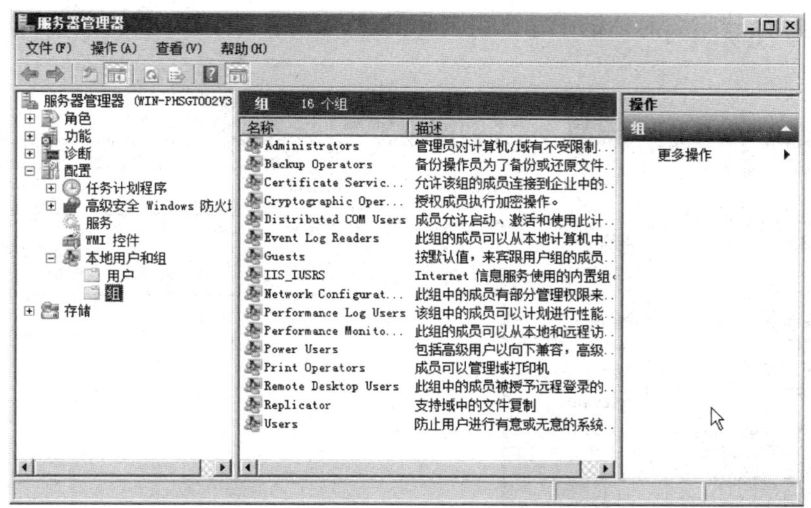

图 6—1—1 账号、组管理工具与内置组

（1）创建用户需要输入相关信息，如图 6—1—2 所示。

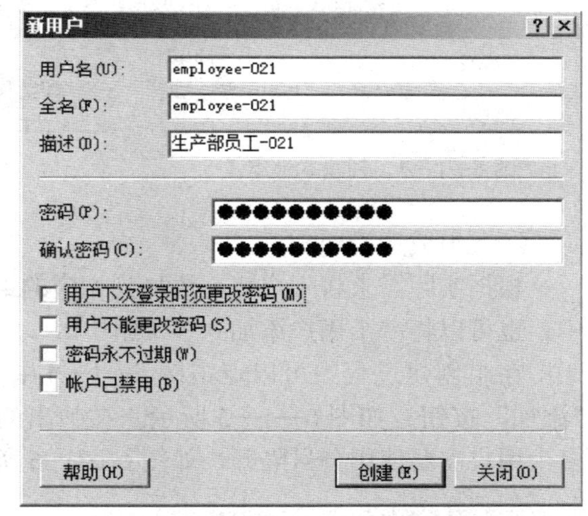

图 6—1—2 “新用户”对话框

（2）用户名是用户登录（本地或远程）计算机时所输入的用户名。

（3）用户名的长度最长为 20 个字符，不区分大小写，中英文均可。

（4）用户名不能够使用特殊字符，如空格、,、。、;、‘、/、？等，若使用特殊字符系统会进行提示。

需要注意，Windows Server 2008 R2 默认的情况下有密码复杂度的要求，默认情况密码至少 6 个字符，并且不可包含用户账户名称中超过两个以上的连续字符，需要包含三组不同字符，即 A ~ Z、a ~ z、0 ~ 9、非字母数字四组中的三组。

（5）若不为用户设置密码，那么默认的情况下，这个用户只能本地登录，而不能通过网络的形式登录计算机。

（6）一般情况，用户可以通过此方式修改密码。登录计算机后，按“Ctrl+Alt+Delete”键，选择“更改密码”可以修改自己的登录密码。

4. 本地用户组管理

（1）创建本地组

虽然系统内置组比较多，但内置组多用于操作系统的管理。为了满足对大量资源的管理，需要手动创建一些组，例如管理共享文件夹。对组设置权限后，组中用户自动继承用户组权限，从而减少管理员的重复工作。

在计算机管理中选择“本地用户和组”，右击“组”选择“新建组”，如图 6—1—3 所示。

在弹出的“新建组”对话框中输入组名和描述，点击“创建”按钮完成创建工作，如图6—1—4所示。

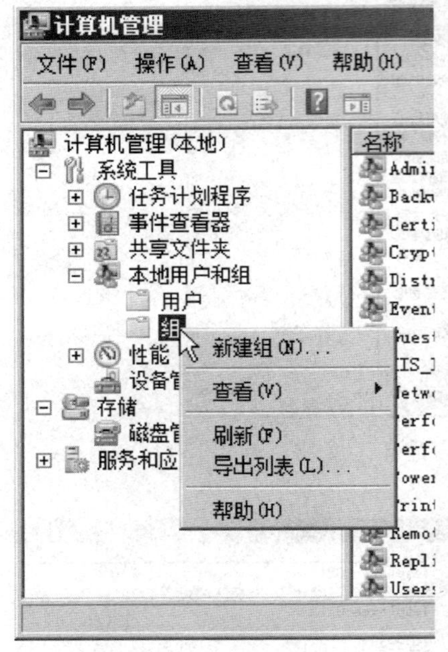

图6—1—3 创建本地组1

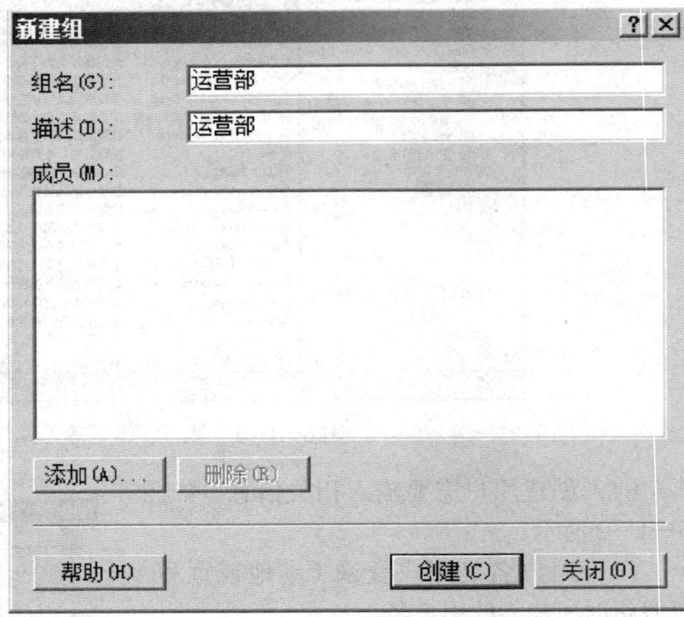

图6—1—4 创建本地组2

（2）组成员管理

根据实际需求将用户账户添加到相应的组中，添加过程中可以将多个用户添加到一个组中，也可以将一个用户添加到多个组中。

在组创建过程中可以点击图6—1—4中的“添加”按钮，也可以打开本地组属性点击“添加”按钮，如图6—1—5所示。在弹出的“选择用户”对话框中可以直接输入用户名，多个用户需要使用分号隔开，如图6—1—6所示。

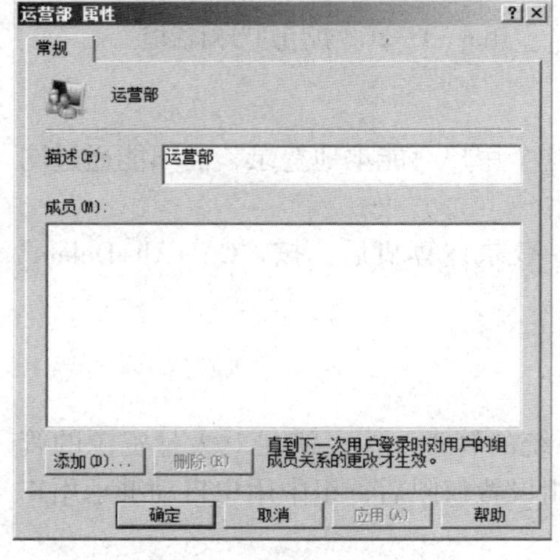

图6—1—5 本地组属性

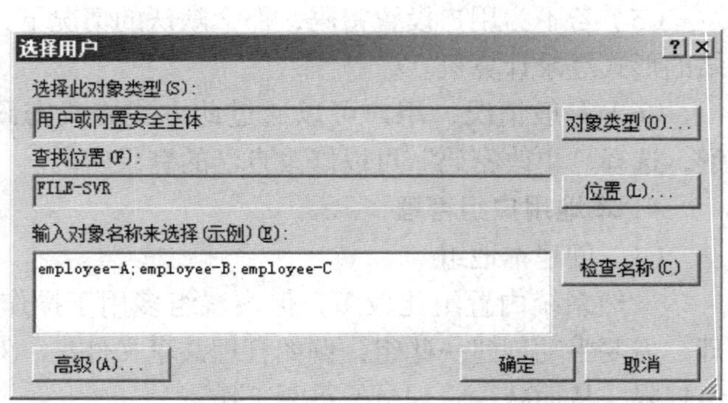

图6—1—6 “选择用户”对话框

将 employee-A、employee-B、employee-C 三个用户添加到运营部组中，点击“检查名称”按钮，系统会查找输入是否正确。如正确则系统会自动按照“计算机名\用户名”形式显示，如图 6—1—7 所示；若不正确则需要重新修改。如果忘记需要添加的用户账户可以点击图 6—1—6 中的“高级”按钮，在弹出的对话框中选择“立即查找”会列出该计算机所有用户和组相关信息，方便管理员进行查找。

组中添加账户完成后如图 6—1—8 所示，运营部包括 3 名用户。

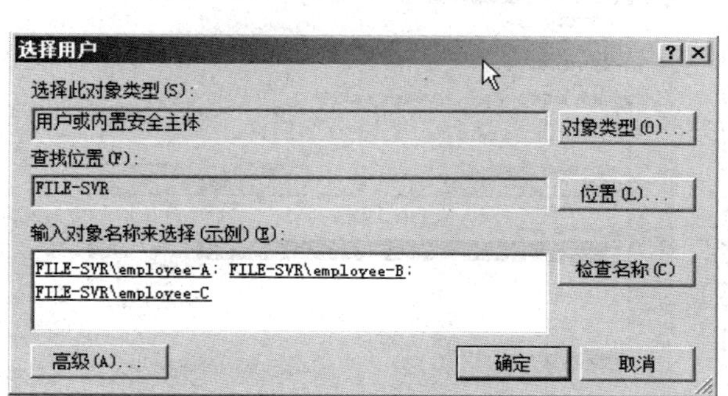

图 6—1—7　完成查找的用户名

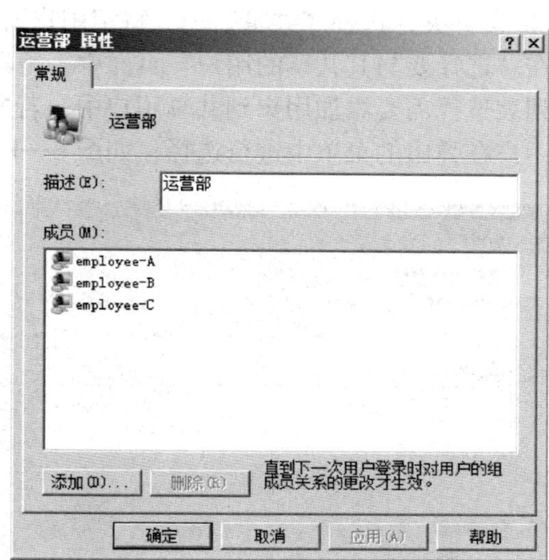

图 6—1—8　运营组包含的用户

如果要从组中删除一个用户，在图 6—1—8 中选择需要删除的用户，然后点击“删除”按钮即可。

如果将一个用户添加到多个组中可以通过用户账户属性操作完成，例如将 employee-D 分别添加到 Administrators 组、Users 组、运营部组和销售组中。双击用户 employee-D 选择“隶属于”标签，点击“添加”按钮然后找到要添加的组，添加完成如图 6—1—9 所示。

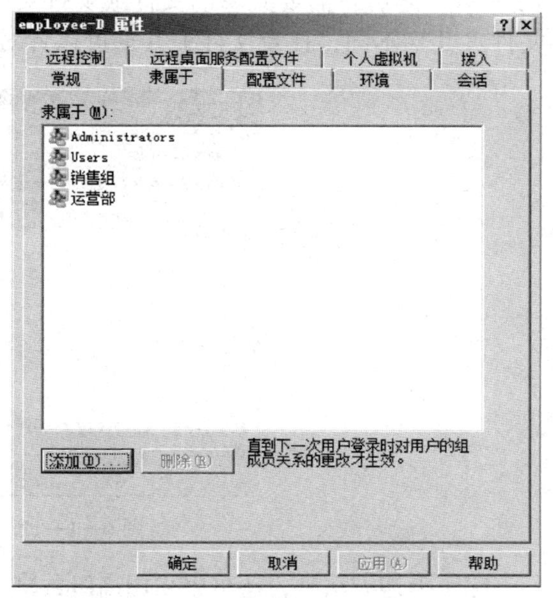

图 6—1—9　一个用户隶属于多个组

二、文件资源共享

无论是企业网还是互联网，文件资源是最常见的一种资源，文件资源的分享也是网络可以提供的重要服务之一。

1. 共享文件夹概述

将本地计算机上的文件在网络上进行共享，供网络中的其他计算机访问，这个文件夹就叫共享文件夹。传统的文件共享方式多采用 U 盘、移动硬盘等移动存储介质进行拷贝分享，当需要获取某文件的人数过多时，这种分享方式将带来大量重复工作。为了提高文件分享的速度，在网络中可以通过共享文件夹的方式进行分享文件，需要获得文件的人员通过网络访问共享文件夹即可获得各自所需的文件。

共享文件夹可以针对不同的用户设置不同的权限，从而确保文件分享的准确性和安全性。

2. 创建共享文件夹

设置文件夹共享有多种方式。例如，为 file 文件夹设置共享，方便网络用户访问。右击 file 文件夹，选择“共享”→“特定用户”，出现如图 6—1—10 所示的“文件共享”对话框。在“选择要与其共享的用户”页面中，可以添加或删除访问该共享文件夹的用户，点击下拉列表选择需要添加用户到共享用户中，若要修改共享给用户的权限或删除该用户，可以点击用户在弹出的菜单中进行选择，如图 6—1—11 所示。

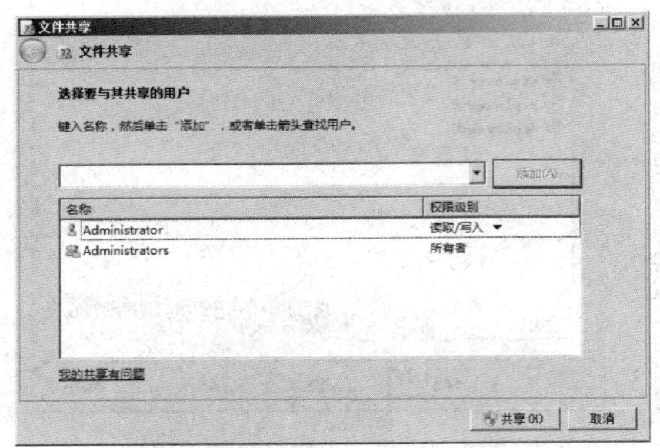

图 6—1—10 “文件共享”对话框

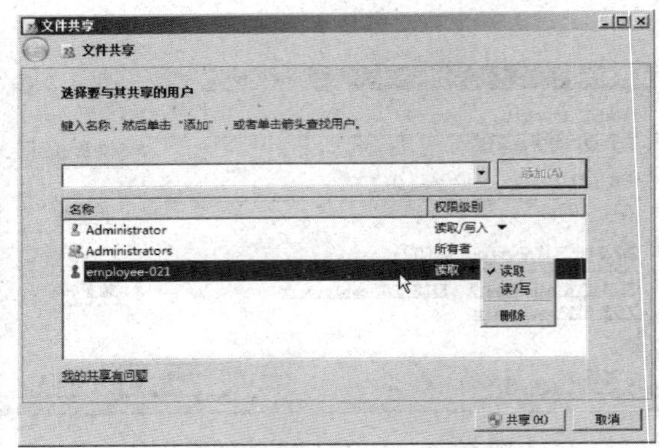

图 6—1—11 修改共享权限级别

配置完成后点击“共享”按钮，系统自动配置共享文件夹，配置完成后如图 6—1—12 所示。之后将需要共享的文件或文件夹拷贝到此共享文件夹中即可实现共享。与公用文件夹共享不同，任意文件夹共享可以针对单独用户设定权限，安全性更高。

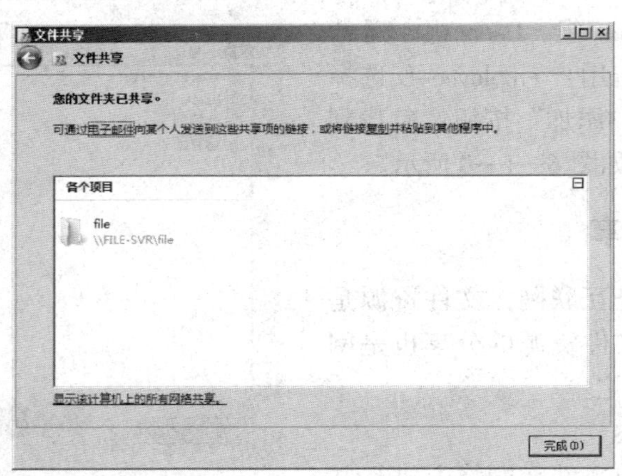

图 6—1—12 完成文件夹共享

除了上述方法外，还可以采用高级共享方式进行文件夹共享。在 file 文件夹“属性”对话框中选择“共享”标签如图 6—1—13 所示，点击“高级共享”按钮出现如图 6—1—14

所示的“高级共享”对话框，勾选“共享此文件夹”，点击“应用”按钮即完成文件夹共享设置。

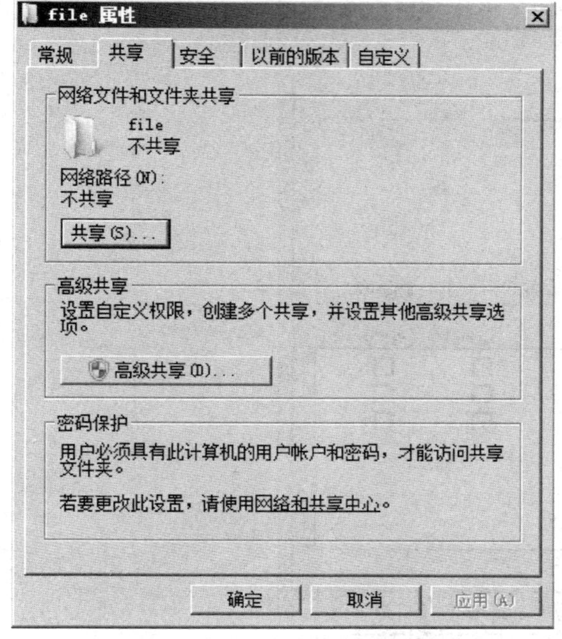

图 6—1—13　“共享”标签

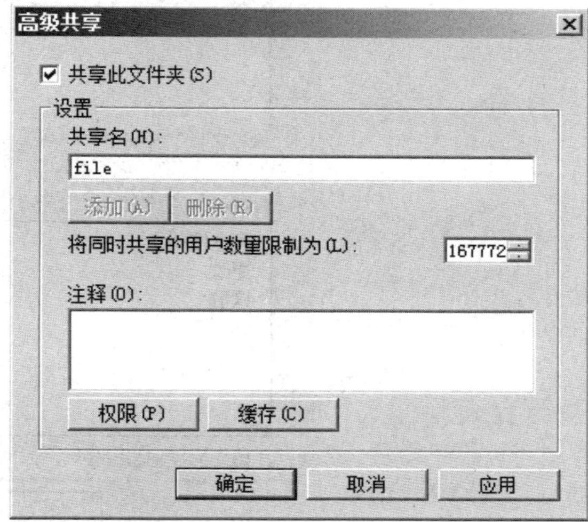

图 6—1—14　“高级共享”对话框

通过“高级共享”可以对共享文件夹设置较多内容，主要包括以下内容。

共享名：通过网络形式访问共享文件夹时显示的名称，同一台计算机上的共享名不能重复。

注释：为共享文件夹的简单描述，使访问人员了解文件夹大体内容。通过网络形式访问共享文件夹时，注释信息是以备注的形式显示的，如图 6—1—15 所示。需要注意，文件夹的浏览模式为“详细信息”时才会显示备注栏。

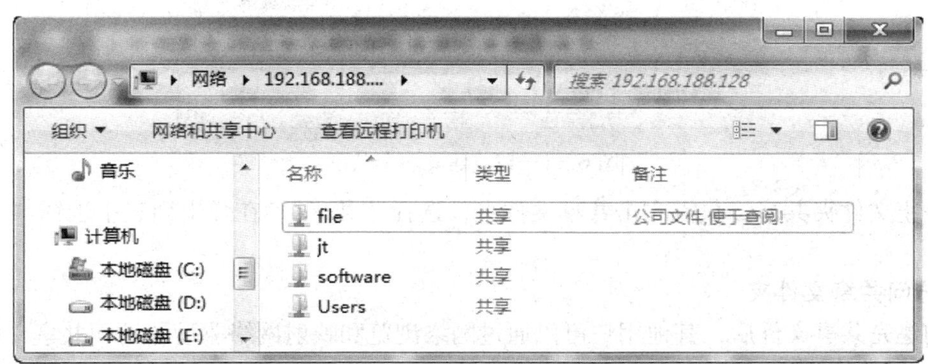

图 6—1—15　显示注释信息

将同时共享的用户数量限制为：允许最多多少个网络用户可以同时访问此共享文件夹的用户数量。

权限：权限用于控制网络上的用户对这个文件夹的操作权限，默认权限是 Everyone 拥有读取权限，如图 6—1—16 所示。

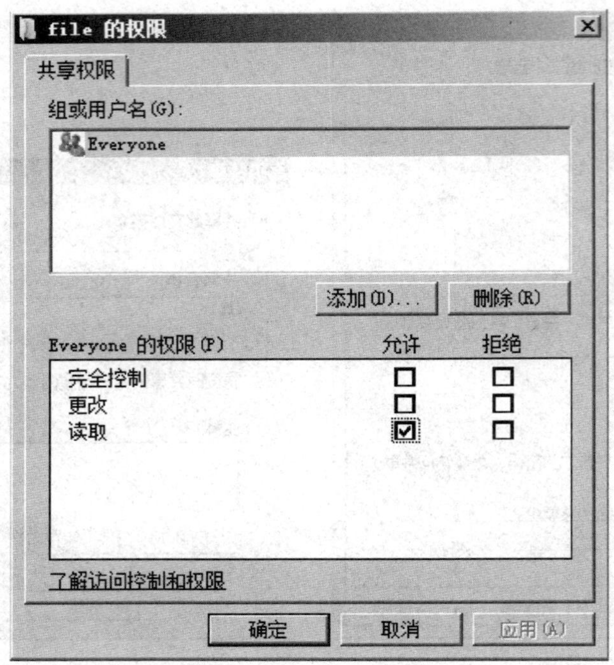

图 6—1—16　默认共享权限

每个文件夹都可以建立多个共享，每个共享可以设置不同的共享名、注释、用户同时最多访问数量、权限等。当共享文件夹建立完成后，在“高级共享”对话框（见图 6—1—14）中点击“添加”按钮，即可打开“新建共享”对话框，如图 6—1—17 所示。

新建共享
共享名(S):
描述(D):
用户数限制
最多用户(X)
允许此数量的用户(W):
确定
取消
权限(P)

图 6—1—17　建立多个共享

要停止文件夹共享，只需右击共享文件夹，选择“共享”，在弹出列表中选择“不共享”即可。

3. 访问共享文件夹

在创建完共享文件后，其他用户可以通过网络浏览和映射网络驱动器访问共享文件夹。

（1）“网络”浏览共享文件

双击桌面上的“网络”图标，会显示网络中的计算机列表，然后双击具有共享文件的计算机名“FILE-SVR”，输入正确的用户名密码后列出所有计算机共享资源，如图 6—1—18 所示。

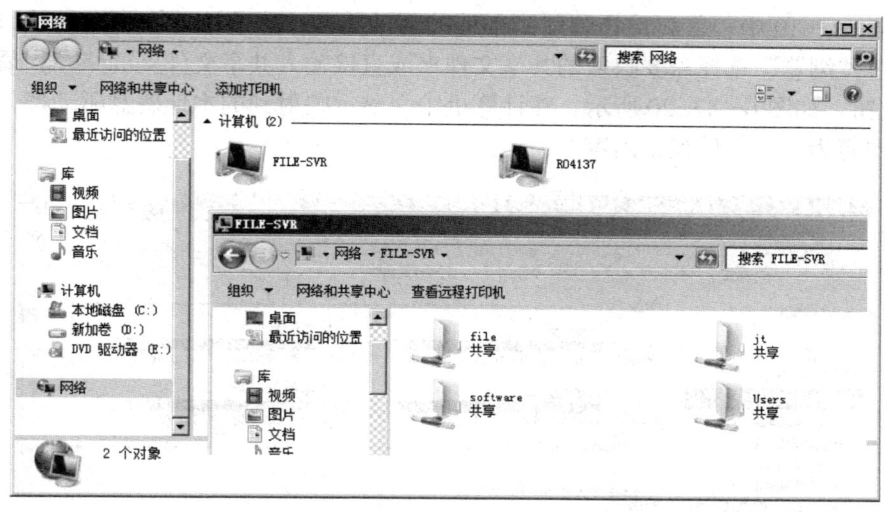

图 6—1—18　通过“网络”浏览共享文件夹

若“网络”浏览时没有显示计算机，或没有发现共享资源，则需要配置计算机的“网络发现”和“文件和打印机共享”功能。

（2）“映射网络驱动器”浏览共享文件

如果某个共享文件夹用户需要经常访问和使用，可以将这个网络共享文件夹映射为本地驱动器。访问时就像访问本地磁盘驱动器一样方便，只不过网络驱动器上的文件不存储在本地，而是存储在网络上的共享文件夹内。

下面以 Windows 7 系统为例，在客户端上打开“计算机”，选择“工具”面板中的“映射网络驱动器”出现如图 6—1—19 所示对话框。

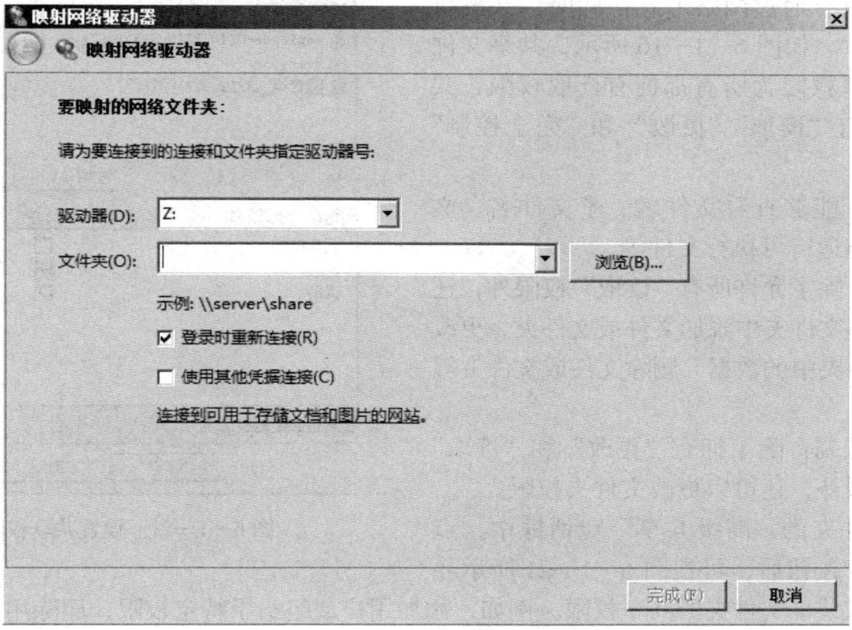

映射网络驱动器
映射网络驱动器
要映射的网络文件夹：
请为要连接到的连接和文件夹指定驱动器号：
驱动器(D): Z:
文件夹(O):　浏览(B)...
示例: \\server\share
登录时重新连接(R)
使用其他凭据连接(C)
连接到可用于存储文档和图片的网站。
完成(F)　取消

图 6—1—19　“映射网络驱动器”对话框

在图 6—1—19 中，首先选择映射到本地的驱动器号（即本地计算机中显示的磁盘号）；然后，通过“浏览”选择需要映射的共享文件夹或直接输入共享文件夹的路径；最后，点击“完成”按钮。如图 6—1—20 所示，在计算机中会显示映射到的本地磁盘驱动器，此磁盘驱动器中的内容为共享文件夹中内容。

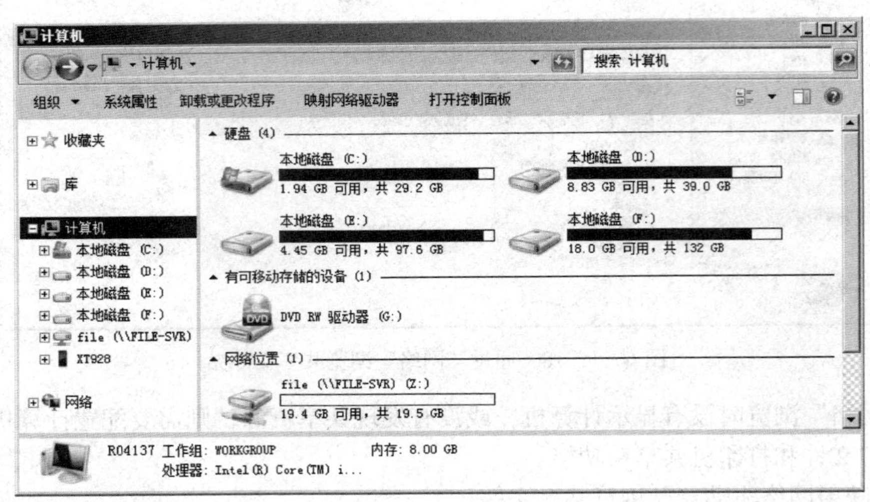

图 6—1—20　映射共享文件夹到本地

如果要断开映射网络驱动器，可以右击此磁盘驱动器选择“断开”即可。

4. 共享权限

共享权限是用户通过网络访问共享文件夹时拥有哪些操作权限，例如删除、修改、创建等。只有通过网络形式访问时，共享权限才会生效。如图 6—1—16 所示，共享文件夹默认共享权限为所有都拥有读取权限，共享权限只有“读取”“更改”和“完全控制”三种。

读取：能够查看文件名、子文件名、文件内容、能运行可执行文件等。

更改：除了允许所有“读取”权限外，还可以向共享文件夹中添加文件或文件夹、更改文件或文件夹中的数据、删除文件或文件夹等能力。

完全控制：除了拥有“更改”和“读取”的所有权限外，还可以更改文件夹权限。

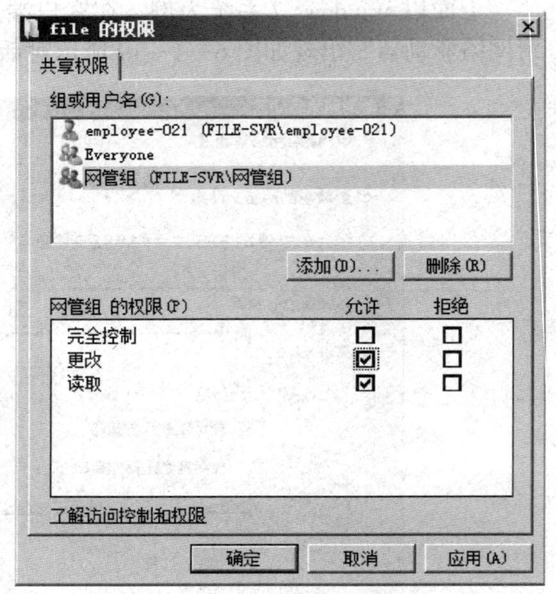

图 6—1—21　设置共享权限

在文件夹的“高级共享”对话框中，点击“权限”按钮后，可在图 6—1—21 所示界面中配置该共享文件夹的共享权限。例如，添加用户或组给予特定权限、删除用户或组的共享权限等。

任务实施

随着公司的发展壮大，公司急需一台文件服务器来进行文件等资源的共享。公司目前基本组织架构如图 6—1—22 所示。

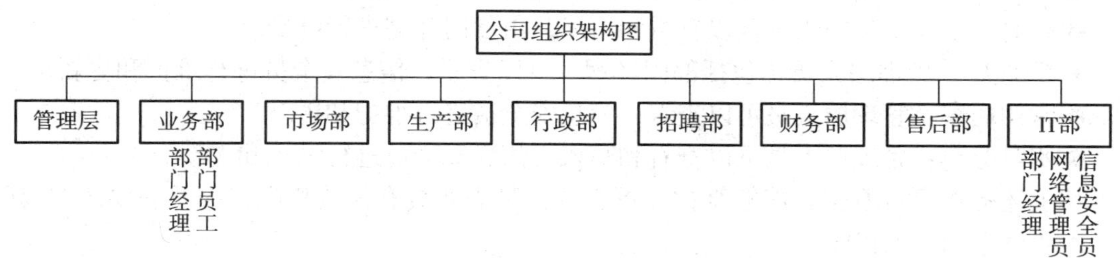

图 6—1—22　公司组织架构图

在公司组织架构中除了管理层人员外，每个部门都有一名部门经理。根据公司需求，在搭建的文件服务器上实现文件、资源共享，需要创建的文件夹如下。

➢ 公司公文：存放公司发布的通知、管理条例、公告等内容，子文件夹如下。

■ 公司通知。

■ 公司公告。

■ 管理条例。

■ 制度规范。

■ ……

➢ Software：共享软件、应用程序等，子文件夹如下。

■ 常用工具：存放各种常用工具，方便员工查找。

■ 临时分享：供员工临时分享或存放工具和软件，每月定期清理。

➢ 常用资料：存放常用资料，子文件夹如下。

■ 常用资料：存放常用资料，方便员工查找。

■ 临时分享：供员工临时分享或存放资料，每月定期清理。

➢ 各部门资料分享：每个部门的文件共享文件夹，对于财务和业务部门由于其涉及信息较为机密，所以不采取共享方式存放，子文件夹如下。

■ 常用内容：存放本部门常用资料、软件或提交的内容。

■ 临时分享：供本部门人员临时分享相关工具或资源。

➢ 管理层：供管理层包括部门经理查阅的文件或资料，子文件夹如下。

■ 常用内容：存放常用资料、软件或提交的内容。

■ 临时分享：供管理层人员临时分享相关工具或资源。

各文件夹设置的权限如下。

➢ 公司公文：公司所有人员均能查看，行政部进行维护和更新。

➢ Software：公司所有人员均能查看，IT 部进行维护和更新。

■ 常用工具：公司所有人员均能查看，IT 部进行维护和更新。

■ 临时分享：公司所有人员均可以查看和写入，IT 部进行维护和更新。

➢ 常用资料：公司所有人员均能查看，IT 部进行维护和更新。

■ 常用资料：公司所有人员均能查看，IT 部进行维护和更新。

■ 临时分享：公司所有人员均可以查看和写入，IT 部进行维护和更新。

➢ 各部门资料分享：本部门人员可以查看，信息安全员和该部门经理进行维护和更新。

■ 常用内容：本部门人员可以查看，由部门经理进行维护。

■ 临时分享：本部门人员可以查看和写入，由部门经理进行维护。

➢ 管理层：管理层人员（包括部门经理）可以查看，信息安全员进行维护和更新。

■ 常用内容：管理层人员可以查看，信息安全员进行维护和更新。

■ 临时分享：管理层人员可以查看和写入，信息安全员进行维护和更新。

从上述分析可以看出，能够维护和更新的人员需要具有修改权限，查看需要读取权限，写入需要读取和写入权限。

根据上述需求为公司搭建文件服务器，服务器系统采用 Windows Server 2008 R2 系统，搭建步骤如下。

1. 创建用户和组

首先在文件服务器上创建用户和组，为每个员工创建一个账号。按照部门创建组，包括管理层、业务部、财务部、市场部、生产部、行政部、招聘部、售后部、IT 部等。其中，由于 IT 部内员工包括网络管理员和信息安全员两类，这两类人员的工作内容和管理范围也不相同，所以单独建立网络管理员组、信息安全员组，创建完成的组如图 6—1—23 所示。

IT部	IT部
业务部	业务部
信息安全员组	信息安全员组
售后部	售后部
市场部	市场部
招聘部	招聘部
生产部	生产部
管理层	管理层
网络管理员组	网络管理员组
行政部	行政部
财务部	财务部

图 6—1—23　创建完成的组

将用户加入组中，为了避免设置混乱，将所有用户从默认的 Users 组中删除，加入到单独的组中。其中需要注意：

（1）部门经理既包含在该部门组中，也包含在管理层组中。

（2）IT 部组包括 IT 部所有人员，而网络管理员组、信息安全员组分别包含各自岗位人员，IT 部经理同时属于 IT 部组、网络管理员组、信息安全员组这三个组。

2. 创建文件夹

按照上述要求在文件服务器 D 盘创建文件夹，如图 6—1—24 所示。

文件夹创建完成后设置共享，例如设置管理层文件夹共享如图 6—1—25 所示。

3. 配置共享权限

共享完成后需要为共享文件夹配置共享权限，以公司公文、生产部文件夹设置为例进行说明。

（1）“公司公文”文件夹

根据公司需求设置所有人员都允许读取，行政部人员为更改和读取，设置完成如图 6—1—26 所示。

（2）“生产部”文件夹

根据公司需求为了实现员工对于子文件夹“临时分享”拥有写入权限，则需要设置生产部员工都允许更改和读取，该部门经理和信息安全员也为更改和读取，设置完成如图 6—1—27 所示。

图 6—1—24　创建文件夹

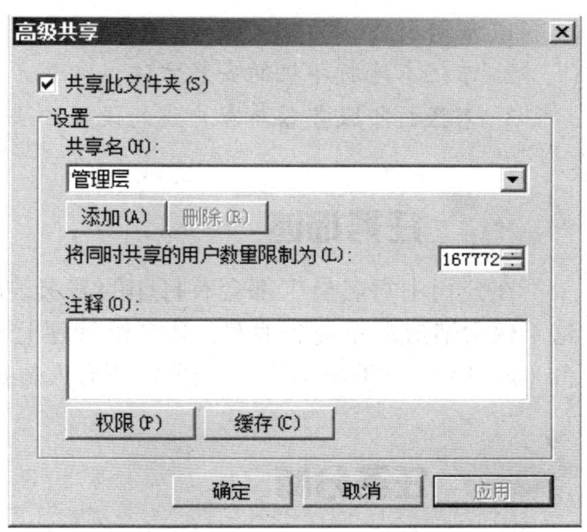

图 6—1—25　创建文件夹共享

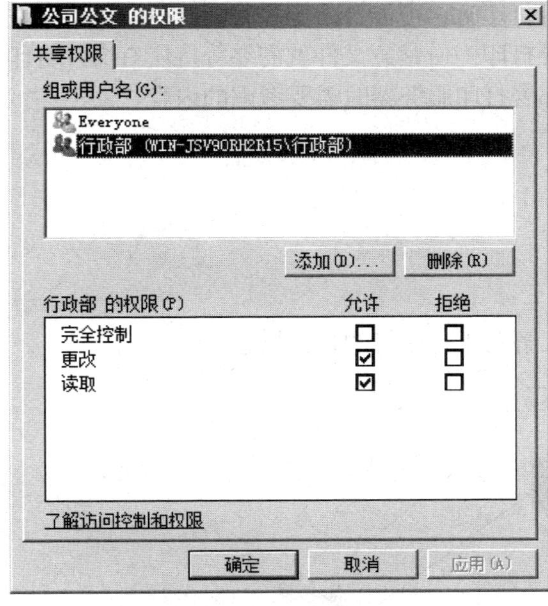

图 6—1—26　“公司公文”文件夹共享权限设置

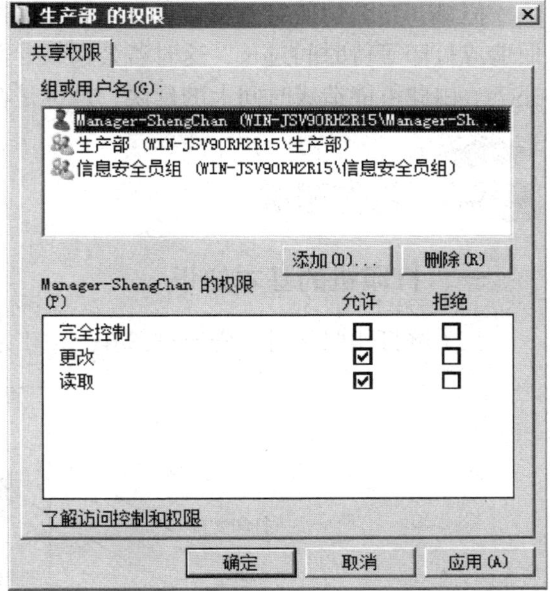

图 6—1—27　“生产部”文件夹共享权限设置

任务2　搭建打印服务器

学习目标

1. 理解打印机的相关概念。
2. 掌握本地打印机的安装方法。
3. 掌握打印服务器与客户端的设置方法。

任务描述

在公司中每名员工都会有打印的需求，而公司为每名员工都配置一台打印机并不现实，这不仅会造成严重资源浪费，还会给管理上带来不必要的的工作量。那么，是否可以配置一台（或几台）打印机而为整个公司所有人员提供打印服务呢？

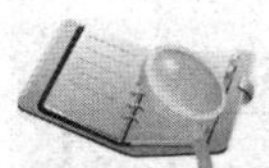

任务分析

根据公司需求，网络管理员决定搭建打印服务器来实现打印机共享，通过打印服务器为公司所有人员提供打印服务。通过打印服务器可以减低公司的硬件成本，同时也方便网络管理员进行打印机的统一管理。

但是，当公司所有人员通过打印服务器进行打印时，可能会由于多人同时打印较多文件而造成打印等待时间过长，这时若公司领导需要打印一份紧急文件就需要等待所有文件打印完毕。由此可能造成时间上的延误，这也是在部署打印服务器时需要考虑的内容。

相关知识

一、打印机的基本知识

在了解打印服务时，先通过图6—2—1来了解关于打印机的相关概念。

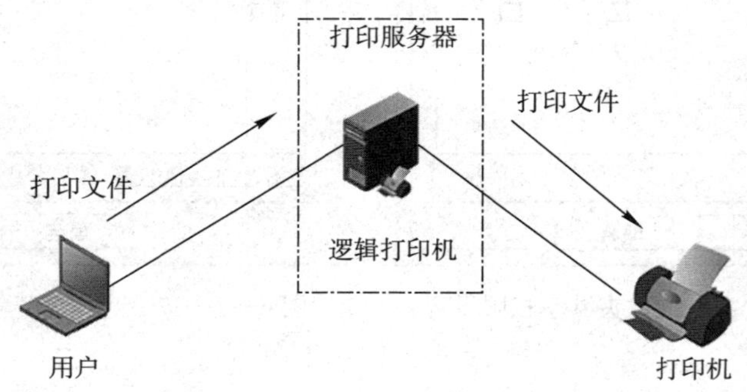

图6—2—1　网络打印服务器连接图

1. 物理打印机

真实的物理打印设备，可以放置打印纸打印的打印机。

2. 逻辑打印机

不是指物理打印设备，而是介于客户端应用程序与物理打印机之间的软件接口，即“控制面板”中添加的打印机。用户打印文件是通过逻辑打印机来传递给物理打印机完成打印的。无论是物理打印机还是逻辑打印机，它们都可以被简称打印机。不过为了避免混淆，本节中以打印机代表逻辑打印机，以打印设备来代表物理打印机。

3. 打印服务器

能够提供打印服务的计算机就是打印服务器。打印服务器连接物理打印设备，并将此打印设备共享给网络中的用户。打印服务器负责接收用户发来的文件，然后将它发给打印设备进行打印。

4. 打印队列

每进行一次文档打印，即产生一个打印作业。当接收到多个打印作业时，打印机会将接收的打印作业暂存到磁盘，按照接收时间逐个进行打印。打印队列用于存放打印作业要打印的文档。

5. 打印驱动程序

打印服务器接收用户发来的打印文件后，打印驱动程序就会负责将用户的文件转换为打印设备能够识别的格式和编码，然后将这些信息发往打印设备进行打印。不同型号的打印设备需要不同的打印驱动程序。

二、本地打印机的安装

目前常用的打印机一般有三种，即通过 USB、IEEE 1394 接口的即插即用打印机及 IEEE 1284 并行接口打印机和网络接口打印机。目前采用 USB、IEEE 1394 接口和网络接口的打印机逐渐成为主流。下面简单介绍打印机的安装过程。

1. 安装 USB、IEEE 1394 等即插即用打印机

将打印机通过 USB 或 IEEE 1394 端口连接到打印服务器上，然后打开打印机电源，若系统支持此打印机驱动程序，就会自动检测和安装此打印机。若安装打印机时找不到所需要的驱动程序，可使用准备好的驱动程序（一般在打印机厂商提供的光盘内）按照对话框提示完成安装工作。

需要注意，使用厂商提供的光盘内的安装程序安装驱动时，此类的安装程序一般会提供比较多的功能。同时，会在安装驱动的过程中给出安装提示，提示需要将打印机连接到计算机的 USB、IEEE 1394 端口，然后自动安装驱动程序。

2. 安装网络接口打印机

部分厂商提供的网络接口打印机，本身就内置网卡，可以通过网线直接连接到网络。有的网络接口打印机必须通过厂商附带的光盘来安装，而有的打印机可以通过随机附带的说明来安装。通常在服务器安装打印机的步骤为选择“控制面板”→“硬件”→“设备和打印机”→“添加打印机”→“添加本地打印机”→“创建新端口”，在端口类型处选择“Standard TCP/IP Port”，单击“下一步”，在图 6—2—2 所示对话框中输入打印机主机名或 IP 地址、端口名称等，接下来的步骤与普通打印机添加类似。

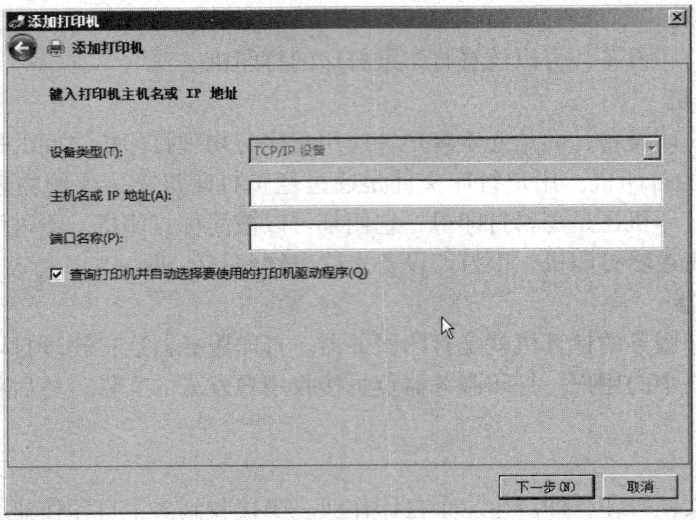

图 6—2—2　添加网络接口打印机

需要注意，网络接口打印机可以在每台计算机上添加，而不一定需要一台专用的打印服务器。

三、打印服务器的搭建

添加打印服务比较简单，在安装 IEEE 1284 接口打印机的过程中可以直接配置共享。如果添加其他类型接口的打印机，可以在“控制面板”→“硬件”→“设备和打印机”中选择安装的打印机设备，右击该打印设备，选择“打印机属性”，如图 6—2—3 所示。在打印机属性的“共享”标签中设置打印机共享，如图 6—2—4 所示。

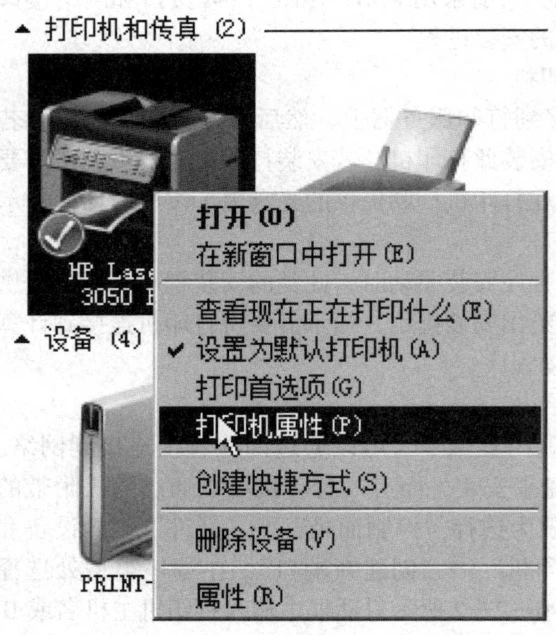

图 6—2—3　选择“打印机属性”

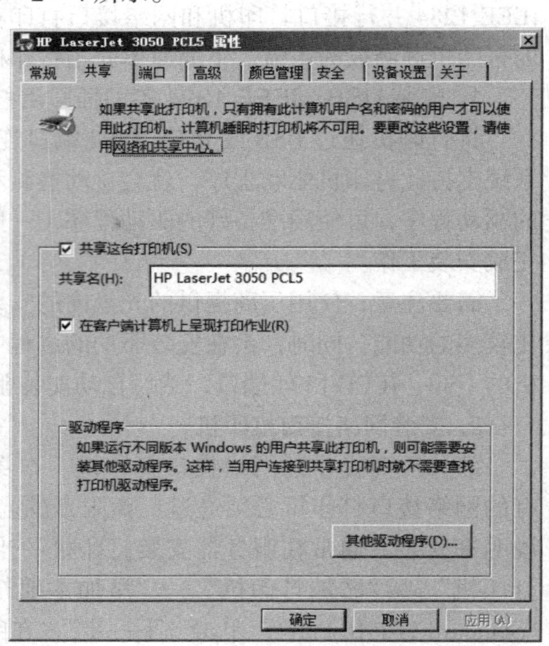

图 6—2—4　设置打印机共享

除了可以直接通过打印机属性来配置、安装和管理共享打印机，在 Windows Server 2008 R2 系统中还提供了一个打印服务器的角色，可以配置、安装和管理打印服务器和打印设备。打印服务器角色安装过程如下所示。

依次选择“服务器管理器”→“角色”→“添加角色”，如图 6—2—5 所示。

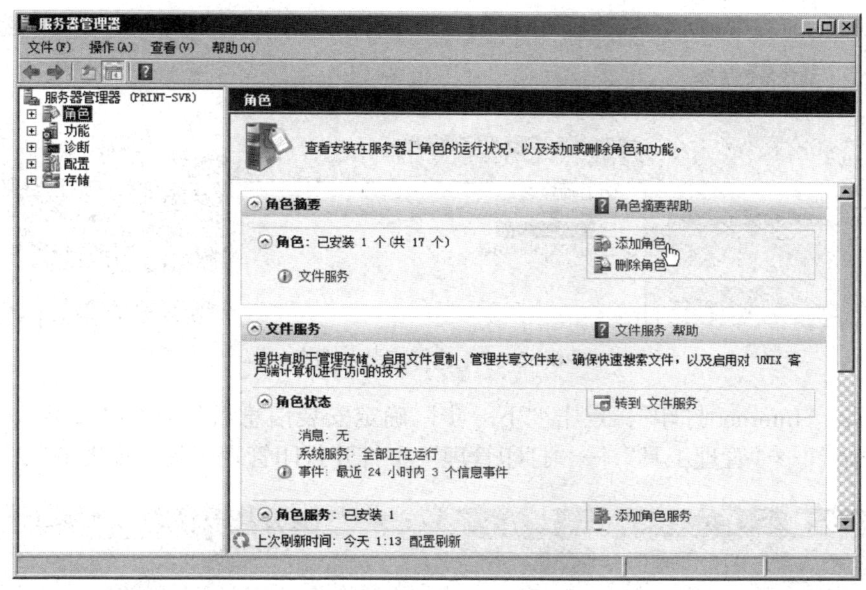

图 6—2—5　添加角色

在“选择服务器角色”中选中“打印和文件服务”，如图 6—2—6 所示，然后点击“下一步”。

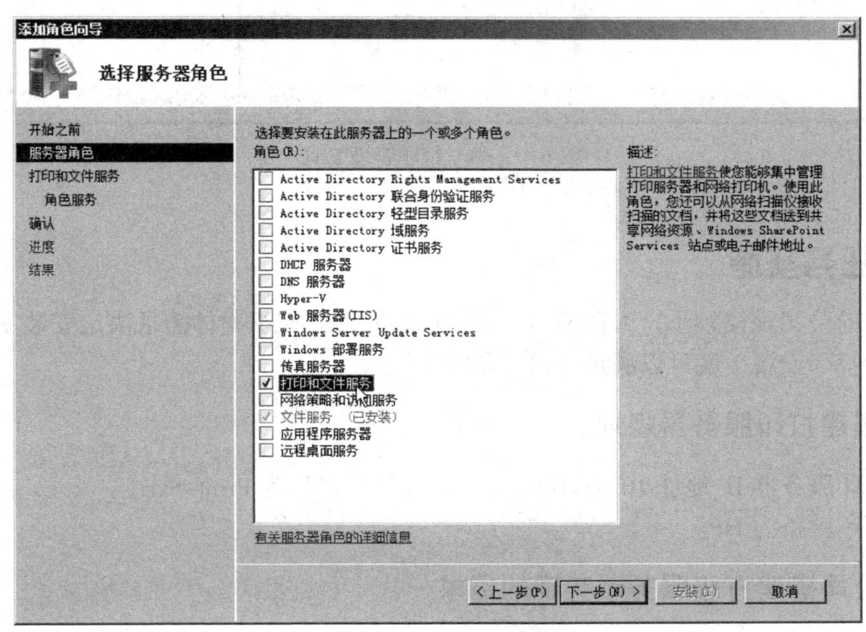

图 6—2—6　选择服务器角色

在“角色服务”中选择“打印服务器”，如果希望通过 Internet 的网站形式来管理打印服务器，则可以勾选“Internet 打印”，如图 6—2—7 所示。若勾选“Internet 打印”，会要求同时安装“Web 服务器（IIS）”和“远程服务器管理工具”，同意添加所需角色后继续安装。其中，需要添加的角色后续章节会详细说明。

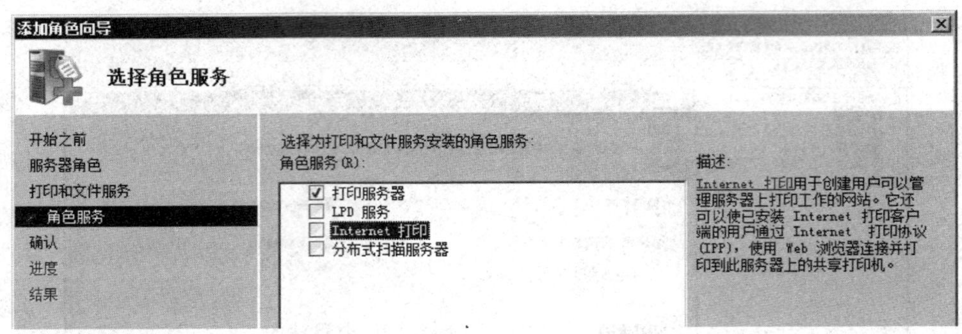

图 6—2—7 选择安装的服务

如不安装“Internet 打印”，点击“下一步”确定安装信息后，点击“安装”，完成安装后，在“开始”→“管理工具”→“打印管理”中打开打印管理工具，如图 6—2—8 所示。

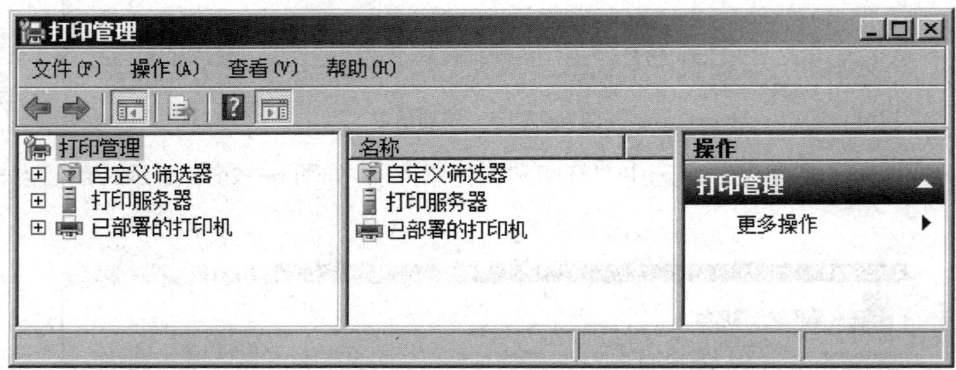

图 6—2—8 打印管理工具

任务实施

由于目前公司规模较小，人员不多，所以网络管理员根据整体需求决定安装一台打印服务器（一台打印设备）就可以满足公司打印需要。

一、搭建打印服务器规划

（1）打印服务器 IP 地址 10.10.100.152/24，计算机名称为 Print-Svr。

（2）打印设备为 HP。

二、公司搭建打印服务器实现的需求

（1）公司所有人员均能通过打印服务器进行文件、资料打印。

（2）公司管理层人员打印优先级较高，避免管理层人员主要文件等待时间较长。

（3）网络管理员能够管理打印、管理打印文档，可以中断用户误操作导致的资源浪费。

三、公司搭建打印服务器主要步骤

1. 安装并设置共享打印机

公司网络管理员选取 HP 的 LaserJet 3050 PCL5 型号打印机，按照上述的“本地打印机的安装”和“打印服务器的搭建”内容将打印设备安装到打印服务器上并配置完成共享打印机。

2. 客户端添加共享打印机

打印机共享完成后客户端可以与访问共享文件一样使用网络浏览、添加打印机等多种方法访问。用户在客户端安装网络打印机后，通过网络将要打印文件发送给打印服务器后，打印服务器通过打印驱动程序将文件进行编码，生成打印设备能够识别的编码，最终打印设备将文件打印出来。

本书主要介绍 UNC 路径安装网络打印机，网络打印机即在客户端安装共享打印机，实现客户端打印功能。

在客户端计算机选择“开始”→“运行”，在“打开”处（或 IE、资源管理等地址栏中）输入打印服务器的 UNC 路径（\\10.10.100.152），如图 6—2—9 所示。

点击“确定”，然后将会与访问共享文件一样，弹出要求输入用户名和密码的对话框，这时输入打印服务器上的用户名和密码后，就可以看到图 6—2—10 所示的打印服务器上所有共享信息，其中“HP LaserJet 3050 PCL5”为共享打印机。

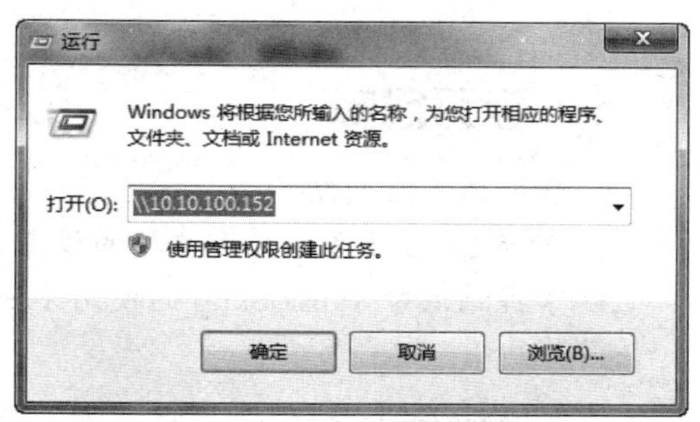

图 6—2—9　打印服务器的 UNC 路径

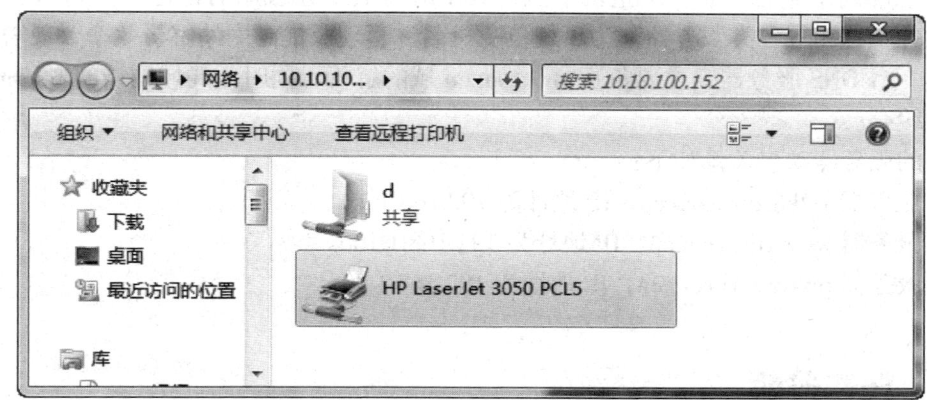

图 6—2—10　共享文档中的共享打印机

双击共享打印机自动开始安装网络打印机，安装完成后会出现图 6—2—11 所示打印机作业任务对话框，至此客户端已经成功共享了打印服务器提供的打印服务，在本地安装完成了网络打印机。

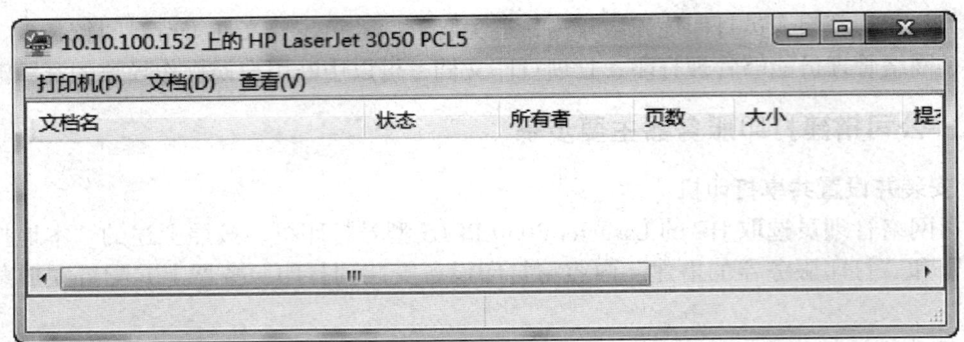

图 6—2—11 成功安装网络打印机

通过上述部署完成了公司搭建打印服务器来实现打印共享的需求。

任务 3 搭建 DNS 服务器

学习目标

1. 理解域名空间结构。
2. 掌握 DNS 服务器与客户端的设置方法。
3. 掌握测试命令 nslookup 的使用方法。

任务描述

公司总部网络包含 300 多个主机节点，其中既有员工办公用的普通 PC 机，也有网站、邮件、文件及打印等各类服务器。为了规范主机名称管理及提高网站解析效率，现需要在总部内搭建一台 DNS 服务器，主要负责 zhrj.com.cn 域的解析，同时为局域网访问 Internet 提供域名解析缓存。

主要的服务器映射关系如下：

DNS 服务器 w2k8.zhrj.com.cn，IP 地址为 192.168.1.5。

网站服务器 www.zhrj.com.cn，IP 地址为 192.168.1.100。

打印服务器 prtsvr.zhrj.com.cn，IP 地址为 192.168.1.99。

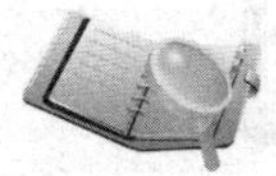

任务分析

由于公司总部的局域网 PC 机及服务器主要使用 Windows 操作系统，因此选择基于 Windows Server 2008 R2 企业版服务器搭建 DNS 服务器，可以提供更好的兼容性，也便于以后与 Internet 的融合。

本案例环境采用简化的小型局域网络，服务器 192.168.1.5 提供 DNS 服务，局域网的所有 PC 机作为客户机，如图 6—3—1 所示。本案例的 DNS 服务主要体现在两个方面：其一，当客户机查询 zhrj.com.cn 域内的主机地址时，能够提供解析结果；其二，当客户机解析 Internet 中各类站点的地址时，能够缓存查询结果以提高其他客户机对此地址的解析。

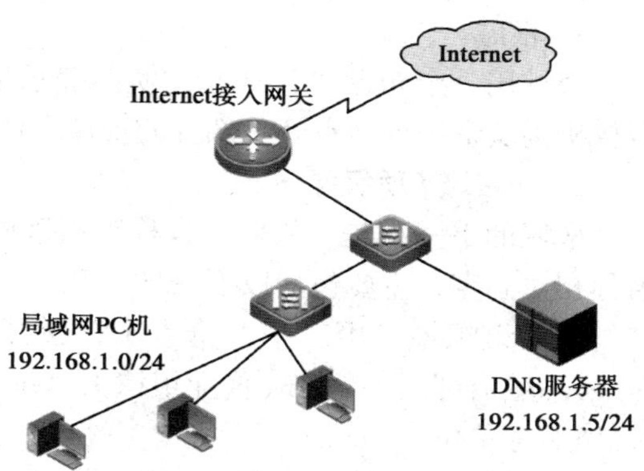

图 6—3—1　DNS 服务实验拓扑图

相关知识

本节主要介绍 Windows Server 2008 R2 系统和 DNS 域名解析系统的基础知识，为顺利搭建 DNS 服务器做好准备。

在 Internet 中通过 IP 地址、路由器可以确定一个站点的位置，然而这种以数字表示的计算机地址却不便记忆。为了便于对网络地址的管理和分配，人们采用了 Domain Name System（域名系统），为每个站点建立 IP 地址与域名之间的映射关系，从而使用户可以通过简单易记的域名来定位一个站点。

庞大的 Internet 网络所容纳的站点数以亿计，任何一台独立服务器都难以记录所有的 IP 地址与域名映射关系并且保持高效的解析速度，因此 DNS 系统采用了分布式的分层数据库结构，由分布在不同地理位置的 DNS 服务器共同承担解析工作。

在 DNS 系统中，域名空间包括根域、一级域、二级域和主机名（见图 6—3—2）。这种结构类似于一棵倒置的树，树根处于最顶层，树叶就是最末端的站点或主机，树根和中间的各层树枝分别是不同的 DNS 服务器，每个 DNS 服务器只需要负责当前所在区域的解析工作。

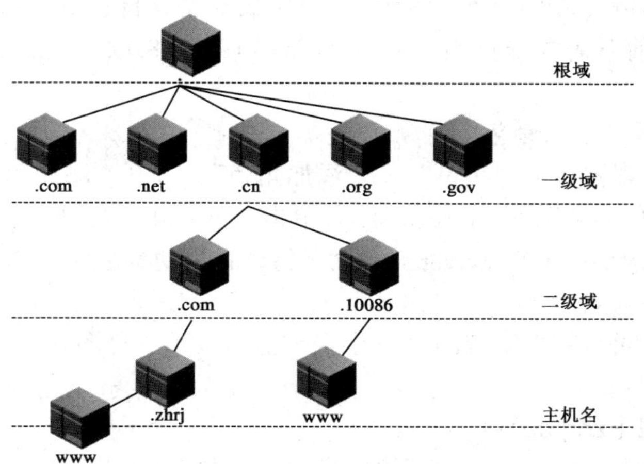

图 6—3—2　DNS 系统分层结构示意图

1. 根域

根域用一个句点“.”表示，实际表示站点地址时通常被省略。根域由 Internet 名字注册授权机构负责把域名空间各部分的管理责任分配给不同的组织，共建整个 DNS 系统。

2. 一级域 / 顶级域

根域的下一级是一级域，也称为顶级域，同样由 Internet 名字授权机构管理。一级域的名称相对固定，主要包括以下三种类型。

（1）组织域，用三个字母表示，含义为某一类组织的主要功能或活动。常见组织域有 .gov（政府部门）、.com（商业组织）、.edu（教育机构）、.org（民间团体或非营利机构）、.net（网络服务单位）、.mil（军事机构）等。

（2）国家或地区域，用 2 个字母表示，含义为某一个国家或地区的代号。常见的国家或地区域有 .cn（中国）、.us（美国）、.kr（韩国）、.hk（中国香港）等。

（3）反向域，这是一个特殊域，固定名称 in-addr.arpa，与倒序的网络地址结合，用来将 IP 地址映射为域名。例如，192.168.1.0/24 网段的反向域为 1.168.192.in-addr.arpa。

3. 二级域

二级域由个人、组织或公司向授权的域名管理机构申请获得，含义通常为申请单位的名称代号。二级域的名称基于相应的顶级域，如中国移动的“.10086.cn”就是基于顶级域“.cn”。二级域下可以包括主机或子域，如“.10086.cn”可包含主机“www.10086.cn”“fetion.10086.cn”，“.com.cn”可包含三级子域“zhrj.com.cn”。

4. 主机名

主机名位于 DNS 分层结构的最底层，与所在的域名结合在一起构成 FQDN（Full Qualified Domain Name，完全合格的域名）。主机名是 FQDN 最左边的部分，例如，“www.zhrj.com.cn”中的“www”是主机名、“zhrj.com.cn”是 DNS 后缀。

任务实施

在 Windows Server 2008 R2 企业版中，DNS 服务器是自带的一种系统角色，将其搭建成 DNS 服务器之前，需要配置固定的 IP 地址（192.168.1.5），然后完成下列相关步骤即可。

1. 添加“DNS 服务器”角色

通过“服务器管理器”→“角色”→“添加角色”，打开“添加角色向导”，勾选名为“DNS 服务器”的角色（见图 6—3—3），然后单击“下一步”按钮，根据向导程序完成安装。成功安装后，系统服务 DNS Server 会自动运行，且启动状态为“自动”。

然后通过“服务器管理器”→“角色”→“DNS 服务器”→“DNS”→“服务器名称（本例中为 W2K8）”，可以对新安装的 DNS 服务器进行管理（见图 6—3—4），接下来的服务配置都可在此界面完成。

2. 创建正向区域（zhrj.com）

（1）右击“正向查找区域”→“新建区域”，可以打开新建区域向导，单击“下一步”按钮后选择创建“主要区域”，如图 6—3—5 所示。

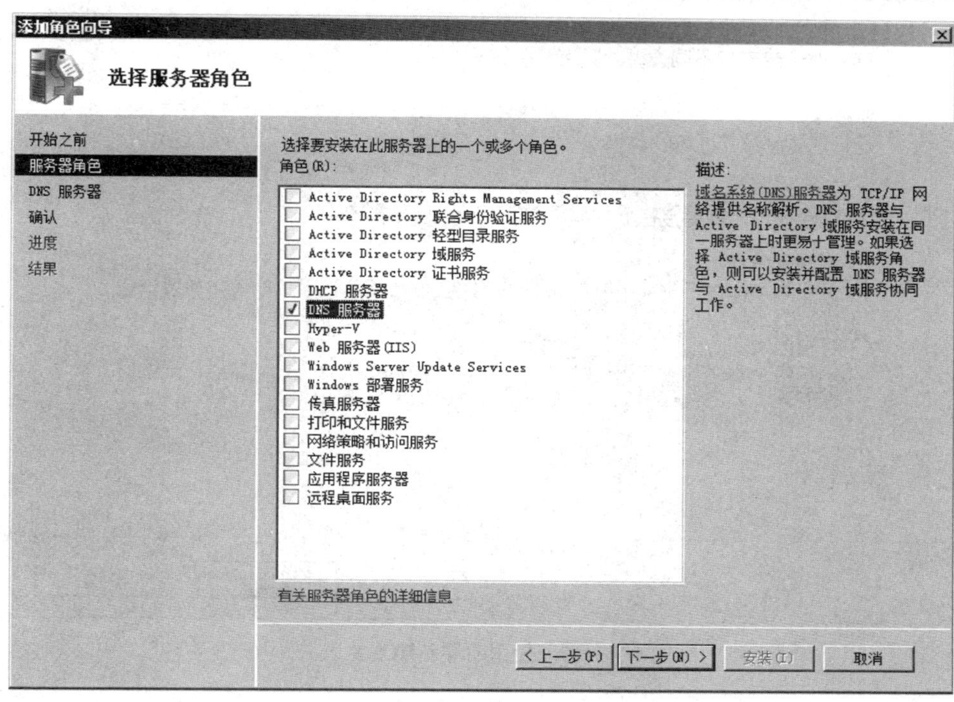

图 6—3—3 添加 DNS 服务器角色

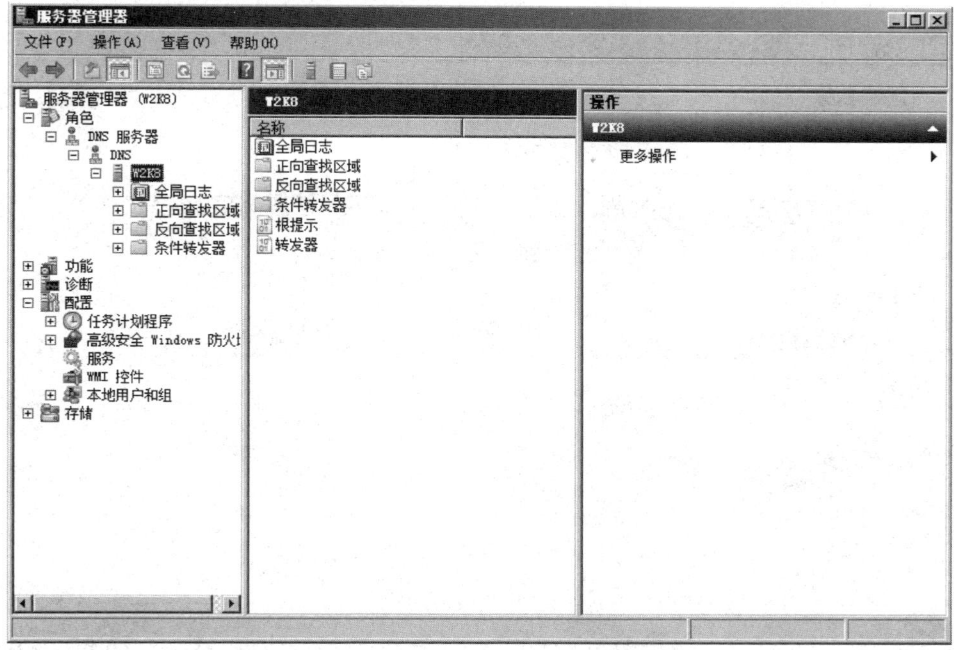

图 6—3—4 管理 DNS 服务器角色

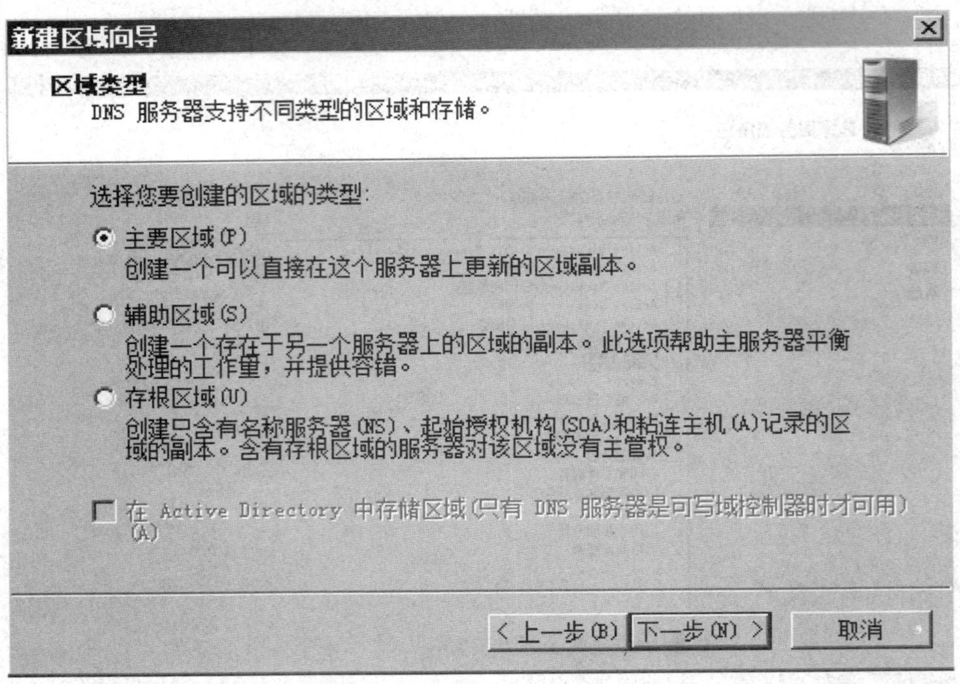

图 6—3—5　使用向导新建主要区域

（2）指定要新建的正向区域所在的区域名（见图 6—3—6），本例中为“zhrj.com.cn”。

（3）根据提示建立新区域的区域文件（见图 6—3—7），名称采用默认值（域名 +.dns）。

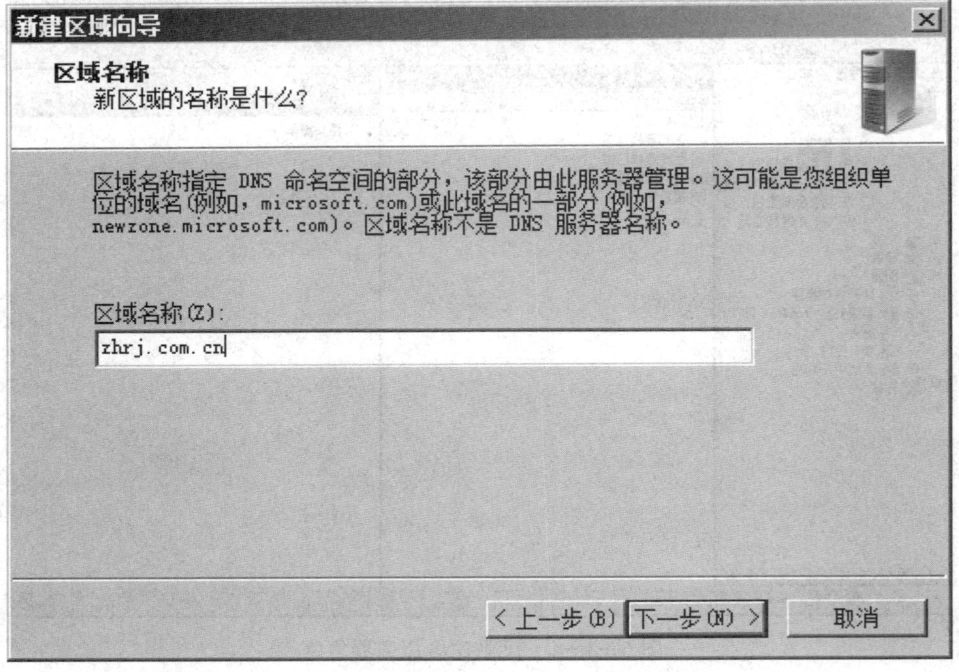

图 6—3—6　指定正向区域的名称

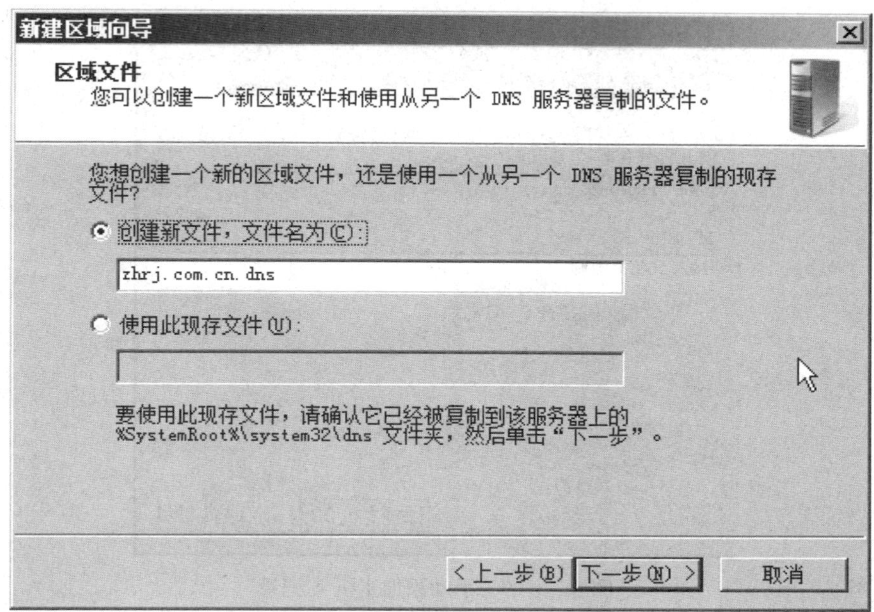

图 6—3—7　创建正向区域的区域文件

（4）接受默认的“不允许动态更新”（见图 6—3—8），在下一步单击“完成”按钮结束创建。

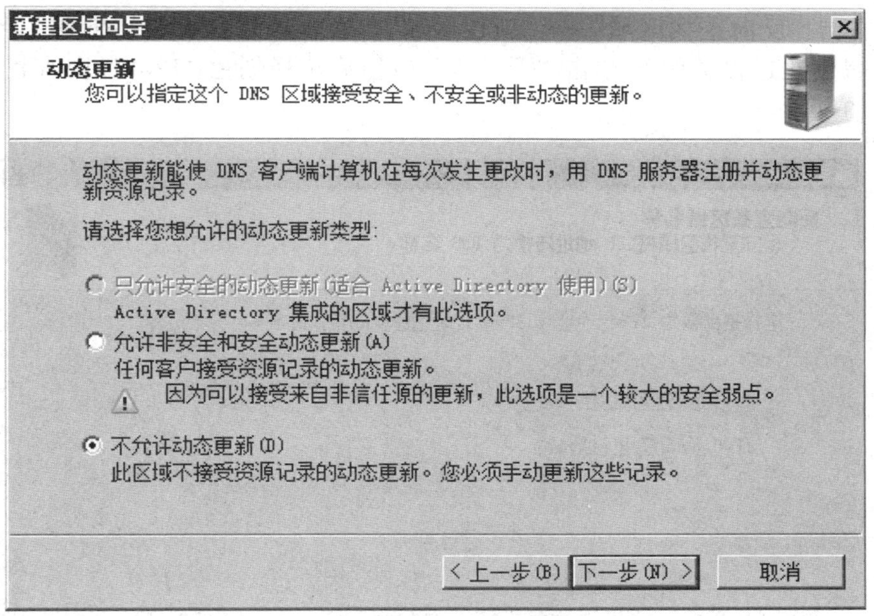

图 6—3—8　不允许动态更新

（5）展开“正向解析区域”，右击“zhrj.com.cn”→“新建主机”可添加主机 A 资源记录。例如添加域名 www.zhrj.com.cn 的主机记录，填上对应的 IP 地址（见图 6—3—9），按类似方法可继续添加域名 prtsvr.zhrj.com.cn 的主机记录。

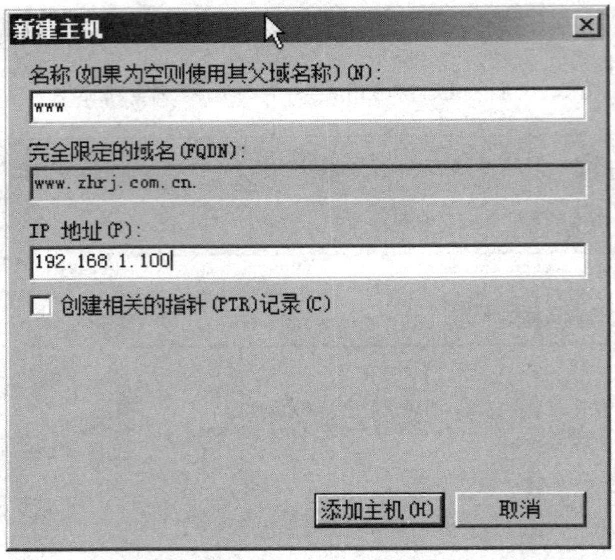

图 6—3—9　手动添加主机 A 记录

3. 创建反向区域（192.168.1.0/24）

如果在添加主机 A 资源记录时勾选了“创建相关的指针（PTR）记录”，则会自动添加对应 IP 所在的反向区域，然后根据需要添加新的 PTR 指针记录就可以了。否则也可以手动添加反向区域，本例中为适用于 192.168.1.0/24 网段的反向区域。

（1）右击“反向查找区域”→“新建区域”，通过新建区域向导创建主区域（方法与正向区域创建过程类似），单击“下一步”按钮后选择创建“IPv4 反向查找区域”，如图 6—3—10 所示。

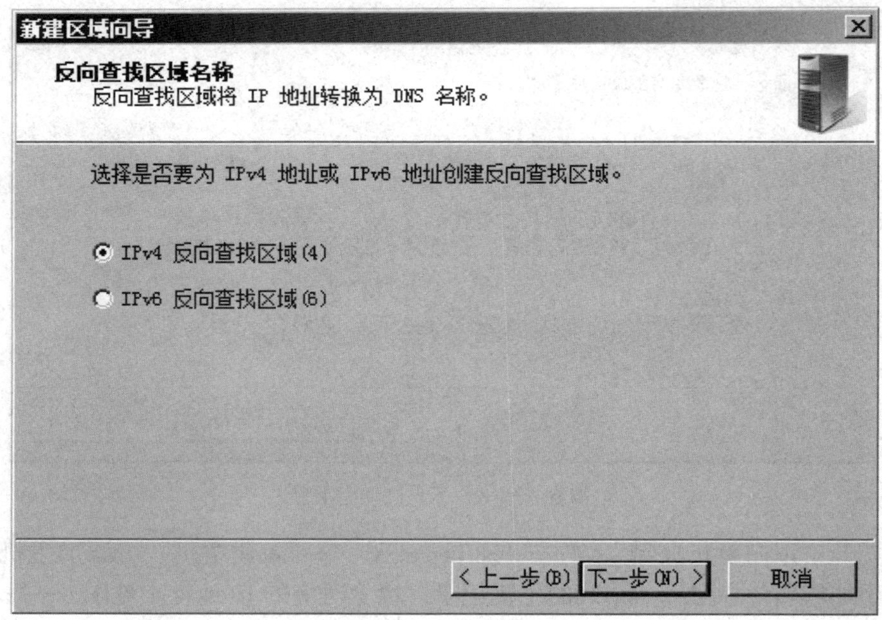

图 6—3—10　添加 IPv4 反向区域

（2）指定要新建的反向区域的名称（见图 6—3—11），本例中为“1.168.192.in-addr.arpa”。

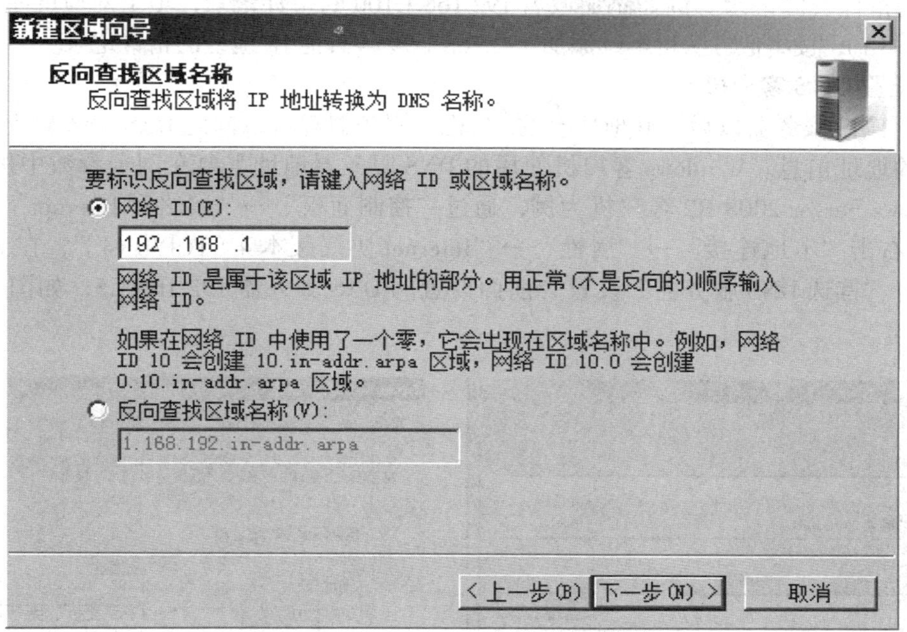

图 6—3—11　指定反向区域的名称

（3）根据提示建立新区域的区域文件（见图 6—3—12），名称采用默认值（域名 +.dns）。

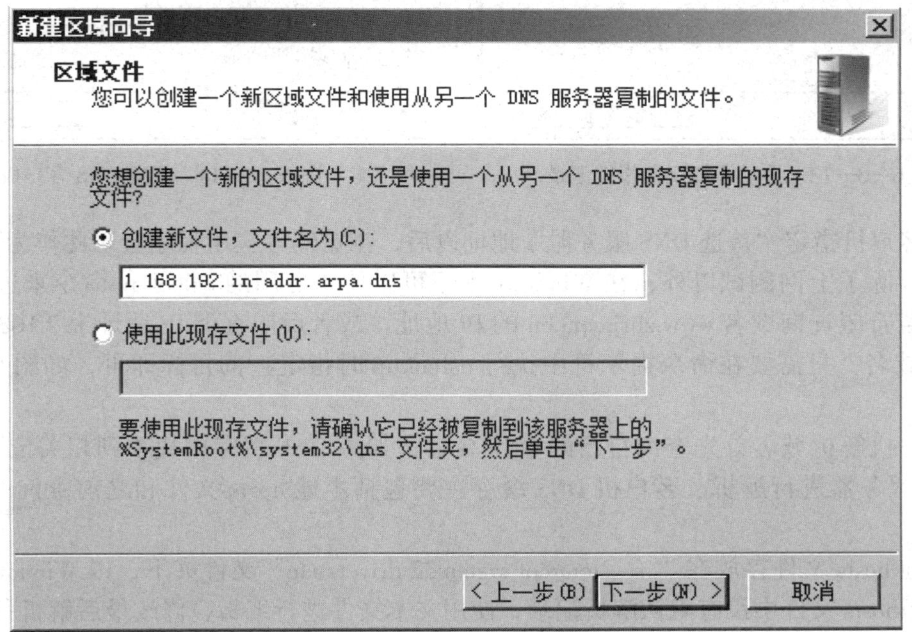

图 6—3—12　创建反向区域的区域文件

（4）接受默认的“不允许动态更新”（见图 6—3—8），单击“完成”按钮结束创建。

（5）展开“反向解析区域”，右击“1.168.192.in-addr.arpa”→“新建指针”可添加 PTR 反向指针资源记录。例如添加域名 192.168.1.100 的指针记录，填上对应的主机名（见图 6—3—13），按类似方法可继续添加 192.168.1.99 等其他 IP 地址的指针记录。

4. 配置 DNS 客户机

有了 DNS 服务器以后，其他所有的 PC 机、服务器都可以向此 DNS 服务器查询网络中各主机的地址信息。Windows 客户机使用的 DNS 服务器地址需要在网卡参数中进行设置，以 Windows Server 2008 R2 客户机为例，通过“控制面板”→“网络和 Internet”→“网络连接”，右击“本地连接”→“属性”→“Internet 协议版本 4（TCP/IPv4）”，在 IP 地址配置窗口将“首选 DNS 服务器”设置为前面设置的 DNS 服务器 192.168.1.5，如图 6—3—14 所示。

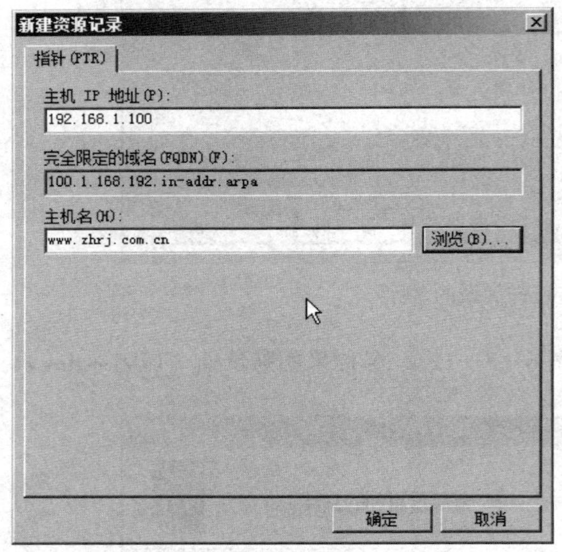

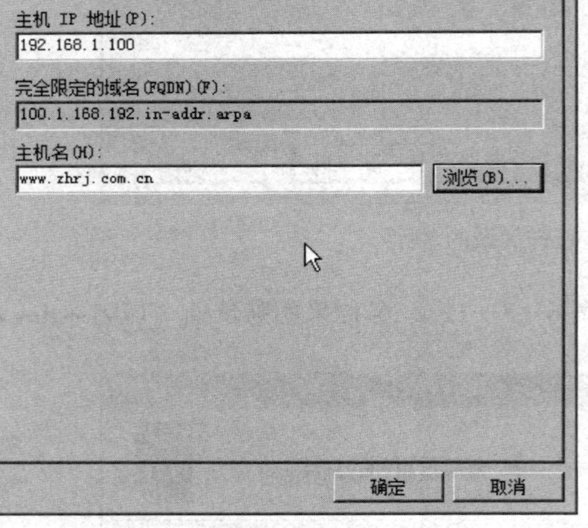

图 6—3—13　手动添加反向指针记录

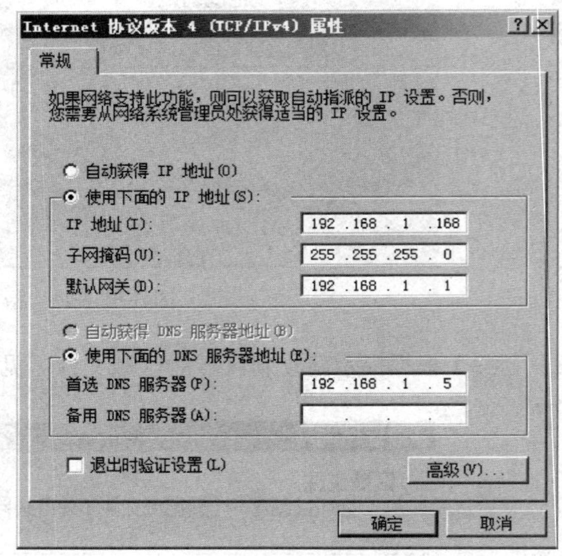

图 6—3—14　配置 DNS 客户机

为客户机指定“首选 DNS 服务器”地址以后，浏览器等应用程序会以此作为默认的解析途径。除了上网测试以外，在 Windows 中还可以使用专用的 nslookup 命令来进行测试。例如，若希望查询域名 www.zhrj.com.cn 的 IP 地址，或者反向查询 IP 地址 192.168.1.100 所对应的域名，只需要在命令提示符中执行 nslookup 时指定查询目标即可，如图 6—3—15 所示。

客户机解析域名首先查询自己的 DNS 缓存，如果 DNS 缓存中找不到相关记录则发送给 DNS 服务器进行解析。客户机 DNS 缓存主要包括本地 hosts 文件和之前查询的 DNS 查询记录。

本地 hosts 文件存放在“%systemroot\system32\drivers\etc”文件夹下，以 Windows 7 客户端为例，hosts 文件中没有默认解析记录，使用文本文件进行编辑，修改最后解析条码示例，删除“127.0.0.1 localhost”行前面的 # 号，即形成一条 127.0.0.1 对应 localhost 的记录，如图 6—3—16 所示。

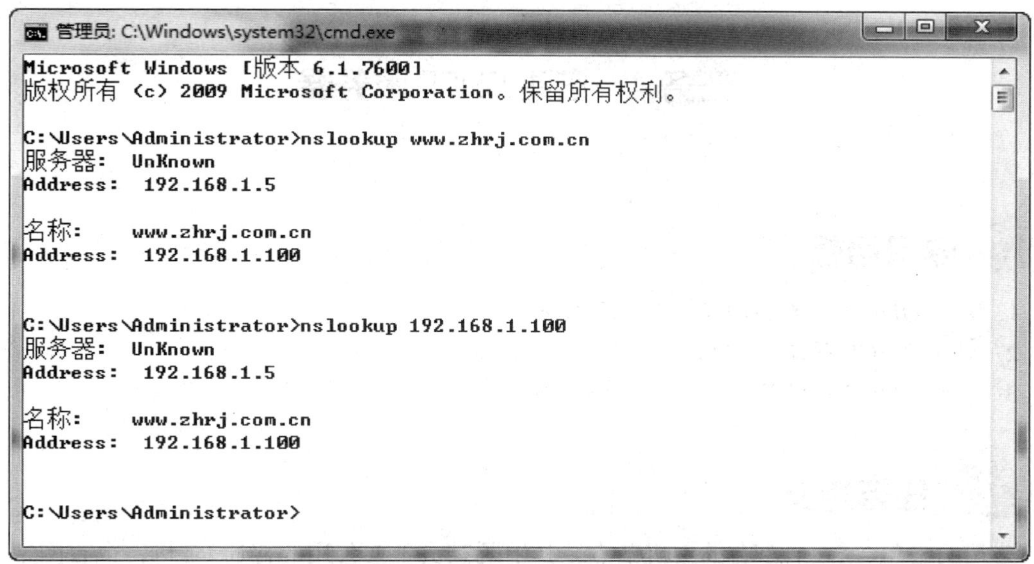

图 6—3—15　使用 nslookup 测试域名解析

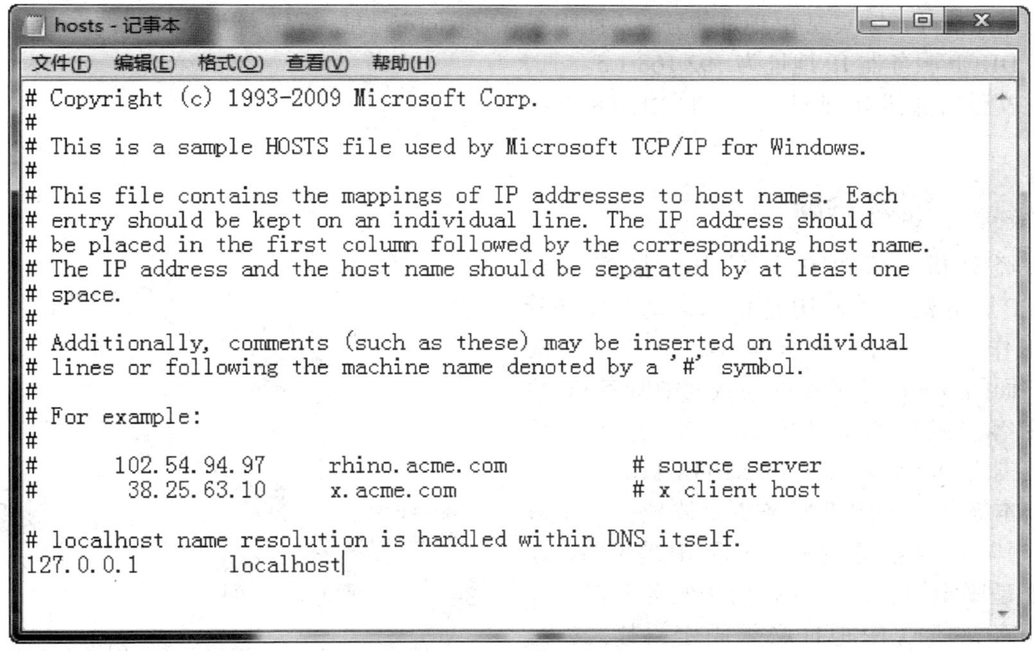

图 6—3—16　hosts 文件

DNS 查询缓存可以使用 ipconfig /displaydns 命令查看，使用 ipconfig /flushdns 命令刷新。刷新 DNS 缓存其实就是清除之前查询记录，刷新后的 DNS 缓存就是 hosts 文件中的记录，当修改 hosts 文件保存时会自动刷新 DNS 缓存。

任务 4　搭建 DHCP 服务器

学习目标

1. 掌握 DHCP 服务器的工作原理和作用。
2. 掌握 DHCP 的工作过程。
3. 掌握 DHCP 服务器与客户端的设置方法。

任务描述

公司网络包含 80 个左右的主机节点，其中既有员工办公用的普通 PC 机，也有网站、邮件、文件及打印等各类服务器。这些服务器都需要配置 IP 地址，考虑到需要配置大量的 IP 地址，为了减轻管理员的工作负担，实现集中管理的目的，同时避免 IP 地址冲突的问题，网络管理员希望能够自动实现 IP 地址的分配。而服务器采取固定地址，服务器地址如下：

DHCP 服务器 IP 地址为 192.168.1.5。

文件服务器 IP 地址为 192.168.1.168。

任务分析

经分析，可以在公司内部搭建一台 DHCP 服务器，实现 IP 地址的自动分发和管理工作。由于公司规模较小，节点大约 80 个，而图 6—4—1 所示的局域网中所有 PC 机作为客户机自动获取 IP 地址。客户机 IP 地址范围为 192.168.1.10 ~ 192.168.1.110。

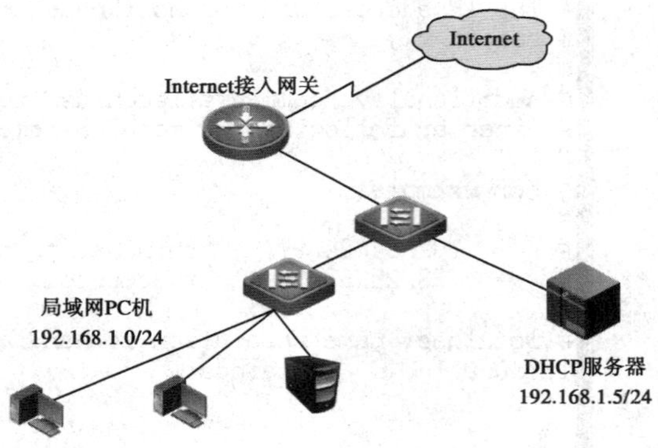

图 6—4—1　DHCP 服务需求网络拓扑图

本案例的 DHCP 服务主要体现在两个方面：其一，当服务器请求分配 IP 地址时，IP 地址是固定的，这主要是由于服务器需要提供服务，所以 IP 地址必须固定；其二，当客户机请求 IP 地址的时候，可以从地址池中租用一个未被租用的地址来使用，地址不用固定。

相关知识

DHCP（Dynamic Host Configuration Protocol，动态主机配置协议）是由 IETF（Internet Engineering Task Force，工程任务小组）设计开发的，专门用于为 TCP/IP 网络中的计算机自

动分配 TCP/IP 参数的协议，使用 DHCP 服务可以避免因手工设置 IP 而产生的错误，同时也避免了由于 IP 地址前期未规划，导致一个地址被反复使用而产生地址冲突的问题。DHCP 提供了相对安全、可靠的 TCP/IP 网络设置，在降低管理员工作负担的同时，也极大地降低了配置 IP 地址的负担。

任务实施

公司部署一台 DHCP 服务器实现 IP 地址自动分发，方便网络管理员管理。

DHCP 服务器参数设置如下：

➢ 客户端获得的 IP 地址范围为 192.168.1.10 ~ 192.168.1.110，掩码为 255.255.255.0。

➢ 服务器采用固定 IP 地址。

■ DHCP 服务器，IP 地址为 192.168.1.5。

■ 文件服务器，IP 地址为 192.168.1.168。

在 Windows Server 2008 R2 企业版中，DHCP 服务器是自带的一种系统角色，将其搭建成 DHCP 服务器之前，需要配置固定的 IP 地址（192.168.1.5），然后完成下列相关步骤即可。

1. 添加“DHCP 服务器”角色

（1）通过“服务器管理器”→“角色”→“添加角色”，打开“添加角色向导”，勾选名为“DHCP 服务器”的角色（见图 6—4—2），然后单击“下一步”按钮。

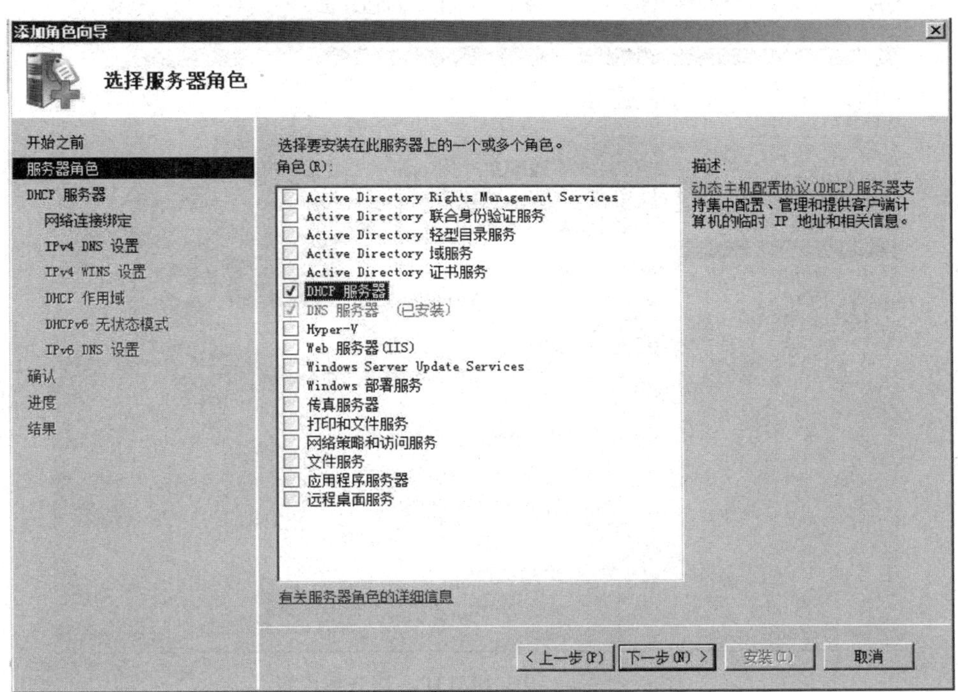

图 6—4—2　添加 DHCP 服务器角色

（2）在“选择网络连接绑定”界面中选择用户向客户机提供 DHCP 服务的网络连接，单击“下一步”，如图 6—4—3 所示。

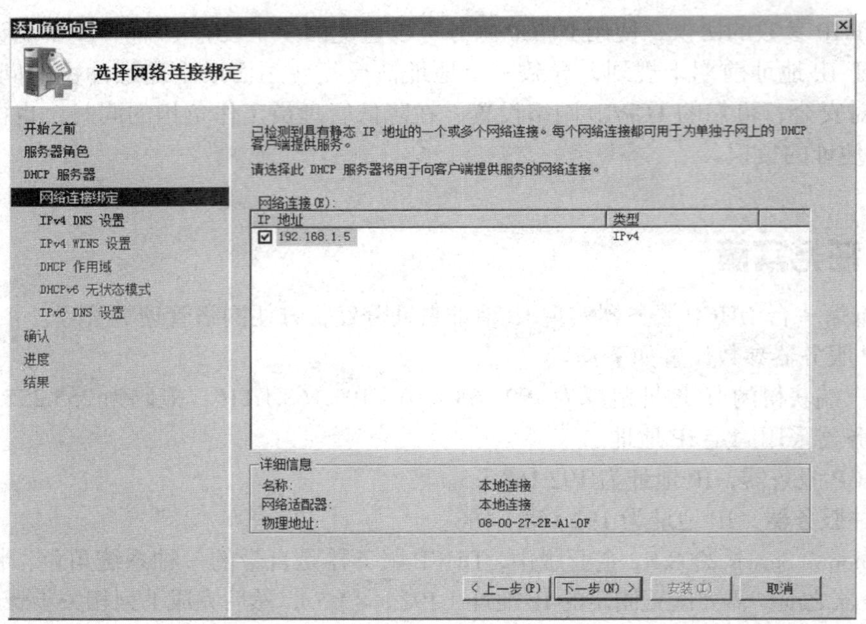

图 6—4—3　指定网络连接绑定

（3）在“指定 IPv4 DNS 服务器设置”界面中，不添加父域名和 DNS 服务器地址，直接单击“下一步”，如图 6—4—4 所示。后续再设置 DNS 信息。

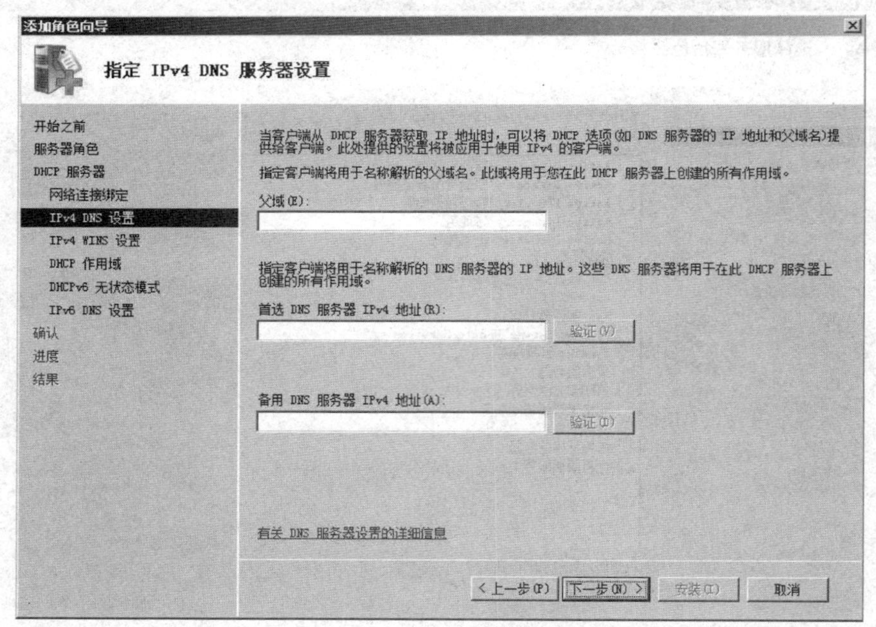

图 6—4—4　指定 IPv4 DNS 服务器设置

（4）因为当前网络中没有 WINS 服务器，所以在图 6—4—5 所示的界面中，选择“此网络上的应用程序不需要 WINS”。需要注意，WINS 是 IP 地址和计算机名之间的映射关系，此部分内容本书不做详细讨论。

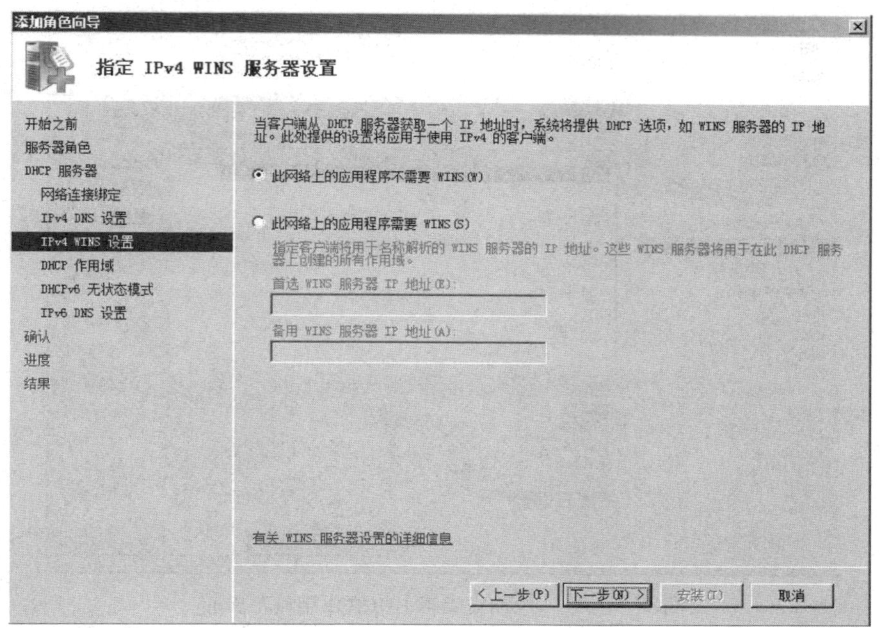

图 6—4—5　指定 IPv4 WINS 服务器

（5）在“添加或编辑 DHCP 作用域”窗口中单击“添加”，在“添加作用域”的界面中，指定可以分派的地址段范围。在“添加作用域”的内容中，需要输入作用域的名称、起始 IP 地址、结束 IP 地址，并选择正确的子网类型［这里选择“有线（租用持续时间将为 8 天）”］，同时勾选“激活此作用域”，如图 6—4—6 所示。

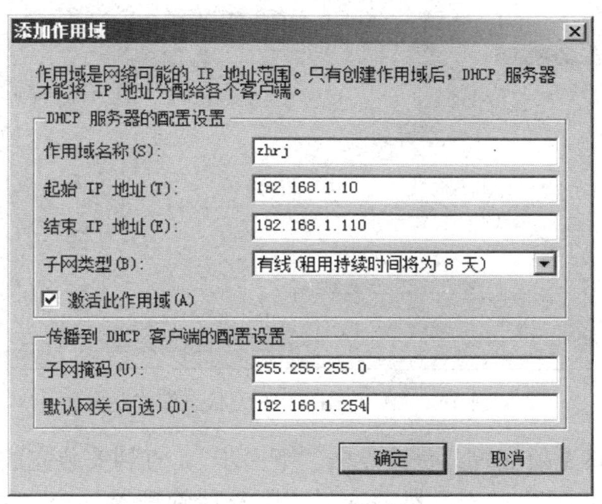

图 6—4—6　添加 DHCP 作用域

（6）在添加或编辑完作用域之后，可以在“添加或编辑 DHCP 作用域”界面中，查看到定义好的作用域信息，如图 6—4—7 所示。

（7）在“配置 DHCPv6 无状态模式”界面中，选择“对此服务器禁用 DHCPv6 无状态模式”，如图 6—4—8 所示。

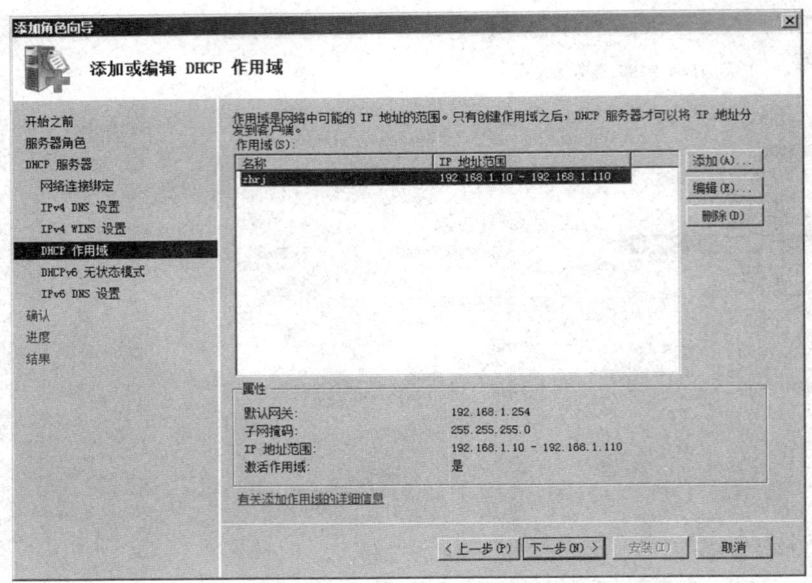

图 6—4—7 “添加或编辑 DHCP 作用域”界面

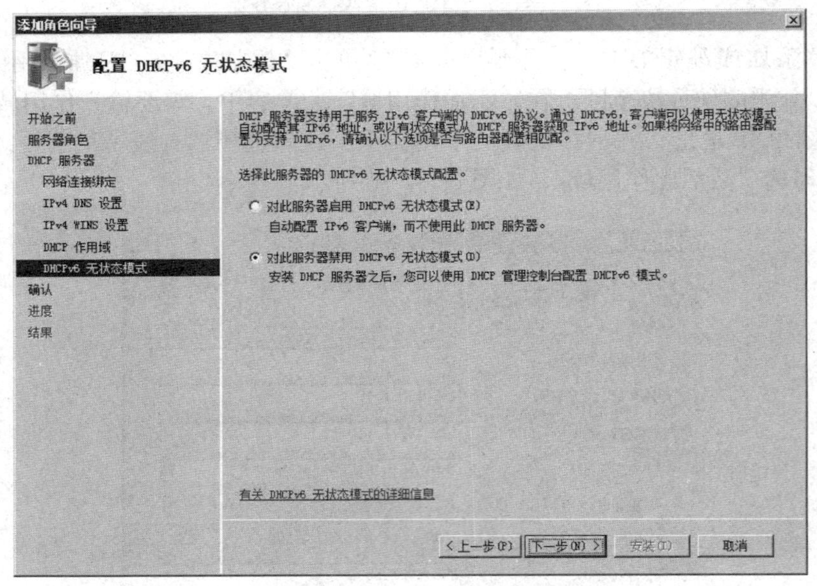

图 6—4—8 “配置 DHCPv6 无状态模式”界面

（8）接下来的步骤无须配置，直接点击“下一步”，直到安装完成。安装完成后，单击“关闭”，完成整个安装配置过程。然后通过“服务器管理器”→“角色”→“DHCP 服务器”→“dhcp-svr”，对新安装的 DHCP 服务器进行管理（见图 6—4—9），接下来的服务配置都可在此界面完成。

2. 管理作用域

DHCP 的作用域其实就是一段 IP 地址的范围。作用域将决定 DHCP 服务可以分配哪些 IP 地址给客户机。在每一个 DHCP 服务器中应至少有一个作用域，这样才能保证有 IP 地址可以进行分配。但是当需要有多个网段同时分配 IP 地址的时候，也可以同时建立多个作用域。

在 Windows Server 2008 R2 上安装 DHCP 服务器时，默认会建立一个作用域（步骤 5 中提及的 192.168.1.10 ~ 192.168.1.110），在安装完成后可以创建多个 DHCP 作用域。

（1）新建作用域

1）选“新建作用域”命令。打开 DHCP 控制台，展开左侧窗口的节点树，点击“IPv4”，在弹出的菜单中选择“新建作用域”，如图 6—4—9 所示。

2）输入作用域名称。作用域名称用于帮助管理人员识别作用域的应用范围和目的，这里输入“172.16.0.150–250”，如图 6—4—10 所示。

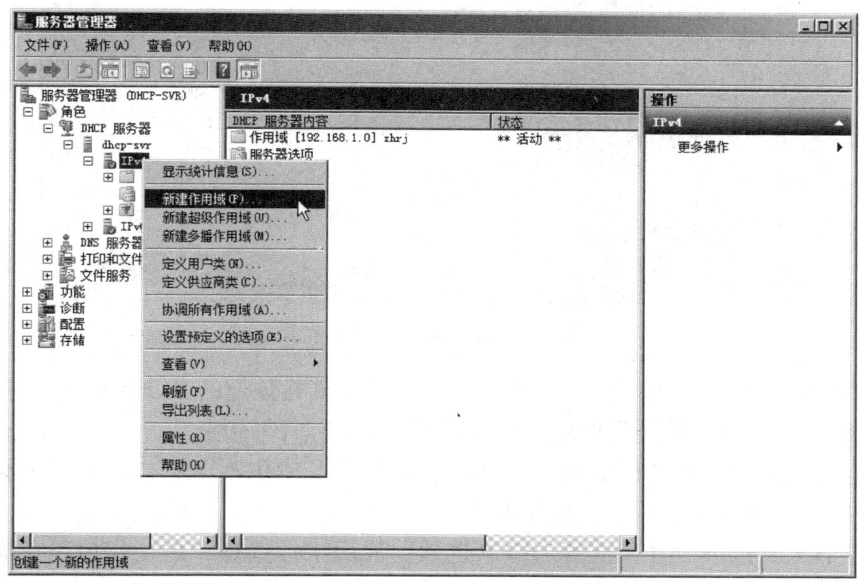

图 6—4—9　管理 DHCP 服务器角色

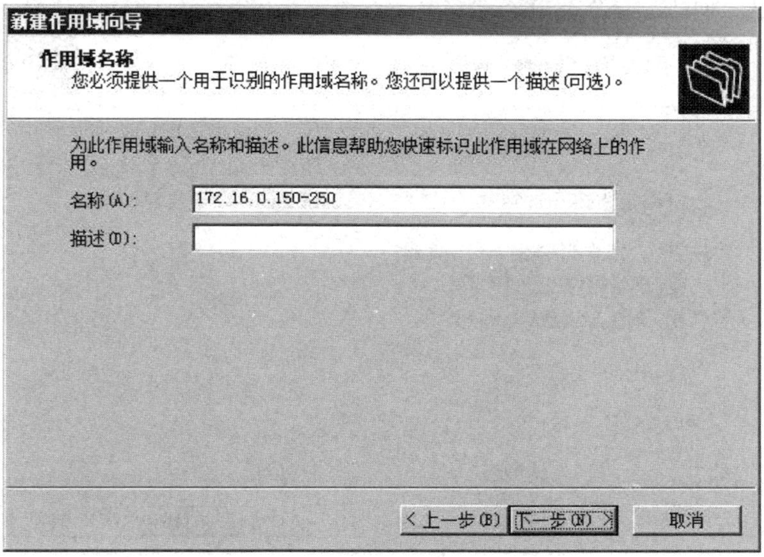

新建作用域向导

作用域名称

您必须提供一个用于识别的作用域名称。您还可以提供一个描述(可选)。

为此作用域输入名称和描述。此信息帮助您快速标识此作用域在网络上的作用。

名称(A): 172.16.0.150-250

描述(D):

< 上一步(B)　下一步(N) >　取消

图 6—4—10　输入作用域名称

3）输入 IP 地址范围。在“IP 地址范围”中输入起始和结束地址，如图 6—4—11 所示。

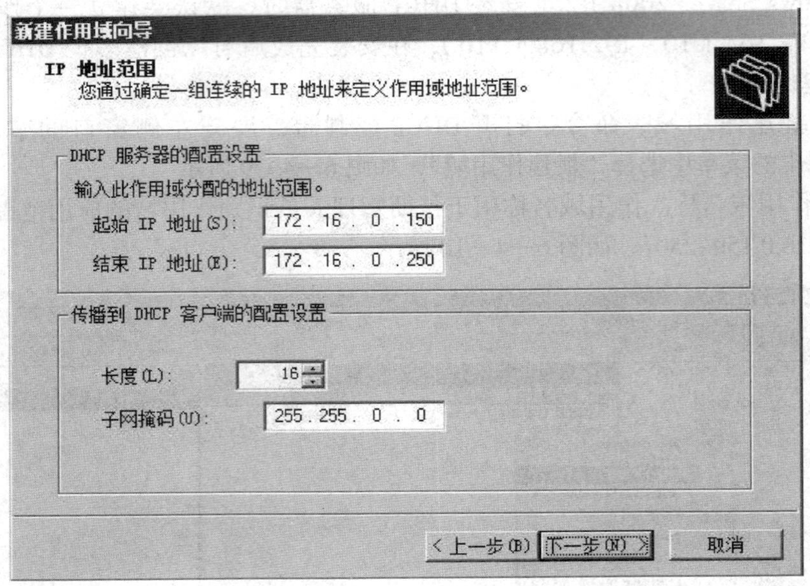

图 6—4—11　输入 IP 地址范围

4）添加排除。在“添加排除”界面中，输入需要排除分配的 IP 地址范围。排除的地址范围不会被服务器分配。该公司此处不需要配置，单击“下一步”。

5）指定租用期限。在“租用期限”界面中输入希望 DHCP 分配的 IP 地址的租用期，默认为 8 天（如果没有特殊的需求，按照默认值即可），单击“下一步”。

6）配置 DHCP 选项。在“配置 DHCP 选项”界面中，选择“是，我想现在配置这些选项”，单击“下一步”，如图 6—4—12 所示。

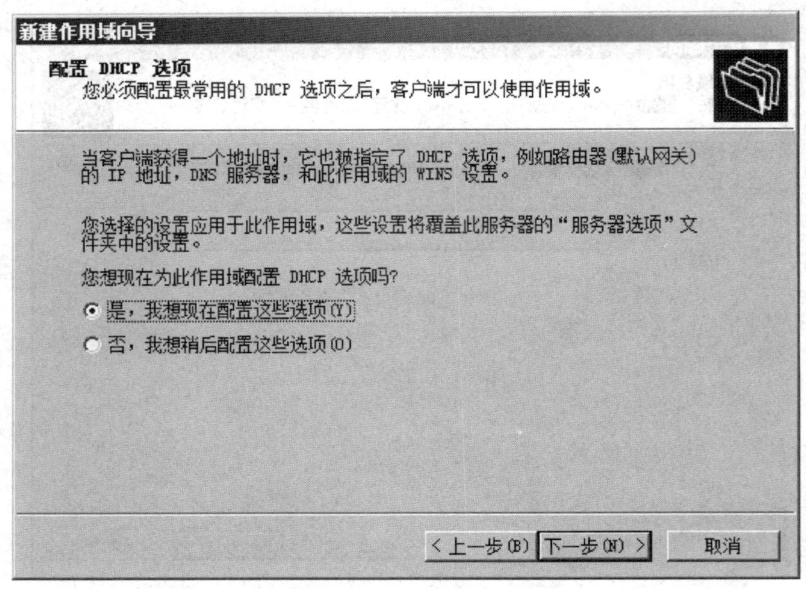

图 6—4—12　配置 DHCP 选项

7）配置路由器（默认网关）。在“路由器（默认网关）”界面中添加分配给客户端 IP 地址所使用的网关，如图 6—4—13 所示。

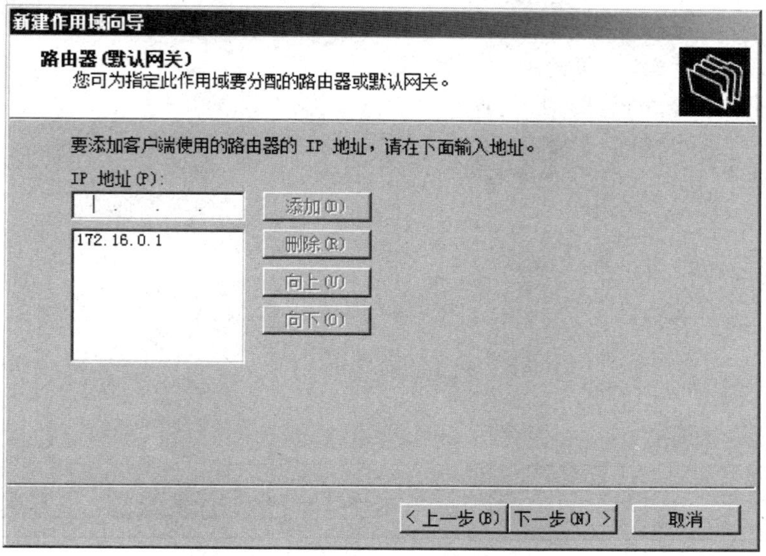

图 6—4—13　配置默认网关

8）配置 DNS 服务器。在客户端获得 IP 地址信息中需要获得 DNS 地址相关信息才能正常访问网络，在“域名称和 DNS 服务器”中填入 DNS 服务器地址，在验证 DNS 服务器工作正常后才能添加成功，如图 6—4—14 所示。

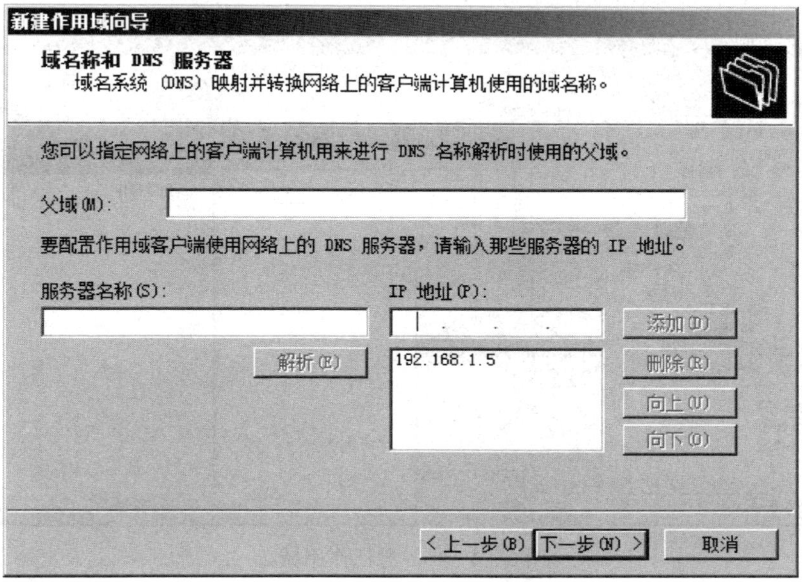

图 6—4—14　配置 DNS 地址

9）配置完成。由于没有 WINS 服务器，所以在“WINS 服务器”界面不配置，单击“下一步”，选择激活作用域，如图 6—4—15 所示。再单击“下一步”完成作用域的创建。

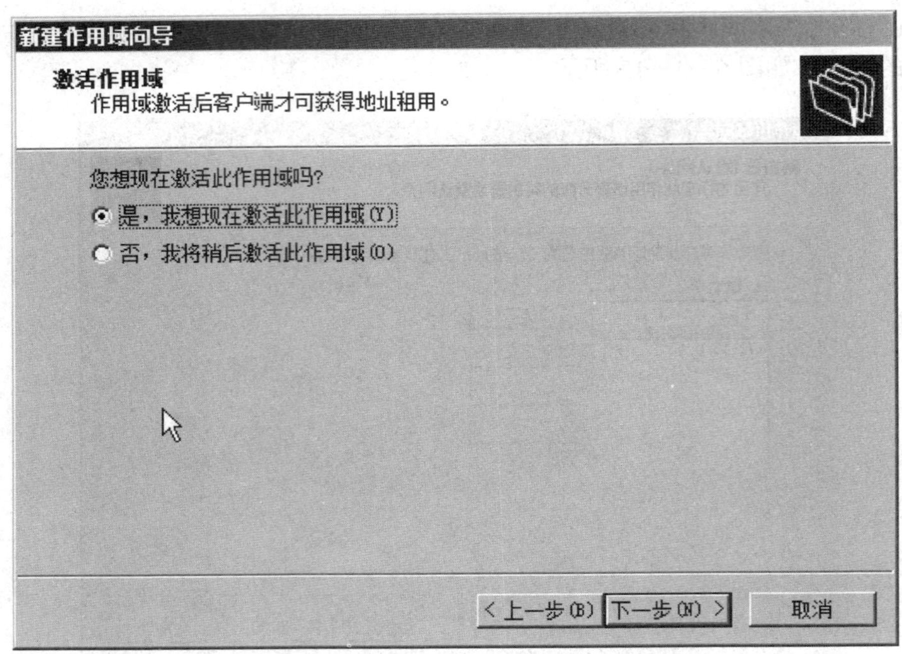

图 6—4—15　激活作用域 1

（2）配置作用域相关参数

如果在作用域创建过程中没有进行激活，则新建的作用域在 DHCP 控制台中显示为不可用，需要激活作用域，才能提供地址分配的功能。右击“作用域”，在弹出的快捷菜单中单击“激活”选项，完成激活操作，如图 6—4—16 所示。

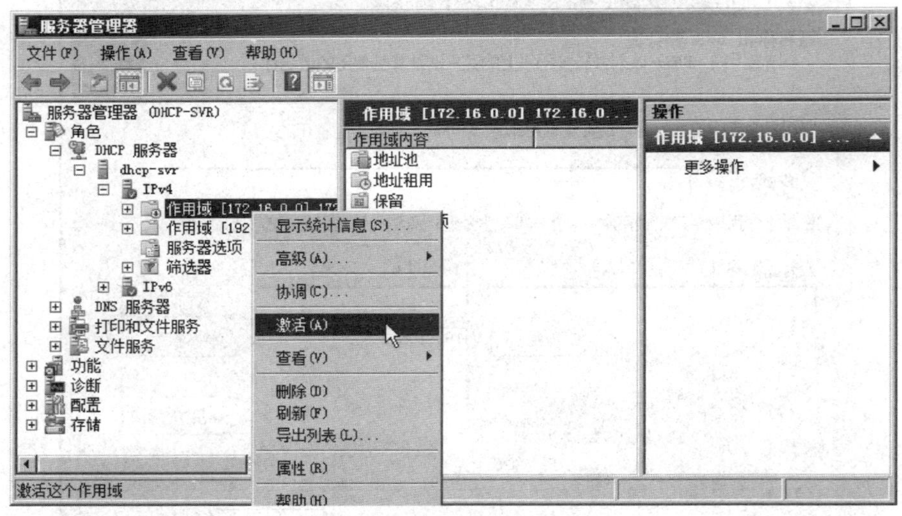

图 6—4—16　激活作用域 2

同样，如果在创建作用域的过程中在图 6—4—12 中选择的为“否，我想稍后配置这些选项”，可以在创建作用域完成后进行配置。如图 6—4—17 所示，在“作用域”下右击“作用域选项”，选择“配置选项”，在出现的图 6—4—18 中配置作用域选项。

003 路由器：为配置的默认网关。

006 DNS 服务器：为配置的 DNS 服务器 IP 地址。

需要注意，在图 6—4—17 中可以看到在 IPv4 服务器中存在的服务器选项与作用域中的作用域选项配置内容相同。服务器选项作用范围为整个 IPv4 服务器中所有的作用域，而作用域选项的作用范围为本作用域。当服务器选项与作用域选项配置冲突时，作用域选项优先级高于服务器选项。在作用域中的保留选项中也可以配置上述内容，其作用范围为保留的范围。

例如，当 IPv4 服务器存在作用域较多时，可以通过服务器选项统一配置 DNS 地址，而通过作用域选项配置每个作用域的默认网关。

3. 配置 DHCP 客户机

有了 DHCP 服务器以后，其他所有的计算机、服务器都可以向此 DHCP 服务器请求 TCP/IP 信息了。Windows 客户机使用的 DHCP 服务器地址需要在网卡参数中进行设置，以 Windows Server 2008 R2 客户机为例，通过“控制面板”→“网络和共享中心”→“更改适配器设置”，右击“本地连接”→“属性”→“Internet 协议版本 4（TCP/IPv4）”，在 IP 地址配置窗口中选择“自动获得 IP 地址”和“自动获得 DNS 服务器地址”，如图 6—4—19 所示。

当客户机从 DHCP 服务器获得 IP 地址以后，可以使用多种方法查看地址租约信息。

（1）使用“ipconfig”命令。

（2）使用 DHCP 控制台。

在 DHCP 服务器上打开 DHCP 控制台，展开左侧窗口的节点树，选择“地址租用”，可以查看到有多少客户端从服务器上获得了 IP 地址，以及客户端获得的 IP 地址、租用截止日期等信息，如图 6—4—20 所示。

配置完成后，公司内部员工通过 DHCP 服务器自动获得 IP 地址，并且确保了服务器使用固定的 IP 地址。

图 6—4—17　选择配置选项

图 6—4—18　配置作用域选项

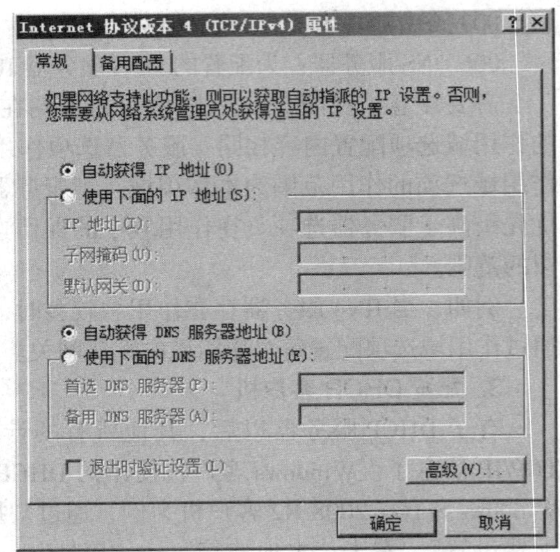

图 6—4—19　配置 DHCP 客户机

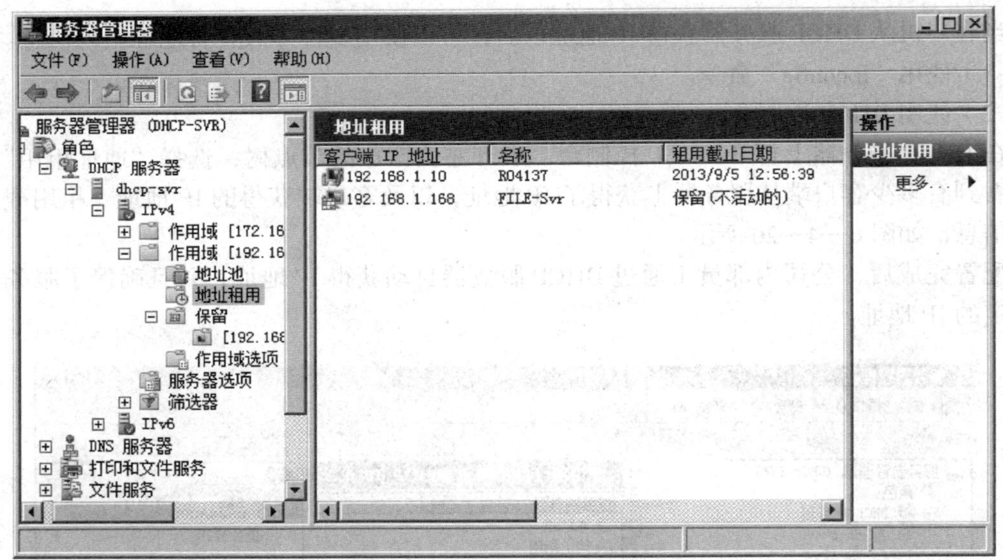

图 6—4—20　查看地址租用信息

巩固练习

一、选择题

1. 下列关于 Windows Server 2008 R2 安装说法正确的是________。

A. 由于 Windows Server 2008 R2 只有 64 位版本，所有安装过程必须采用全新安装，不能升级安装

B. 在安装过程中可以选择完全安装或服务器核心安装

C. 安装完成后必须为 Aministrator 用户设置密码才可以登录

D. 在安装过程中可以创建用户，第一次登录使用创建的用户登录

2. 在安装完成 Windows Server 2008 R2 系统后，系统内置的账户为________。

A. Administrator　　B. Users

C. Guest　　D. Guests

3. 文件服务器名称为 Server001，IP 地址为 192.168.100.1，共享文件夹共享名为 file01，那么要在其他计算机通过 UNC 路径访问该共享文件夹，UNC 路径可以为________。

A. //file01　　B. //file01/Server001

C. //Server001/file01　　D. //192.168.100.1/file01

4. 默认情况下，下列关于打印权限说法正确的是________。

A. Everyone 可以打印文档

B. 客户端打印的文档，自己不能取消

C. 不添加权限的情况下，任何人都不能通过网络打印文件

D. Everyone 可以管理文档

5. 一台打印设备对应两台逻辑打印机，其中一台逻辑打印机优先级设置为 10，若要设置另一台逻辑打印机优先级高于前一台，则优先级应该设置为________。

A. 0　　B. 1

C. 99　　D. 100

6. 关于逻辑打印机优先级说法错误的是________。

A. 优先级数字越低优先级别越高，即优先级为 1 为最高优先级

B. 当打印服务器接收到优先级高的打印作业时，会立刻暂停当前打印作业，开始优先级高的打印作业

C. 当打印服务器接收到优先级高的打印作业时，会等待当前打印作业完成后再开始优先级高的打印作业

D. 优先级数字越高优先级别越高，即优先级为 99 为最高优先级

7. 在 DNS 域名解析应用中，FQDN 的正确组成是________。

A. 主机名　　B. 主机名 .DNS 后缀

C. DNS 后缀　　D. DNS 后缀 . 主机名

8. 配置 DNS 服务器时，资源记录________定义了当前区域的邮件服务器的 IP 地址。

A. PTR　　B. MX

C. CNAME　　D. NS

9. 在 DHCP 应用中，Windows 客户机可以运行________命令来强制更新 IP 租约。

A. ipconfig /all　　B. ipconfig /release

C. ipconfig /renew　　D. dhclient /restart

二、简答题

1. 请完成任务一中任务实施所有内容，并验证配置结果。

2. 通过“打印管理”完成项目任务实施。

3. 说明如何通过调整打印优先级实现经理账户优先打印。
4. DNS 的递归查询、迭代查询分别是怎样的一个过程?
5. 如果所有本地连接都未指定首选 DNS 服务器，nslookup 命令的查询结果会是怎样?
6. 完成其他 DNS 域名解析的配置，并进行验证。
7. 简述 Windows Server 2008 R2 中 DHCP 服务的工作原理。

项目七　保障计算机网络安全

随着网络技术的发展和普及，网络已经进入社会的每个角落。网络使得人们逐步改变了在生活、工作、学习、娱乐中的交流方式，使得社会向着信息化时代迈进，为社会、企业带来巨大利益。与此同时，计算机病毒、网络攻击、机密信息泄密、个人账户被盗等事件的频繁出现也逐步暴露出网络带来的问题。信息安全已经成为现代信息化企业急需解决的头等大事，也是信息技术行业最为人们关注的问题。

任务　加固公司网络安全

学习目标

1. 掌握信息安全的概念。
2. 掌握信息安全中物理安全、系统安全、网络安全和数据安全的作用。
3. 掌握防火墙的概念、分类和个人防火墙的设置方法。
4. 掌握 Symantec Endpoint Protection 企业版的设置方法。

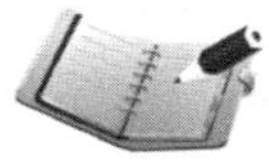

任务描述

网科科技有限公司随着不断发展扩大、信息化建设的完成，信息安全也成为公司需要解决的主要问题。

网科科技有限公司有两名网络管理员，主要负责公司网络、计算机、服务器的维护工作。两名网络管理员工作认真负责，公司计算机、网络也一直运行稳定。但是，随着公司业务发展、市场扩大，公司人员也越来越多（接近 300 人），公司信息点（终端、服务器）已达近 400 个（为公司初期规模的 3 倍）。

同时，随着公司规模变大，信息安全问题也越来越突出，任何机密信息的泄露，用户、研发数据的丢失都将给企业带来巨大的损失。IT 维护部门当前急需解决的问题是公司人员增多、终端混乱、网络攻击、病毒泛滥等问题，以确保 IT 系统正常运行和机密信息安全。另外，随着人员的增多，网络管理员工作量也成倍增长，在公司中经常出现员工计算机有问题，但维护慢的情况。

为了解决网络安全风险，IT 运行维护部门希望通过改变管理模式，集中化管理网络计算机安全问题。同时，通过集中化管理来减少计算机故障，有效减少网络管理员的工作量。

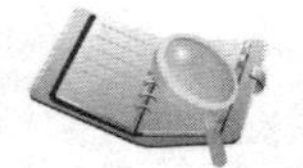

任务分析

通过对网络管理员工作内容的梳理和分析，为改变工作模式和管理模式提供充分依据。网络管理员现有工作内容及其占用时间比例如图 7—1—1 所示。

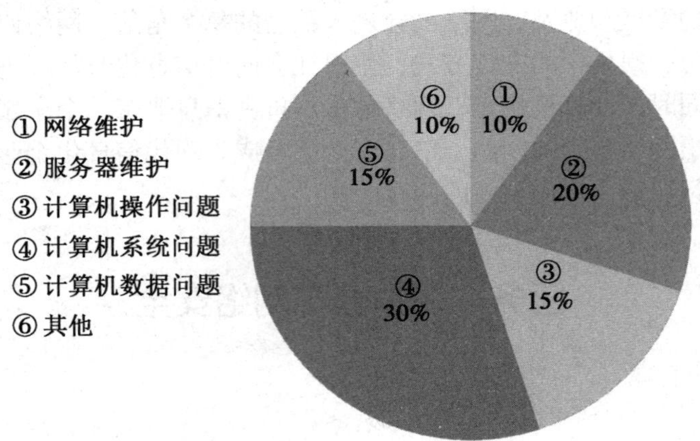

图 7—1—1　运行维护工作组成

在维护工作中，计算机终端维护占据的比例最大，进一步分析如下：

1. 终端维护工作内容

（1）计算机系统问题

包括系统文件丢失、病毒等。

（2）计算机数据问题

包括误删数据、病毒导致数据丢失等。

（3）计算机操作问题

包括误操作导致的问题，打开有病毒的网站、邮件等。

根据之前工作统计，造成上述问题的主要原因为系统问题、软件问题、误操作问题及病毒问题。其中，病毒、软件等经常出现大面积问题，例如病毒导致某部门断网，部分人员尝试安装一款新软件而被植入木马等。

2. 服务器维护

主要是例行任务的检查服务器运行情况，大多数问题都是网络黑客攻击、病毒引起的服务器故障。

3. 网络维护

正常情况下网络设备运行较为稳定，一般情况不需要进行调整，为了增加网络安全可以在网络中添加安全设备。

从上述工作内容可以看出，网络维护工作主要部分是由计算机终端病毒、误操作引起。虽然在员工入职配置计算机时会为每台计算机安装杀毒软件，但是由于员工安全意识不足，很多计算机上的杀毒软件形同虚设（实时监控关闭、病毒库没有更新、不做定期扫描等），导致出现大量由于病毒原因造成的计算机故障、数据丢失等问题。而针对公司目前安全需求暂时不需要在网络中添加安全设备。

为了解决此问题，网络管理员通过对安全软件的研究，决定采用企业版安全软件代替现有单机版安全软件，实现安全软件的统一管理。

对于服务器来说，网络攻击、病毒也是其产生问题的主要原因，在服务器上部署企业版安全软件也能有效地提高服务器安全等级。

除此之外，针对员工误操作，网络管理员决定每周计算机技术培训计划，提高员工计算机操作能力，减少误操作。同时，对于重要数据在 FTP 服务器上开辟单独备份区域，要求员工定期进行备份操作，确保数据安全。

相关知识

一、信息安全概述

互联网的开放性使得其得到了迅速发展，所有接入互联网的计算机都可以从网络中获取信息或共享信息。但是，互联网的这种开放性也给信息安全带来了隐患，网络黑客泛滥、网络攻击犯罪越来越多、各种服务器系统入侵等给计算机信息安全带来了前所未有的挑战。在 2011 年出现的部分知名网站账号泄密事件，涉及数千万用户信息。随着企业信息化建设，越来越多机密信息（研发、销售、用户资料等）储存在服务器，为了确保这些信息的安全，很多企业专门招聘安全技术人员来加固企业网络、系统安全。

信息安全的本质就是在安全期限内不允许非授权用户访问，而授权用户可以进行访问，同时还需要保障信息存放的安全可靠。即通过技术和管理方式保护计算机软硬件、数据等不被偶然或恶意的原因破坏、更改、窃取。

网络发展早期信息安全问题主要局限于各种病毒的防护，但是随着计算机网络的发展，在病毒之外，防护更多的是木马入侵、漏洞扫描、黑客攻击、DDoS 等新型攻击手段。威胁信息安全的因素是多方面的，所以防护也从不同层面进行加固，主要包括物理安全、系统安全、网络安全、数据安全等。

1. 物理安全

物理安全是信息安全的基础，如果设备的物理安全得不到保障，例如服务器、网络设备遭到人为非法破坏，那么其他一切安全措施都没有意义。物理安全是保障物理设备有一个安全的物理环境不受人为或自然事件的损坏，或者出现毁坏后是否能够及时进行替换或修复。

为了确保设备的物理安全，需要对放置设备的空间进行细致周密的规划，对设备在物理层面加以严格保护，排除各种不安全因素。

在一般企业中，服务器、网络设备一般放置在机房中，计算机、打印机等终端一般放置在办公环境中。物理安全加固措施较多，下面列出了部分物理安全加固措施。

（1）机房安全

1）物理安全。防盗门（或安全门）、隔离墙建设，做防水、防火保护，重要设备采用防盗措施。

2）环境安全。针对温度、湿度、尘埃、噪声、静电、电源、电磁干扰等确保符合要求，使环境适合设备稳定运行。

3）人员管理。核心机房、重要机房可以安排人员值守，其他机房安排人员定期巡检，禁止非授权人员接触设备。

（2）办公环境设备安全

1）计算机机箱上锁，避免随意拆卸设备。

2）计算机设置 BIOS 密码，禁用光盘、U 盘等移动设备。

3）打印机、复印机由专人负责操作和维护。

（3）设备安全

1）重要设备采取冗余配置，当设备出现故障时可以迅速进行替换。

2）关闭网络设备闲置端口。

3）重要服务器、设备配置 UPS 电源或双路供电，避免设备掉电造成数据丢失或系统崩溃。

不同的企业采取的安全措施也不相同，企业都有一套自己执行的标准。同时，我国也有针对计算机环境、机房环境的国家标准可以进行参考。

2. 系统安全

系统安全为保证计算机使用系统、软件的完整不被破坏或泄密，能正常运行。虽然系统和软件为我们使用计算机提供了简单易用的界面，但这也为信息安全带来了很大的隐患。例如，系统或软件自身存在缺陷就可能使用户能够绕过设置的安全措施直接访问机密信息；或由于软件故障导致计算机崩溃，造成数据丢失等情况。

（1）影响系统安全的主要因素

1）系统漏洞。由于软件程序的复杂性和编程的多样性，软件总会有意无意就会留下一些安全漏洞。黑客利用这些漏洞来危害被攻击者的网络及数据。如微软公司每月都会对 Windows 系列操作系统进行补丁的更新、升级，目的是修补其漏洞，避免黑客利用漏洞进行攻击。

2）账号权限。账号是进入系统 / 软件的一道关键屏障，有些黑客通过不断地测试账号和密码，通过暴力破解（穷举）的方式对系统进行攻击，当系统 / 软件设置的账户、密码过于简单或长期没有修改过密码时，就会被这种攻击破解造成损失。同时，在分配权限时也应该谨慎小心避免为用户配置额外的权限。

3）病毒威胁。计算机病毒是一种小程序，能够自我复制。将病毒代码依附在程序上，通过执行，伺机传播病毒程序，进行各种破坏活动，影响计算机的使用。目前，计算机中病毒的途径主要有网络传播、安装有毒软件、访问有毒网站、使用有毒移动介质等。

4）软件服务。安装过多无用软件，遗留的软件漏洞也就越多；开启多余的系统服务，病毒、黑客可能通过服务侵入计算机。

5）操作失误。错误的操作导致系统、软件关键文件被删除或修改，导致系统、软件错误。

（2）采取的加固系统安全的措施

1）选择正版操作系统、应用软件，并及时安装更新补丁。

2）删除多余账户、设置高强度密码，并定期修改密码；限定用户最小权限。

3）安装杀毒软件并定期扫描、更新病毒库。

4）不安装无关软件，优化系统服务。

3. 网络安全

网络安全主要是确保网络设备、网络中传输的数据的安全，并且确保网络服务不中断。

（1）网络安全威胁

影响网络安全的因素较多，目前主要网络安全威胁如下：

1）网络攻击。这是网络安全最大的威胁。此类攻击指攻击者通过工具对目标网络进行扫描、侵入、破坏的一种举动，通过此类攻击使网络性能及数据的保密性、完整性均受到影响，并导致机密数据的泄露，给企业造成损失。

2）数据泄密。在网络中截取通信数据，从而获得信息内容，使数据在传输过程中泄露，如图 7—1—2 所示。

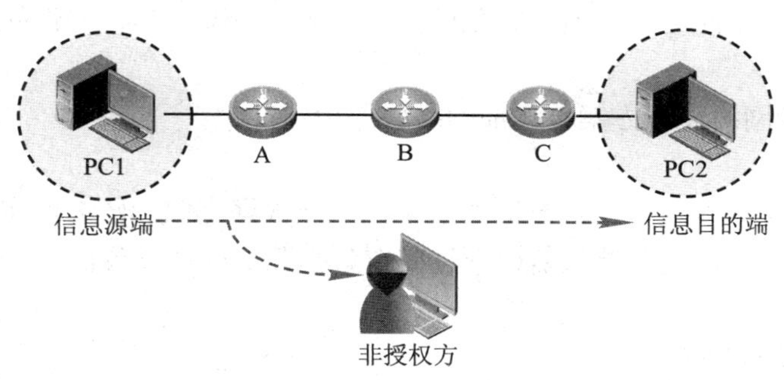

图 7—1—2 数据泄密

3）数据篡改。通过截取数据后对数据进行篡改，从而欺骗通信双方；或直接伪造数据冒充发送方发送数据给接收方。伪造信息欺骗企业真实信息、给企业虚假信息，最终给企业带来损失，如图 7—1—3 所示。

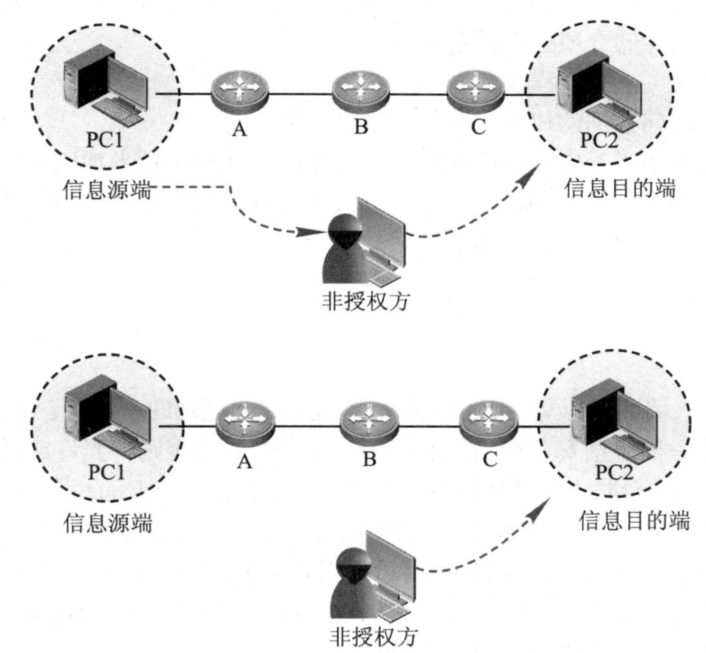

图 7—1—3 数据篡改、伪造

4）网络环境。由于网络拓扑设计、设备性能等问题造成网络服务中断，例如，网络出现环路导致广播风暴、设备性能不足导致网络不稳、设备配置有缺陷导致黑客轻易获取设备权限控制设备等。

（2）加强网络安全的措施

为了解决上述问题，加强网络安全在现有网络中采取的措施如下：

1）增加安全设备（防火墙、入侵检测等）严格控制网络访问，有效抵御外网攻击。

2）采用加密传输确保数据安全，同时采用认证、证书等系统确认对方身份，避免信息截取和篡改。

3）在设计网络时充分考虑企业的未来发展，使网络能满足未来几年内的发展要求。同时，网络设计灵活，方便后期扩展。时刻监控网络运行情况，当设备性能出现预警时，考虑设备的升级替换。

4）采用冗余的网络设计方案，增加网络服务稳定性。

4. 数据安全

数据是信息的直接表现形式，数据安全主要体现数据存储和数据保密这两个方面。数据一般通过数据库或文件形式存储，所以数据安全就是数据库或文件的安全。

（1）数据备份

规划合理的备份方案。

1）备份频率。根据数据更新速度确定备份频率，可以手动或自动实现。

2）备份方式。主要采取本地和服务器备份的形式，对于重要数据可以进行异地备份或备份到光盘等其他存储介质上。

（2）数据加密

在传输过程中采用加密传输有效避免网络信息截取；在存储到介质时也需要对数据进行加密，这样可以避免存储介质丢失而造成的信息泄露。

（3）权限管理

严格控制用户访问数据的权限，尤其是机密数据。

在任何安全体系中人为安全隐患都是不可避免的，在通过技术加固安全的同时也应该提升使用者、管理者的安全意识和技术水平，再通过规章制度辅助进行管理才能使安全体系发挥最大效果，确保企业网络信息安全。

二、防火墙

1. 防火墙概述

在生活中，防火墙顾名思义是阻止火势在建筑物之间蔓延的一道墙，起到安全防护作用。在网络中防火墙是一种信息安全产品，能够依照设置的特定规则，允许或是限制传输的数据通过。防火墙可以是一台防火墙硬件设备，也可以是安装在系统上的一个信息安全软件。

几乎所有的企事业单位都实现了互联网访问，内网员工可以方便地通过访问互联网获取信息、办理业务。与此同时，企事业单位内部网络也暴露在 Internet 当中，网络黑客、不法分子不断寻找网络漏洞，企图攻击或侵入内部网络，进而破坏网络或窃取机密资料等。使用防火墙可以有效地抵御外网攻击、监控数据流量，从而避免企业由于攻击、入侵而造成损失。

防火墙可以加强两个或多个网络之间的访问控制，从而保护一个网络不受到来自另一网络的攻击，如图 7—1—4 所示。

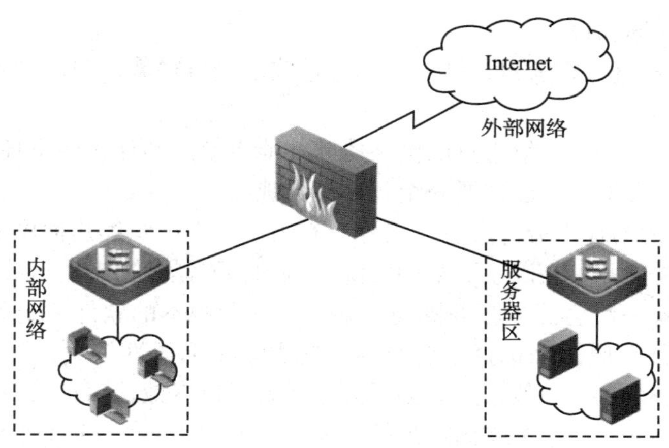

图 7—1—4　硬件防火墙组网示意图

（1）防火墙功能

防火墙是一种有效的网络防范技术，其能够实现的功能如下：

1）管理、控制网络流量。能够检测报文，控制连接与通信状态，中断异常连接。

2）提供认证接入验证。在通过防火墙建立连接前，防火墙提示一个输入用户名和密码框，输入正确的用户名、密码后连接才被建立。

3）记录和报告事件。记录所有安全、操作信息，方便管理员通过查看这些记录确定发生问题的原因、时间及其当时情况。

4）保护资源。防火墙能够有效地保护内网资源不受外网威胁，同时也可以隐藏内网的网络拓扑。

5）强化安全策略。通过在防火墙设定策略来确保阻断攻击、恶意行为，主要通过访问控制、状态连接、报文检查等实现。

随着技术的发展，防火墙的功能不断被强化，但并不是网络中部署了防火墙就能抵御所有攻击和入侵行为。例如，内网计算机或服务器存在漏洞，而攻击者利用改漏洞进行攻击，攻击数据链路采用能正常通过防火墙的数据流，那么防火墙就不能阻止这台设备被攻击。所以，内网被保护的资源及时升级、打补丁、修补漏洞也是信息安全必不可少的组成部分。

防火墙虽然拥有强大功能，但是也有缺点和不足，例如：①能阻挡攻击，不能消灭攻击源。②依照策略进行防御，需要不断策略更新和设置。③对于开放端口的攻击无法阻止。④自身性能有待提高，受收到流量、并发连接数的限制容易造成拥塞。⑤内部攻击很难防御等。

随着企业对网络安全要求的不断提高，许多新的安全设备也应运而生，例如入侵检查设备（IDS）、入侵防御设备（IPS）、统一威胁管理（UTM）、防病毒网关等，这些设备本书不做过多介绍，若要了解这些设备的相关知识可以查看相关安全数据。

（2）防火墙的工作原理

1）包过滤。防火墙对数据包进行过滤，有效地阻止非法链接，能够禁止内网服务器的某些服务器被外网访问，也能禁止内网访问外网的某些服务器。在实际应用过程中通常设置为仅允许某些服务被访问。同时，防火墙能够限制数据流量和连接数，避免服务器出现流量、性能超出负荷。

2）状态监测。跟踪连接的建立过程，对于非法连接和无效连接进行控制和阻止，根据协议动态识别正常数据和报文。

3）阻挡攻击。检查数据流量，针对外部恶意攻击进行拦截，并记录到日志中。

（3）常见网络威胁

知己知彼，百战不殆。了解常见的网络威胁才能更有效地保护网络环境免受威胁。网络环境面临的网络威胁较多，下面主要介绍几种常见威胁。

1）网络攻击。网络攻击分为有意、无意、有组织、无组织等几种攻击。

无组织的攻击往往并不是以获取某种资源为目的，而是攻击者尝试攻击某些易受攻击的服务器。此类攻击者一般会因为服务器使用某个有漏洞版本的软件、服务器安全措施较弱、服务器运行特定软件等原因来选择攻击目标。此类攻击随机性较大，没有明显的目的和动机，攻击力度也不是很强。一般采用丢弃恶意流量就可以有效地保护服务器。当攻击者受阻时，其往往会转移目标到更容易受到攻击的服务器身上。

有组织的攻击一般情况下是攻击者（或雇用者）对服务器控制权、资源或数据等内容感兴趣。此类攻击会努力寻找服务器漏洞或弱点进行持续攻击，直到获得资源为止。任何的设备都无法阻挡所有攻击，所有此类攻击的危害程度较大，不达目的不会停止攻击。

2）病毒、蠕虫、木马（间谍软件）等。前面介绍了病毒、蠕虫、木马的基本特性，网络传播已经成为病毒、蠕虫、木马的主要传播途径，例如访问一个存在木马的网站，则访问计算机可能就感染了该木马。在防火墙上可以设定相关安全策略，阻止使用固定端口传播的病毒、阻断木马客户端远程控制服务器（或计算机）。

病毒传播多采用正常流量中嵌入病毒，防火墙要防御此类病毒攻击（传播），需要使用基于病毒检测软件的防火墙，或采用其他设备与防火墙组成联动。

3）拒绝服务攻击。拒绝服务（Denial of Service，DoS）攻击利用网络或软件缺陷通过技术手段耗尽被攻击对象资源，最终导致服务器瘫痪。

拒绝服务攻击有多种方式，其中分布式拒绝服务攻击（DDoS）采用多点攻击方式实现防范十分困难。如图 7—1—5 所示，攻击者控制客户端，通过客户端控制实施攻击的计算机进行攻击，这样有效地保护了攻击者，使得查找攻击源更加困难。攻击手段一般有两种，一是利用多个点向攻击对象发送大量巨大的垃圾数据包，造成被攻击对象带宽耗尽；二是利用多点向攻击对象发送请求，造成被攻击对象系统资源耗尽。

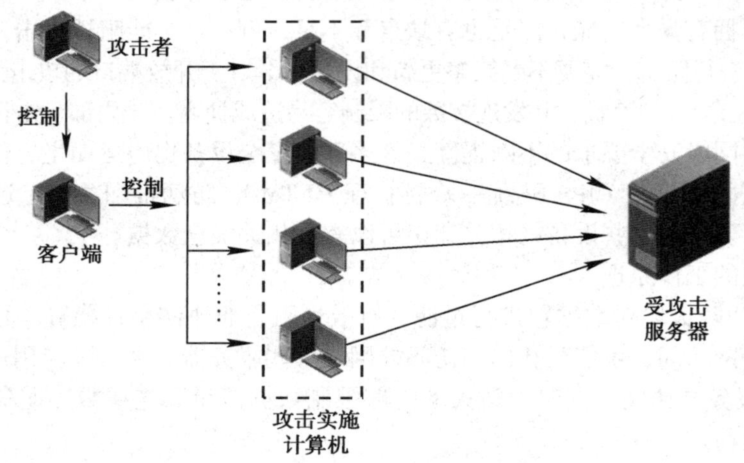

图 7—1—5　DDoS 攻击示意图

例如，攻击者控制网络上成千上万台计算机对一台服务器进行攻击。每台被控制的计算机都发送大量连接请求给服务器，后期不再回复任何信息给服务器。服务器回复连接请求后会等待对方信息，若等待一定周期后没有收到对方回复信息则删除该连接，在等待期间服务器需要使用网络流量缓冲区存储这些连接，当缓冲区被这些连接填满时服务器将无法接收新的连接请求从而无法正常提供服务。拒绝服务攻击的形式、方法很多，如果使用流量攻击，无论是合法数据还是不合法数据都能达到效果，使被攻击设备带宽耗尽。

拒绝服务的攻击实施方性能要高于被攻击方，攻击才会有效果，所以在实际实施过程多采用控制多台计算机同时实施攻击。

2. 防火墙分类

防火墙根据其特性和作用范围一般可以分为两类：个人防火墙（桌面防火墙）和网络防火墙两种。

（1）个人防火墙（桌面防火墙）

个人防火墙是保护个人单一计算机避免网络攻击、非法入侵等的安全软件。随着个人安全软件的不断发展，越来越多的安全软件产品将杀毒、防火墙、系统优化修复、入侵检测等多个功能集成在一起，从而使软件产品更加易用。个人防火墙较适合 SOHO 办公环境和家庭用户。在企业中应用软件防火墙时，一般选择企业版安全防护软件，便于集中控制。

比较常见的个人安全软件品牌包括：赛门铁克、金山、瑞星、江民、卡巴斯基、奇虎 360 等。

（2）网络防火墙

网络防火墙用来保护整个网络免受外部攻击。网络防火墙主要包括硬件防火墙或一套安装在计算机操作系统上的防火墙软件。硬件防火墙主要有 Cisco ASA 防火墙、Juniper NetScreen 防火墙、天融信防火墙等。企业版软件安全软件有微软的 Forefront Threat Management Gateway（TMG）、Linux 的 IPTables 等。网络防火墙一般部署在企业内网和 Internet 网络之间，确保企业内网不受来自外部网络的攻击和入侵。

依据防火墙应用的技术可以分为包过滤防火墙、状态防火墙、代理防火墙等多种类型。

（3）包过滤防火墙

包过滤防火墙是一种最简单的防火墙，它在网络层截获数据包后依据自身的规则表对数据进行检测，确定是否为合法流量。

包过滤防火墙工作在网络层和传输层，它依据数据包头的源地址、目的地址、源端口号、目的端口号、协议等标志确定其是否能够通过。如果数据包满足规则表过滤条件才能被转发，否则将被丢弃。

（4）状态防火墙

状态防火墙不仅对数据包进行检查，同时还对控制通信的基本因素状态信息进行检查，包括通信信息、通信状态、应用状态和信息操作性等。

包过滤防火墙检查的数据包是独立的，它不关心数据包产生的前因和结果。包过滤防火墙仅依据数据包的信息确定是否允许其通过。状态防火墙跟踪的不仅是数据包中的信息，还跟踪数据包的状态，防火墙记录网络连接、数据传出请求等信息以帮助识别数据包，从而依据数据包的状态来判断数据包是否合法、是否被转发。

例如，防火墙接收到下载数据流，若防火墙记录中存在内网某台 IP 地址的计算机向此下载数据流的地址发送过请求信息，而该下载数据流是发送给请求计算机的数据，防火墙在进行匹配后将允许数据通过。

如果防火墙收到回复数据，而状态记录中没有请求记录，则防火墙将认为该数据非法，丢弃数据。

（5）代理防火墙

代理防火墙工作在应用层，通过代理程序完成防火墙两端的通信。所谓代理就是代替办理的含义，也就是说防火墙将内网和外网分为两端，内网用户不直接与外部服务器进行通信，通信通过防火墙代理实现。当内外计算机进行访问连接时，外部计算机的网络链路只能达到防火墙，再由防火墙代理与内部计算机通信，反之亦然。虽然代理防火墙能够隔离内外计算机系统，但是其缺点也较明显：执行速度慢、易受攻击、兼容性差等。

3. 个人防火墙

（1）Windows 防火墙概述

个人防火墙主要介绍 Windows Server 2008 R2 操作系统内置的 Windows 防火墙。Windows 防火墙可以针对不同网络位置设定不同的防火墙策略，网络位置分为三种。

1）专用网。包括家庭网络和工作网络，系统会启动网络搜索功能，能找到网络上其他计算机，同时也能让其他用户在网络上浏览你的计算机。

2）公共网络。开放环境都算公共网络，例如咖啡馆网络、快餐店网络、机场网络等，处于此网络环境中的 Windows 防火墙会保护系统，避免来自外部的攻击，同时会禁用网络搜索功能。

3）域网络。加入域的计算机网络自动设置为域网络，无法修改。Windows 域是一组计算机的集合，Windows 通过域实现对客户端计算机的统一管理，Windows 域内容超出本书讨论范围，有兴趣的读者可以参考其他书籍。

网络位置能够进行修改，选择“开始”→“控制面板”→“网络和 Internet”→“网络和共享中心”，点击图 7—1—6 中方框所示位置，在弹出对话框中选择适当的网络位置。其中家庭网络和工作网络都属于专用网。

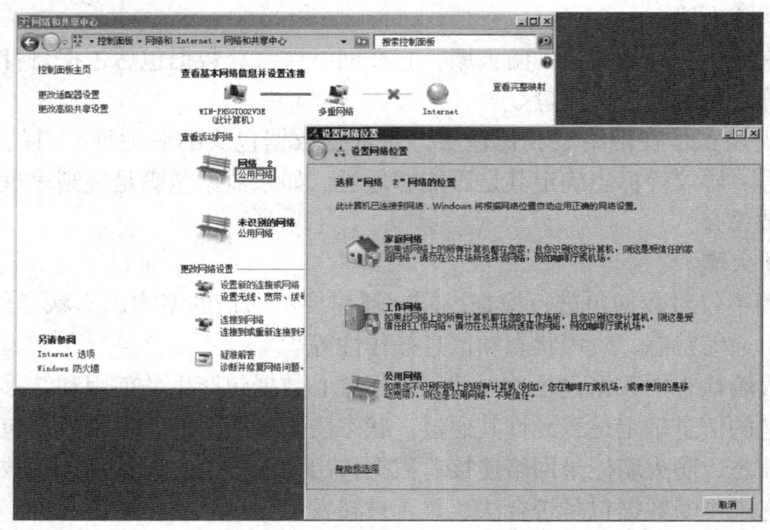

图 7—1—6 选择网络位置

（2）Windows 防火墙基本设置

默认情况 Windows 防火墙处于开启状态，若要关闭防火墙则需要在“控制面板”中选择“系统和安全”→“Windows 防火墙”，在界面左侧选择“打开或关闭 Windows 防火墙”，在图 7—1—7 所示的界面中关闭防火墙。

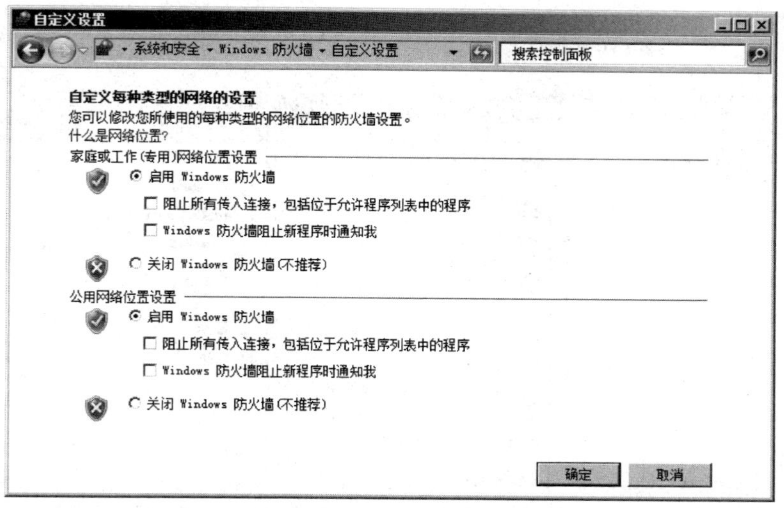

图 7—1—7　关闭 Windows 防火墙

默认情况下 Windows 防火墙不允许任何接入连接，如果不想关闭 Windows 防火墙而允许特定的程序或功能通过 Windows 防火墙，可以在上述的“Windows 防火墙”界面左侧选择“允许程序或功能通过 Windows 防火墙”来解除防火墙程序的阻挡。如图 7—1—8 所示，设置允许“文件和打印机共享”通过防火墙。

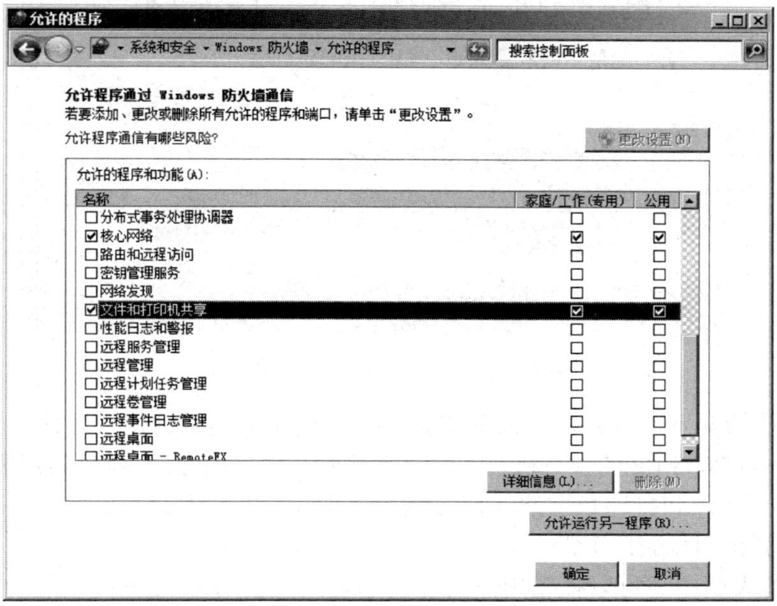

图 7—1—8　Windows 防火墙允许程序通过

（3）Windows 防火墙高级设置

Windows 防火墙的高级设置在“开始”→“管理工具”→“高级安全 Windows 防火墙”中。如图 7—1—9 所示，高级设置不仅可以针对入站规则进行设置，还能设置出站规则。入站规则为传入计算机的数据过滤规则，出站规则为计算机传出数据过滤规则。

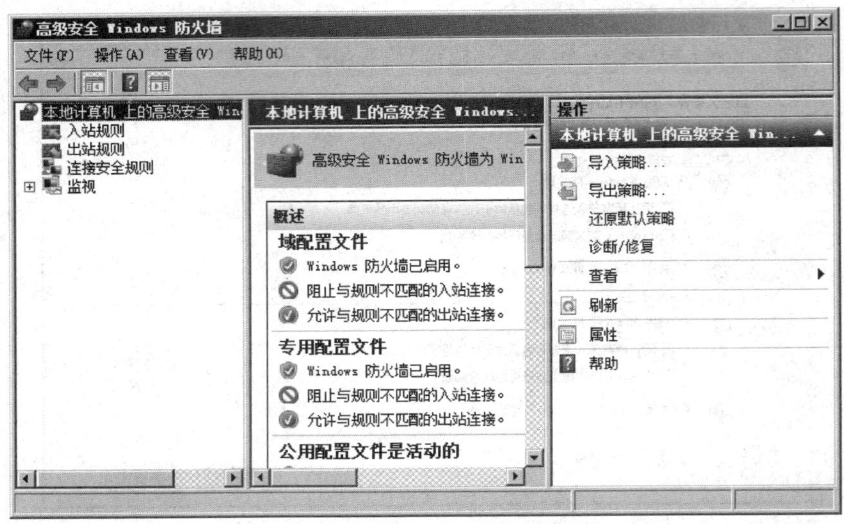

图 7—1—9　Windows 防火墙高级设置

Windows 防火墙预设了很多启用或未启用的规则，若要启用规则可以双击规则，在如图 7—1—10 所示中勾选“已启用”即可。

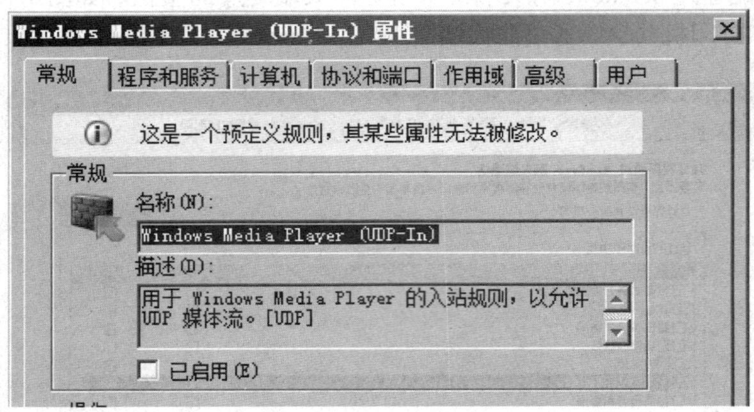

图 7—1—10　启动防火墙预设规则

例如，默认情况下 Windows 防火墙禁止系统接收 ping 请求，使用其他计算机 ping 系统为 Windows Server 2008 R2 的计算机返回结果为超时。现启用允许接收 ping 请求的规则，即入站规则中的“文件和打印机共享（回显请求—ICMPv4-In）”规则，如图 7—1—11 所示。再次 ping 该计算机回显通信正常。

Windows 防火墙中还可以根据用户需求新建规则，在图 7—1—9 左侧选择“入站规则”或“出站规则”，然后选择右上角“新建规则”可以针对程序、端口等设置相应防火墙规则。

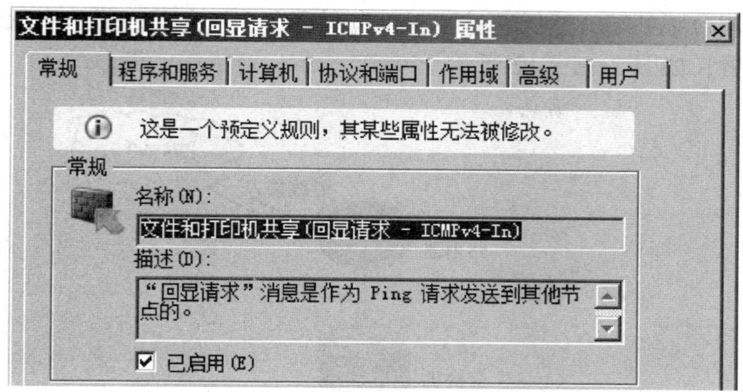

图 7—1—11　启用“文件和打印机共享（回显请求—ICMPv4-In）”规则

任务实施

企业版安全防护软件厂商较多，例如：Symantec Endpoint Protection 企业版、卡巴斯基（Kaspersky）企业版、瑞星网络版等。网科企业决定采用 Symantec Endpoint Protection 企业版作为企业安全防护软件。下面为 Symantec Endpoint Protection 企业版在企业中的部署过程。

1. Symantec Endpoint Protection 企业版 12.1 概述

Symantec Endpoint Protection 企业版 12.1 是 Symantec 公司推出的集防病毒、反间谍软件、防火墙及入侵防御功能为一体的安全软件。Symantec Endpoint Protection 企业版 12.1 由管理控制台和客户端组成，从控制台管理各客户端并监控健康状态。

Symantec Endpoint Protection 企业版 12.1 控制台和客户端的系统要求见表 7—1—1。

表 7—1—1　Symantec Endpoint Protection 企业版 12.1 系统要求

组件	要求
处理器	➢ 32 位处理器：频率最少为 1 GHz 的 Intel Pentium Ⅲ或性能相当的处理器（建议使用 Intel Pentium 4 或性能相当的处理器） ➢ 64 位处理器：频率最少为 2 GHz 且支持 X86-64 的 Pentium 4 或性能相当的处理器
物理内存	➢ 32 位操作系统，需要 1 GB RAM（客户端为 512 M） ➢ 64 位操作系统，需要 2 GB RAM（客户端为 512 M）
硬盘	至少 4 GB 可用空间（客户端为至少 700 MB 可用空间）
显示器	分辨率最低 800 × 600
操作系统（更多其他系统为列出）	➢ Windows 7 ➢ Windows XP（32 位，SP3 或更高版本；64 位，所有 SP 版本） ➢ Windows Server 2003（32 位、64 位，SP1 或更高版本） ➢ Windows Server 2008（32 位、64 位）
Web 浏览器	➢ Microsoft Internet Explorer 7、8 或 9 ➢ Mozilla Firefox 3.6 或 4.0

2. Symantec Endpoint Protection 企业版 12.1 安装与部署

在如图 7—1—12 所示的拓扑中部署企业版防病毒软件，在服务器区选择一台服务器作为防病毒软件控制台服务端，然后通过控制台在所有客户端自动部署防病毒软件客户端，并进行安全策略设置，如图 7—1—12 所示。

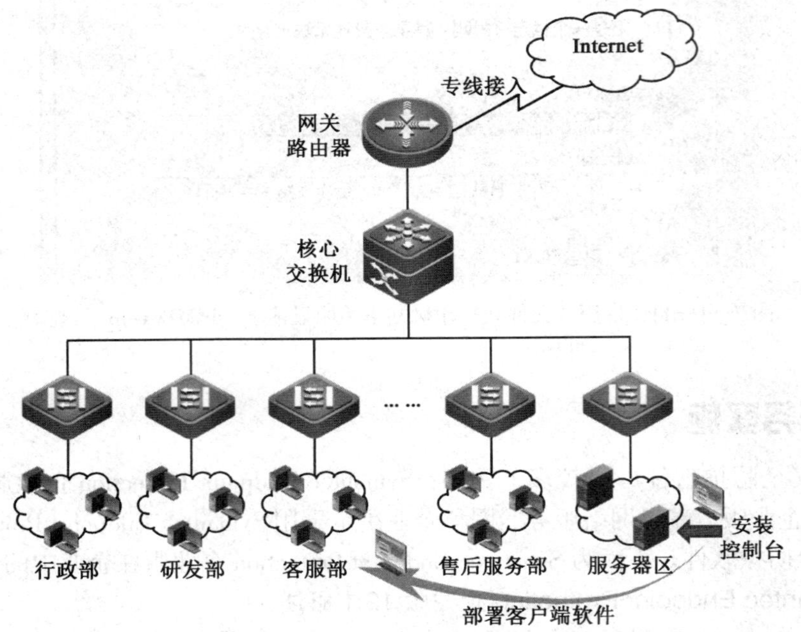

图 7—1—12　企业版防病毒软件部署

为了便于描述和演示，简化网络环境，采用服务器和客户端通过网线直接相连的环境。

服务器操作系统为 Windows Server 2008 R2。

客户端操作系统为 Windows 7。

（1）安装 Symantec Endpoint Protection 控制台

运行安装程序出现如图 7—1—13 所示界面，选择“安装 Symantec Endpoint Protection”后在图 7—1—14 中选择“安装 Symantec Endpoint Protection Manager”即可安装服务器控制台。

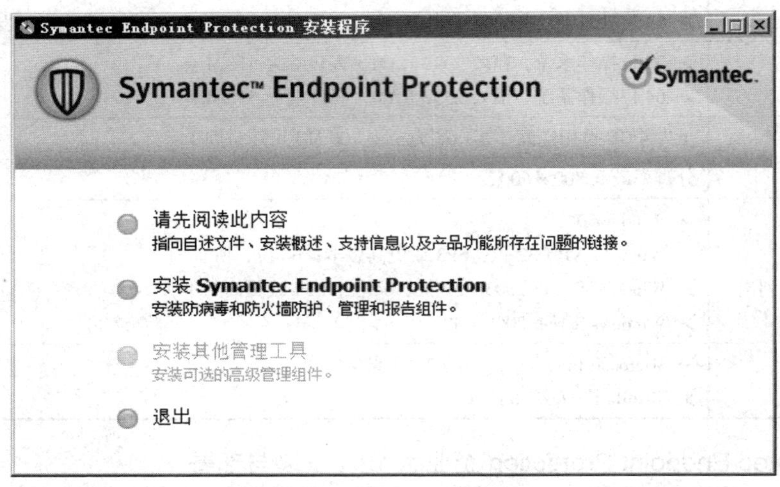

图 7—1—13　安装界面 1

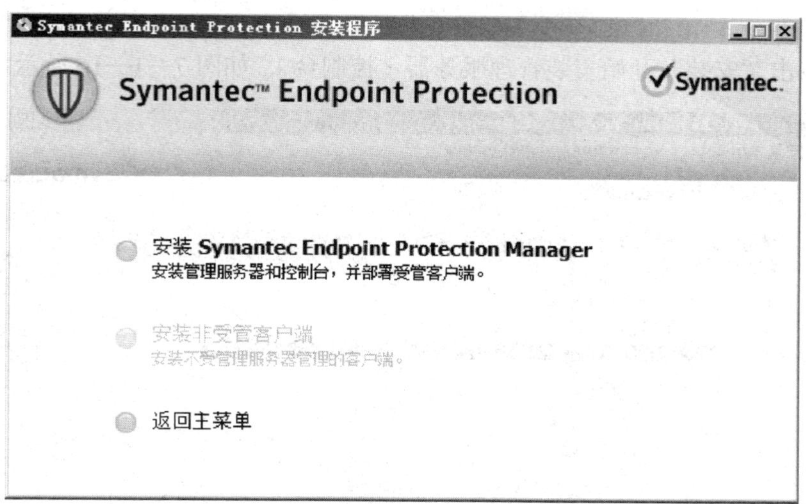

图 7—1—14　安装界面 2

在图 7—1—15 所示的安装向导中显示安装 Symantec Endpoint Protection Manager 的主要执行步骤如下：

1）安装管理服务器和控制台。

2）配置管理服务器。

3）创建数据库。

4）如果需要，则从早期版本进行迁移。

5）安装客户端。

若网络中没有部署过 Symantec Endpoint Protection 之前版本，则不会执行第四个环节（早期版本迁移）。

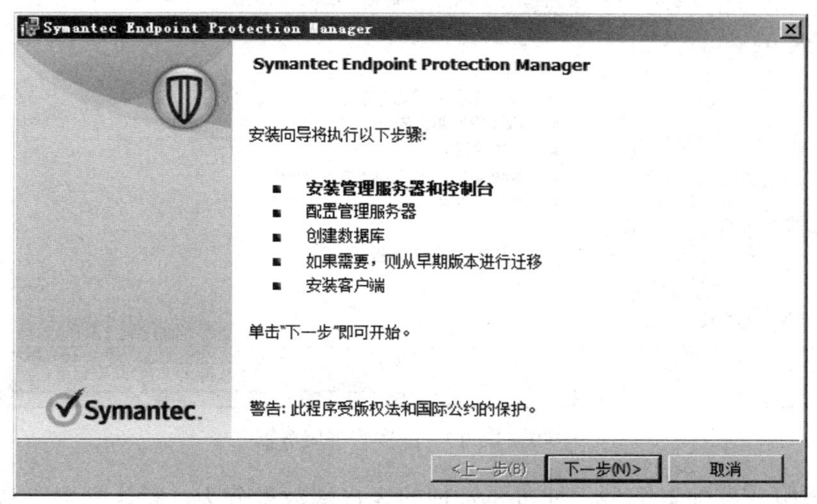

图 7—1—15　安装管理服务器和控制台 1

点击“下一步”出现“授权许可协议”，选择接受该许可协议后点击“下一步”。

在“目标文件夹”页选择软件安装的磁盘路径，并确保选择设备和磁盘满足安装要求，包括磁盘空间至少 4 GB、CPU 至少 1 GHz、内存至少 1 GB，确定无误后点击“下一步”。在出现的页面点击“安装”开始安装管理服务器（控制台），如图 7—1—16 所示。

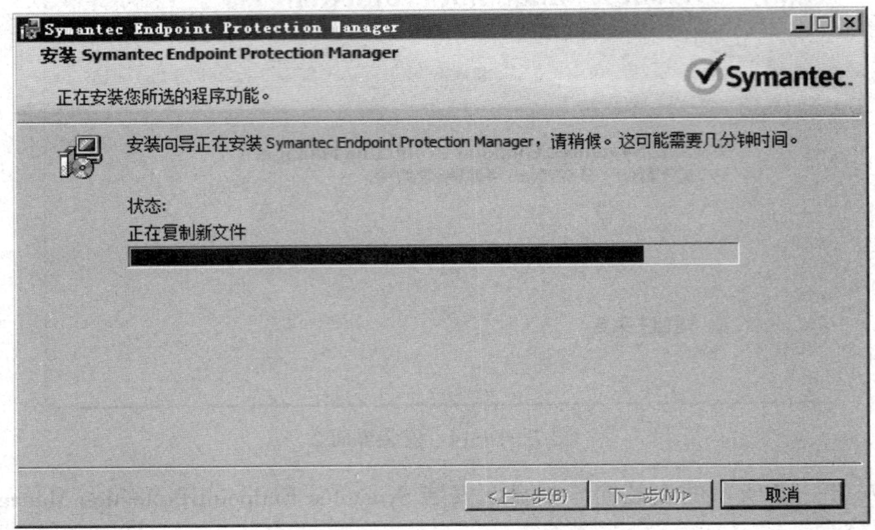

图 7—1—16　安装管理服务器和控制台 2

（2）配置管理服务器并创建数据库

安装完成后开始配置管理服务器，如图 7—1—17 所示，点击“下一步”启动管理服务器配置向导。

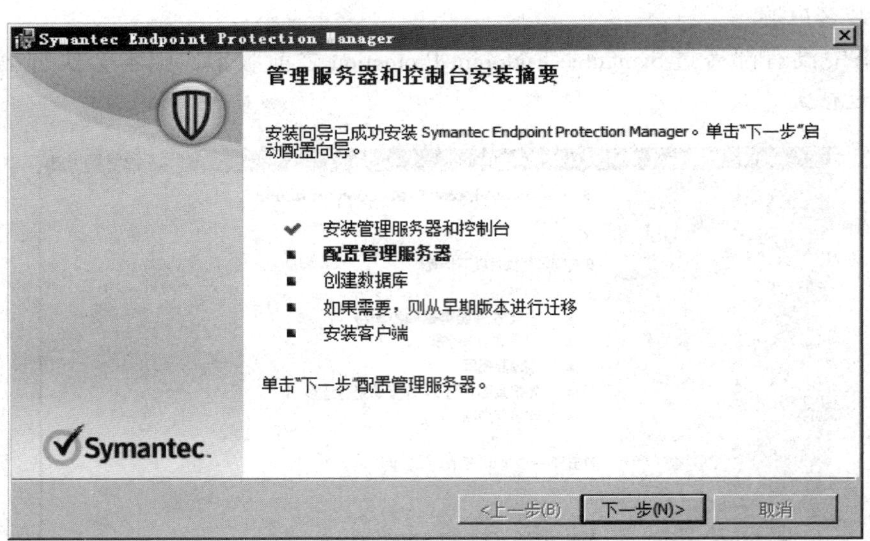

图 7—1—17　配置管理服务器

首先选择服务器配置类型，针对要管理的客户端数量分为“默认配置”和“自定义配置”，如图 7—1—18 所示。

默认配置：若客户端数量不到 100 个，并且使用嵌入式数据库的情况时，选择此项。

自定义配置：客户端数量超过 100 个或需要自定义配置管理服务器时，选择此项。

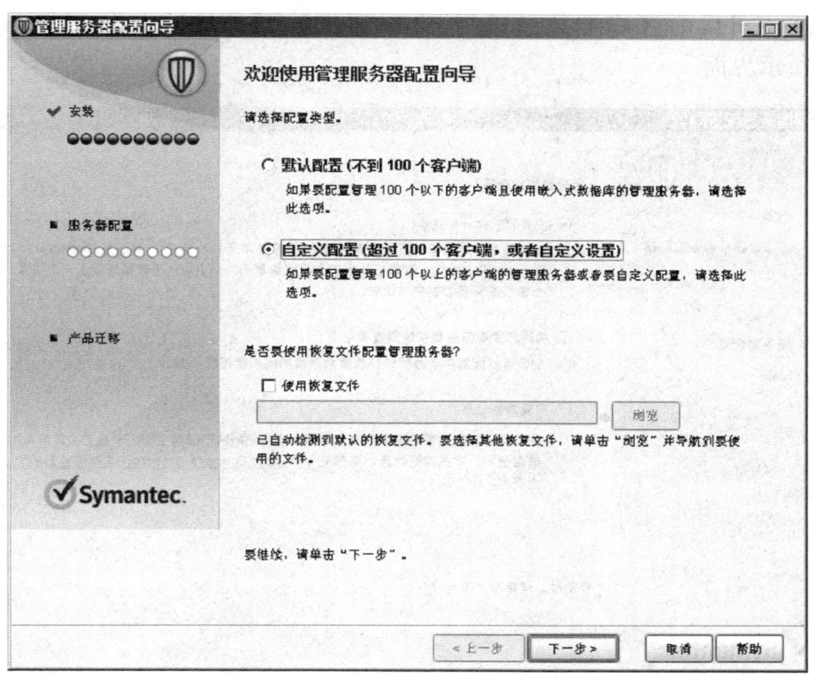

图 7—1—18　选择管理服务器配置类型

此外，配置管理服务器还可以使用恢复文件恢复管理服务器之前的配置。根据公司情况选择“自定义配置”。

在“自定义配置”中首先明确管理服务器管理的客户端数量，如图 7—1—19 所示。

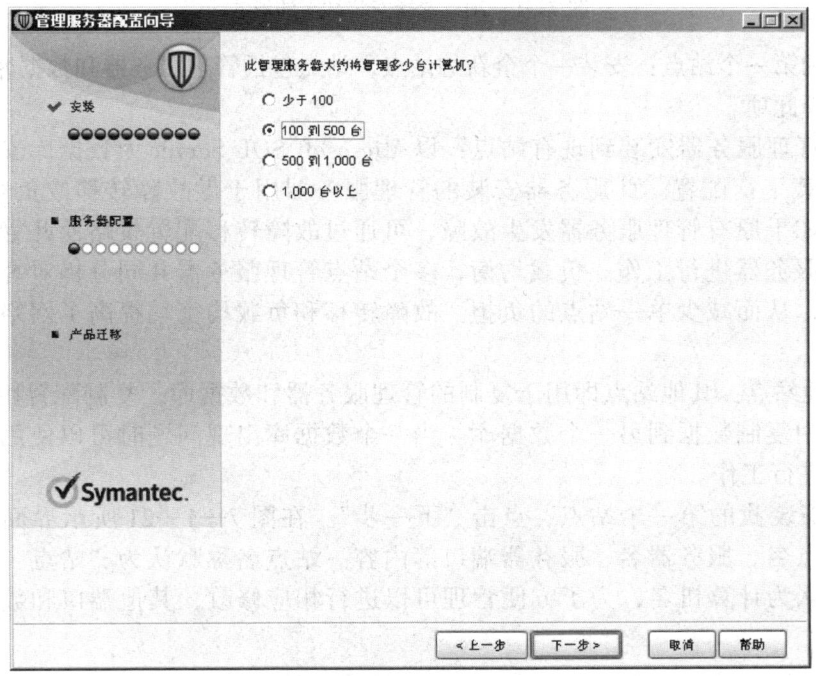

图 7—1—19　管理服务器管理客户端数量

根据网科公司目前客户端数量选择“100到500台”，然后点击“下一步”，出现如图7—1—20所示界面。

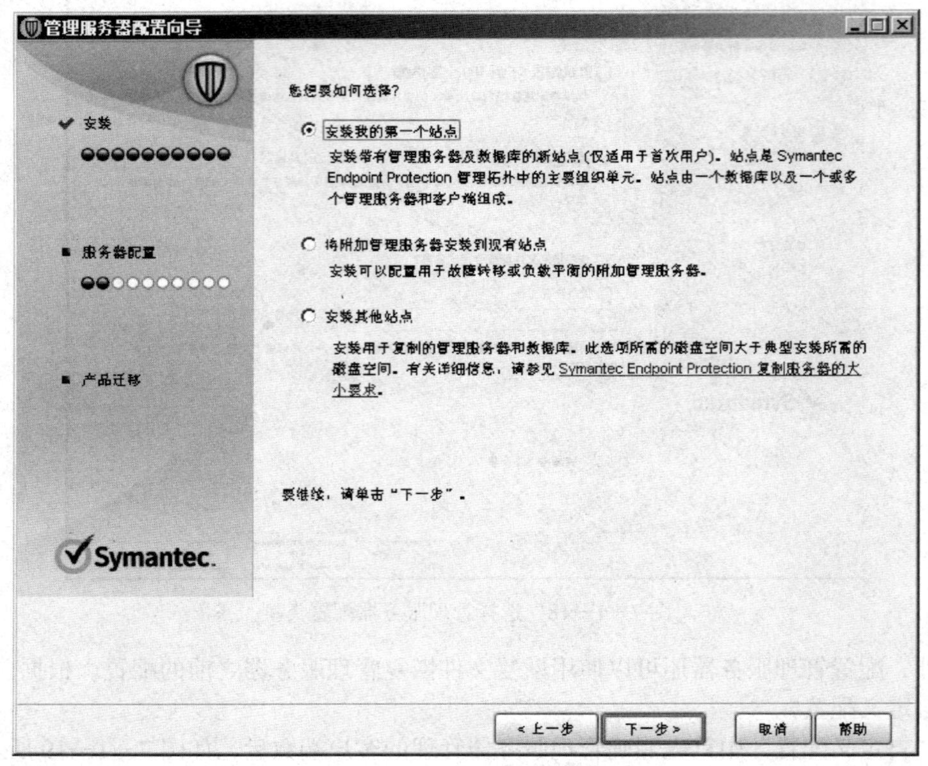

图7—1—20　选择安装站点的形式

安装我的第一个站点：安装一个全新的站点，站点包括管理服务器和数据库。如果为首次安装则选择此项。

将附加管理服务器安装到现有站点：以Microsoft SQL Server为数据库安装才支持故障转移和负载平衡配置。此服务器安装的管理服务器用于做故障转移或负载平衡使用。故障转移，如果原有管理服务器发生故障，可通过故障转移配置策略使此管理服务器接替原有管理服务器进行工作。负载均衡，多个站点管理服务器共同分担对客户端的管理和支持工作，从而减少单一站点的负担。故障转移和负载均衡均提高了网络的可用性和稳定性。

安装其他站点：其他站点即用于复制的管理服务器和数据库，复制配置用于冗余，从一个数据库中复制数据到另一个数据库。当一个数据库出现问题时可以使用另一个数据库中的信息进行工作。

选择“安装我的第一个站点”点击“下一步”。在图7—1—21所示界面中配置管理服务器的站点名、服务器名、服务器端口等内容。站点名称默认为“站点+计算机名”，服务器名默认为计算机名，为了方便管理可以进行相应修改，其他端口和数据库文件默认即可。

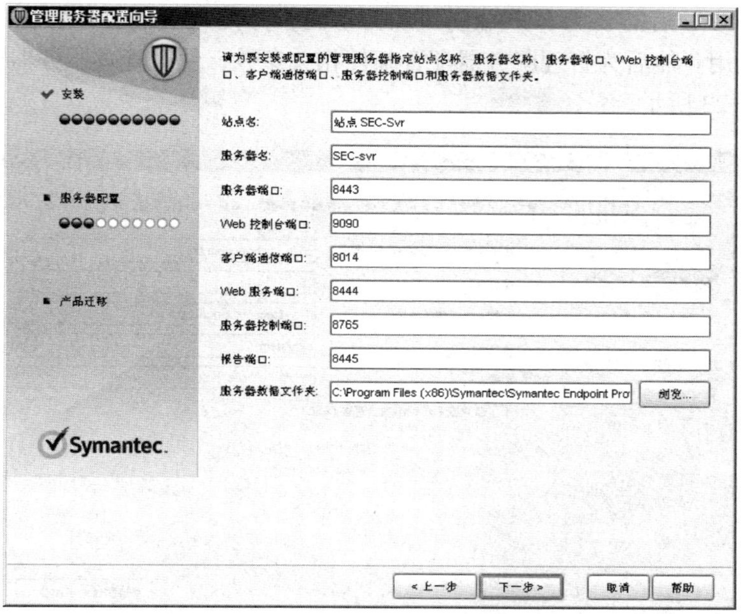

图 7—1—21　配置管理服务器参数

在下一步配置中选择需要使用的数据库类型：嵌入式数据库或 Microsoft SQL Server 数据库。根据网络规划和客户端数量选择合适的数据库，对于单一站点且客户端数量少于 1 000 个的建议选用嵌入式数据库。如果网络中部署多个站点或管理数量庞大（成千上万）的客户端时建议选择 Microsoft SQL Server 数据库。根据公司情况选择嵌入式数据库。

配置管理服务器管理员账户用于登录管理控制台，如图 7—1—22 所示。其中，电子邮件地址用于接收管理服务器发送的系统通知，例如告警信息、通告等。

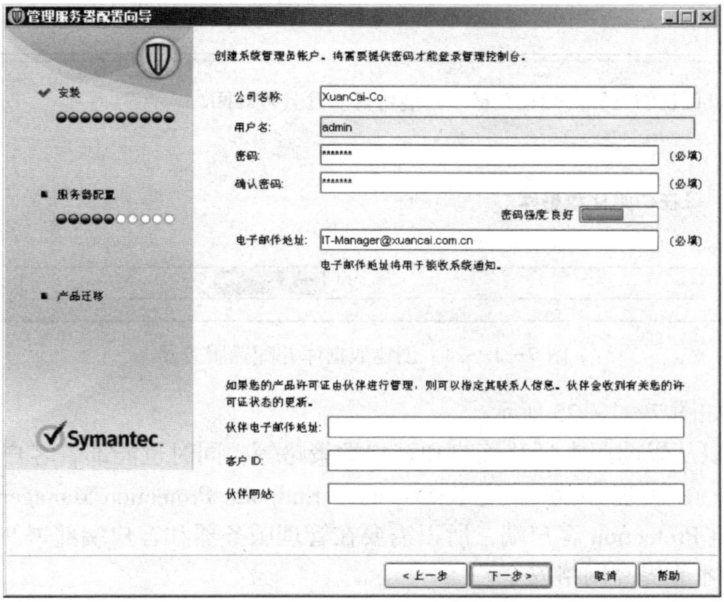

图 7—1—22　配置管理员账户

点击“下一步”后需要为客户端创建加密密码，方便与管理服务器通信。此密码在进行灾难恢复时使用。然后为管理服务器配置邮件相关参数，使得管理服务器可以发送系统通知，如图 7—1—23 所示。

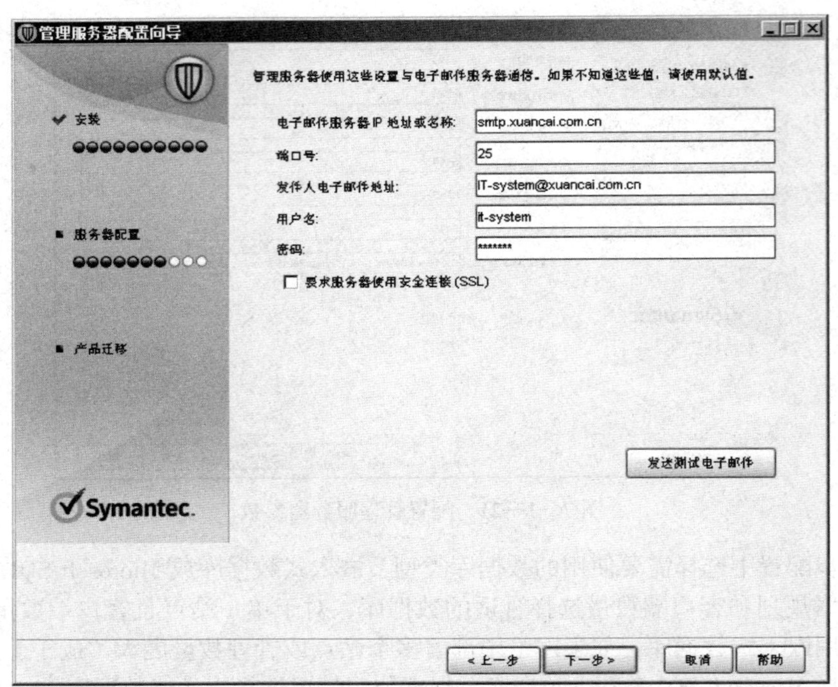

图 7—1—23　配置管理服务器邮件参数

最后确认管理服务器的相关配置，没有问题点击“下一步”创建并初始化数据库，如图 7—1—24 所示。

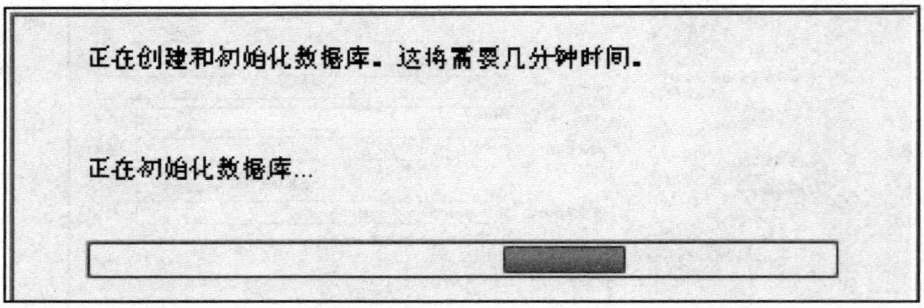

正在创建和初始化数据库。这将需要几分钟时间。

正在初始化数据库...

图 7—1—24　创建数据库并配置服务器

配置完成后如图 7—1—25 所示。

迁移向导可以从以前版本迁移策略和客户端策略等，同时也能部署客户端。

需要注意，在管理服务器安装 Symantec Endpoint Protection Manager 时，不会安装 Symantec Endpoint Protection 客户端，所以需要在管理服务器和客户端部署 Symantec Endpoint Protection 客户端才能提高网络安全。

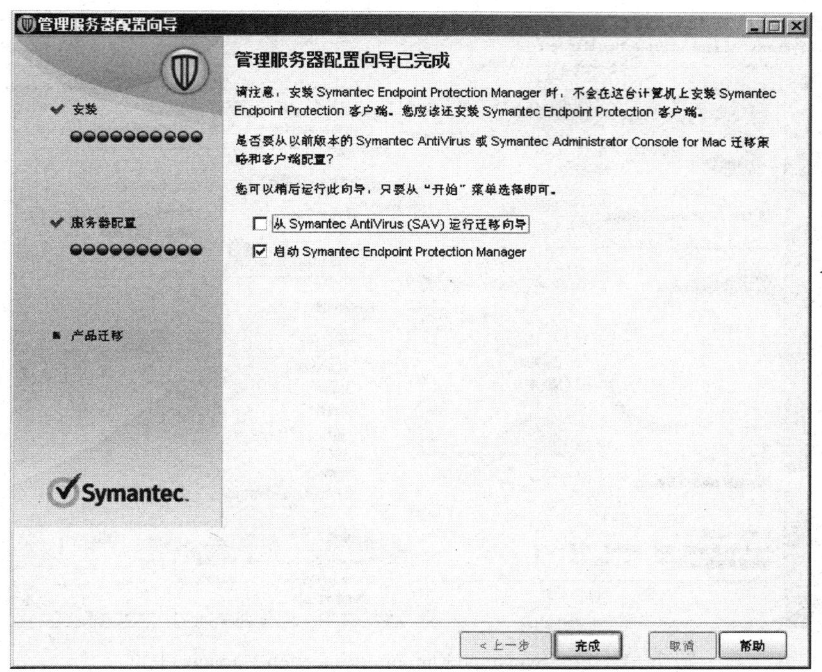

图 7—1—25　管理服务器配置向导已完成

（3）通过控制台部署客户端

启动 Symantec Endpoint Protection Manager，如图 7—1—26 所示。输入用户名、密码，点击“登录”。进入 Symantec Endpoint Protection Manager，关闭欢迎界面后如图 7—1—27 所示，页面中包括安全状态、端点状态、摘要等内容显示，可以直观地看到整体情况。

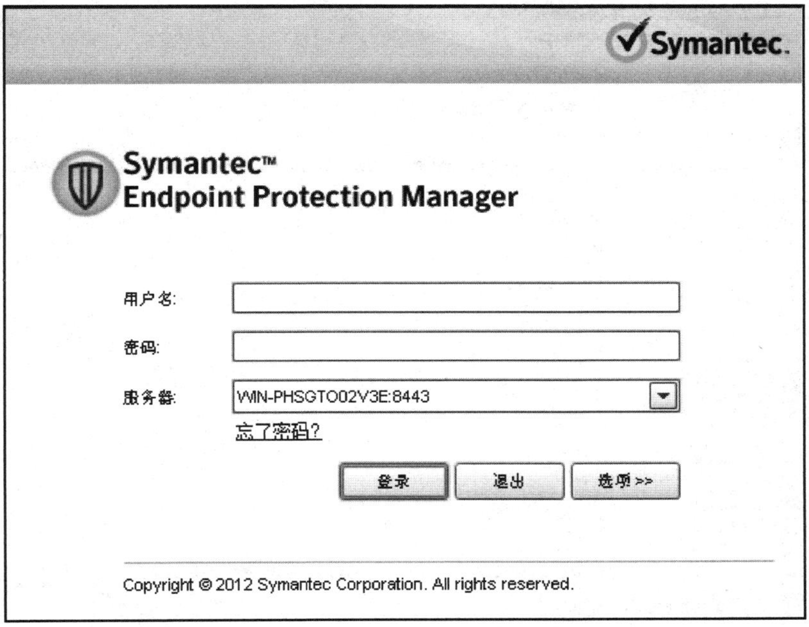

Symantec.
Symantec™
Endpoint Protection Manager
用户名:
密码:
服务器: WIN-PHSGTO02V3E:8443
忘了密码?
登录　退出　选项 >>
Copyright © 2012 Symantec Corporation. All rights reserved.

图 7—1—26　登录 Symantec Endpoint Protection Manager

图 7—1—27　Symantec Endpoint Protection Manager 主页

为了方便管理将相同安全等级或安全策略的计算机分为一组，统一制定安全策略并进行管理。在企业中一般根据部门进行划分，即一个部门的计算机划为一个组。

在 Symantec Endpoint Protection Manager 左侧选择“客户端”，出现如图 7—1—28 所示页面。在客户端“My Company”中包含一个默认组，选中“My Company”，在下方的任务中点击“添加组”，在出现的界面中添加人力资源部组，如图 7—1—29 所示。

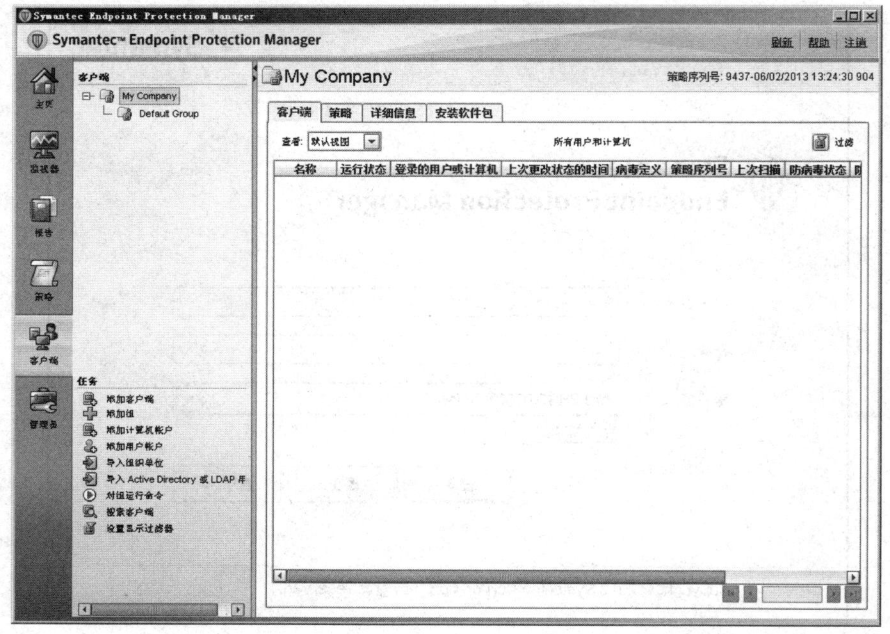

图 7—1—28　客户端页面

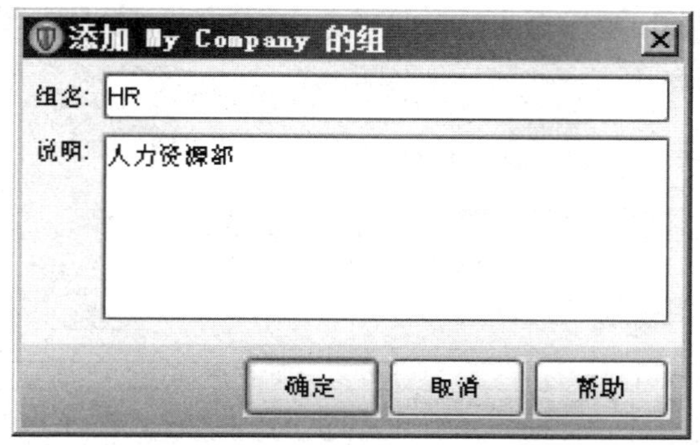

图 7—1—29　添加组

在新建的 HR 组中添加客户端，选中 HR 组，然后在任务中选择“添加客户端”，出现如图 7—1—30 所示界面。

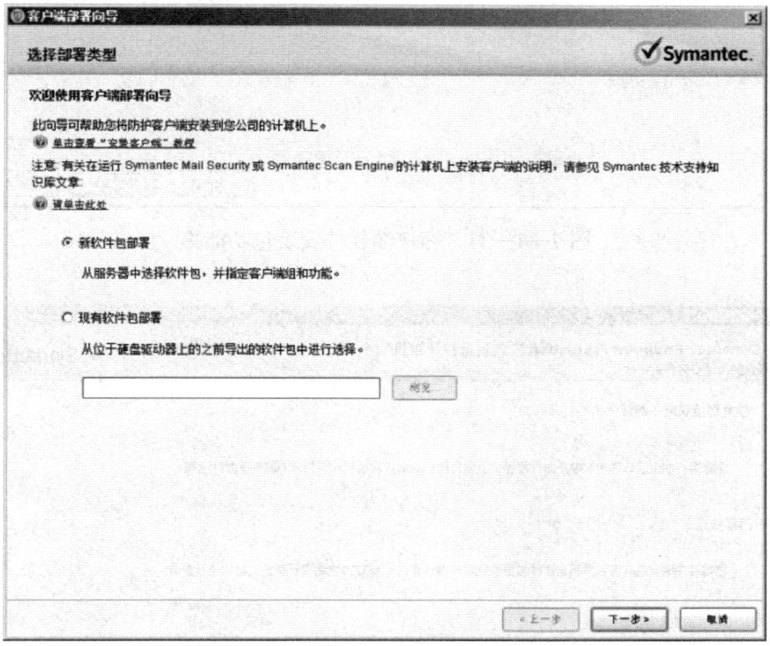

图 7—1—30　客户端部署向导

选择部署的软件包，可以选择新软件包也可以选择现有软件包。现有软件包可以通过 Symantec Endpoint Protection Manager 生成并保持在磁盘上。选择“新软件包部署”后点击“下一步”。

客户端部署软件安装包功能集配置如图 7—1—31 所示。

客户端软件包支持微软的 Windows 和苹果的 Mac 两种，可以根据要部署的客户端情况进行选择。在“组”位置确定客户端位于的组位置是否正确。针对客户端的角色选择安装的功能集。为了给客户端提供最高安全性保护，在“内容选项”中选择“所有内容（推荐）”。其他选项默认即可。点击“下一步”选择远程安装 Symantec Endpoint Protection 的方式，如图 7—1—32 所示。

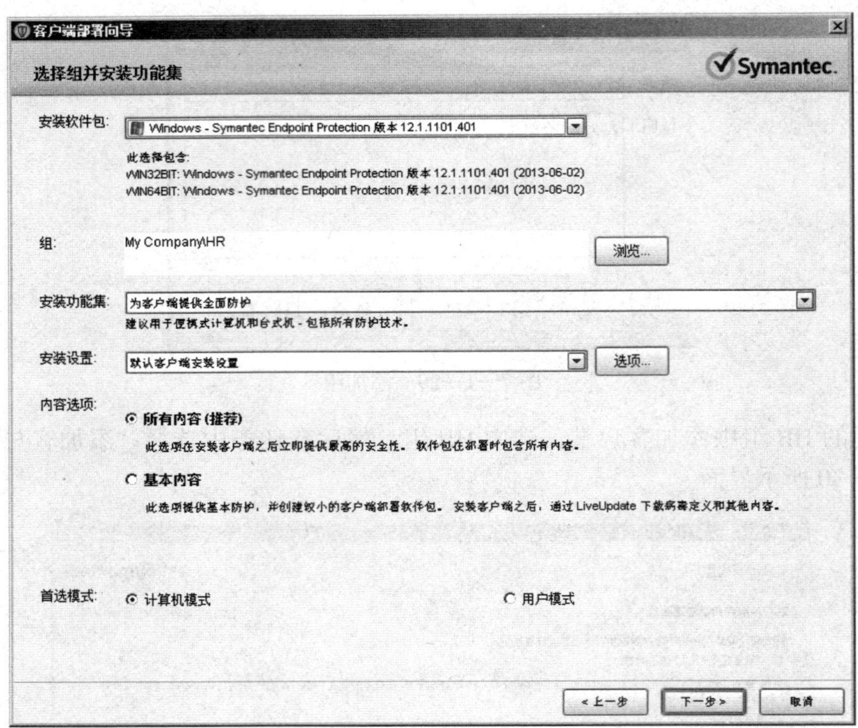

图 7—1—31　客户端软件安装包功能集

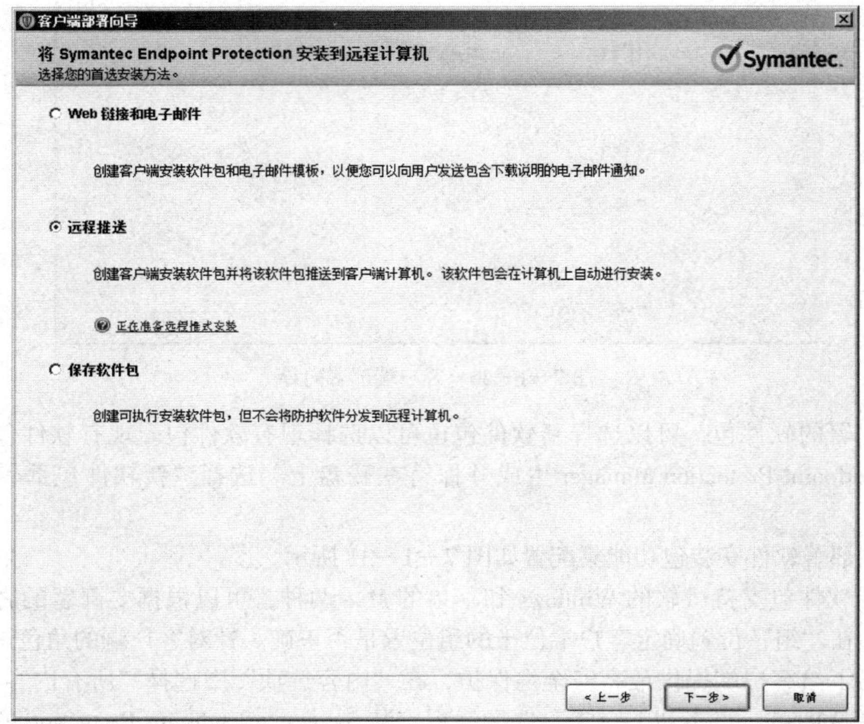

图 7—1—32　远程安装 Symantec Endpoint Protection 的方式

安装方式有三种，分别如下：

Web 链接和电子邮件：创建客户端安装软件包，并生成电子邮件模板，邮件中包含下载链接和客户端地址；接收邮件人员通过邮件中链接下载安装客户单。

远程推送：将软件包推送到客户端计算机，并在客户端计算机上自动安装。

保存软件包：创建可执行的软件包，并保存在本地，不会分发该软件包到客户端计算机。

为了减少后期安装指导工作，此处选择“远程推送”方式，点击“下一步”选择要安装防护软件的客户端计算机，如图 7—1—33 所示。

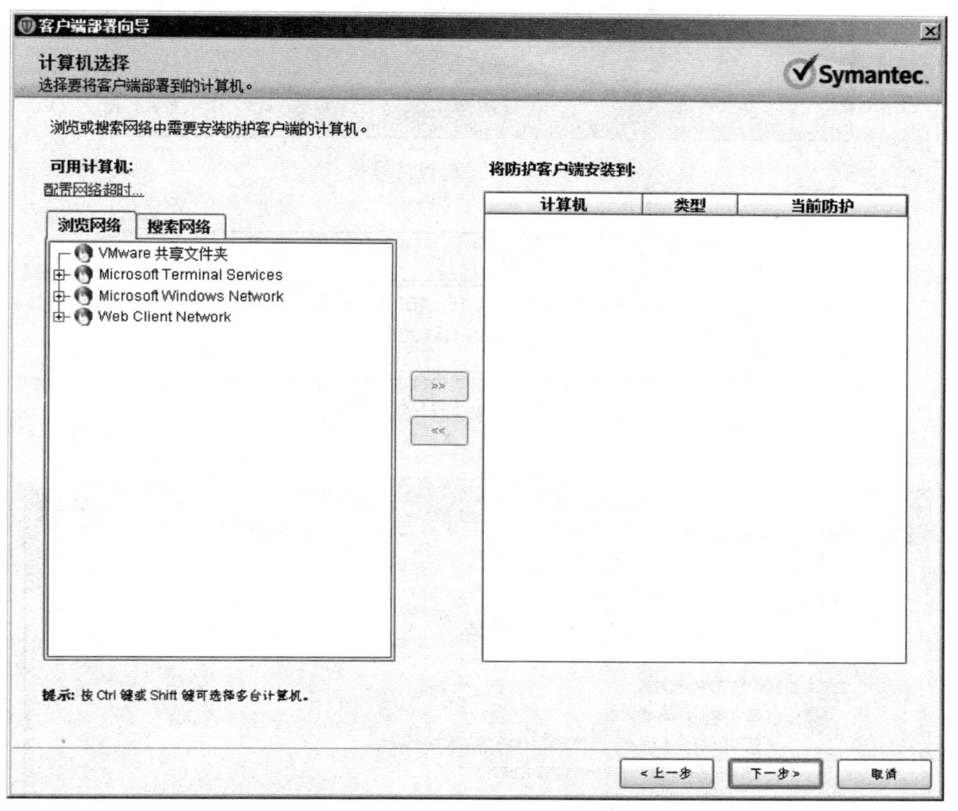

图 7—1—33　选择客户端计算机

按照网络进行搜索，选择图 7—1—33 中的“搜索网络”，然后点击“查找计算机”，输入要查找的 IP 地址范围，如图 7—1—34 所示。

点击“确定”后开始查找，结果如图 7—1—35 所示。

关闭 Windows 7 自带防火墙操作如下：

1）打开“控制面板”选择“系统和安全”。

2）选择“Windows 防火墙”。

3）在左侧选择“打开或关闭 Windows 防火墙”。

4）将防火墙关闭，如图 7—1—36 所示。

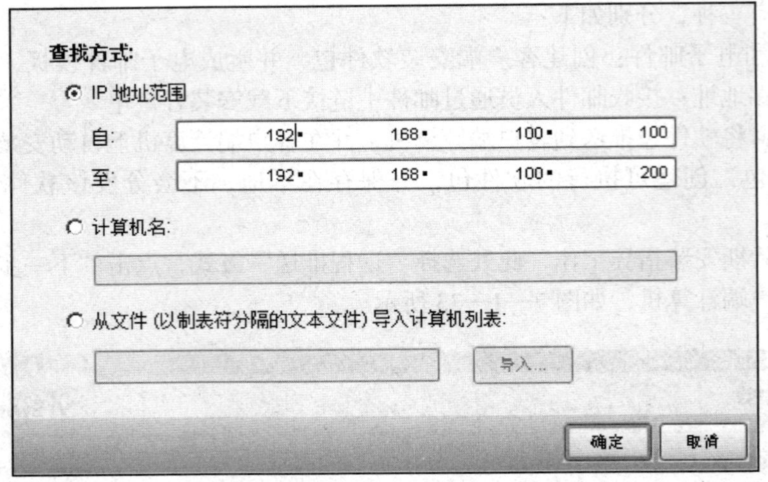

图 7—1—34　查找计算机

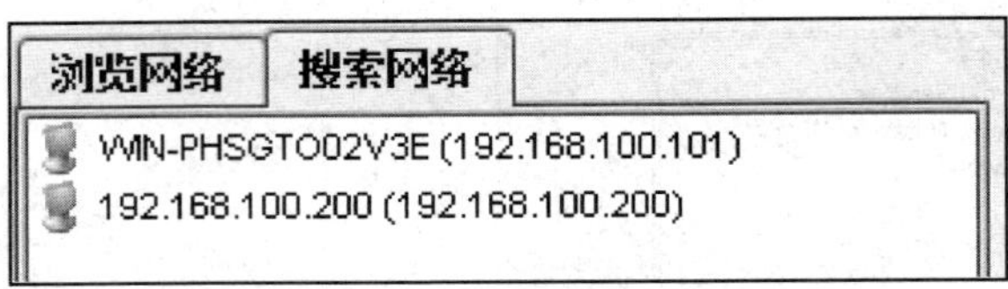

图 7—1—35　查找计算机结果

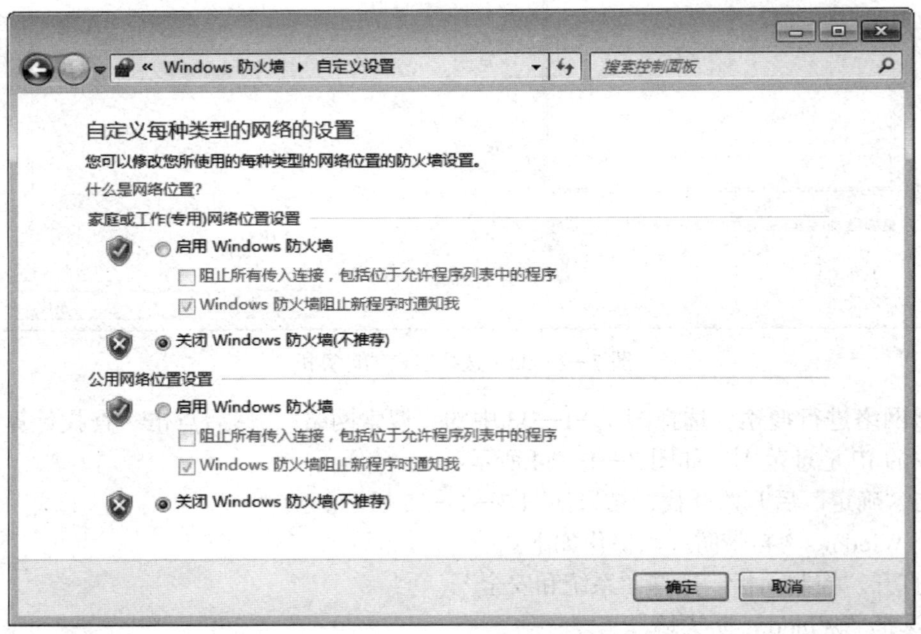

图 7—1—36　关闭 Windows 7 防火墙

为 192.168.100.200 计算机部署客户端，选择计算机添加到预安装列表，此时会提示需要登录凭据，如图 7—1—37 所示。

需要注意，登录凭据为客户端计算机上默认管理员账户，即 Administrator 账户。在 Windows 7 安装过程中创建的管理员账户不能作为登录凭据。默认情况，Windows 7 的 Administrator 账户为禁用状态，需要对其配置密码并启用。

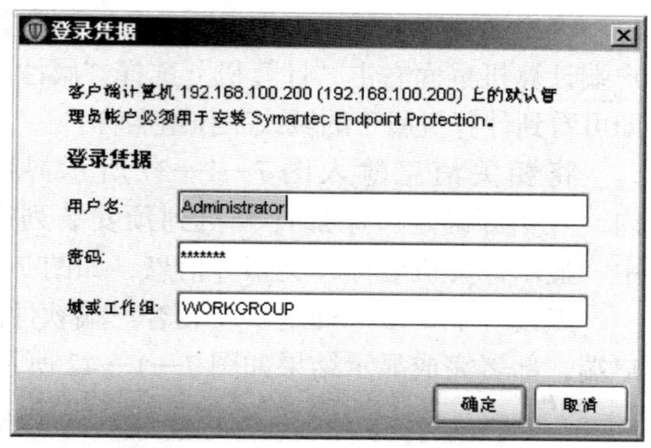

图 7—1—37　登录凭据

在客户端计算机桌面右击“计算机”选择“管理”，在“计算机管理”中依次选择“系统工具”→“本地用户和组”→“用户”，然后右击 Administrator 账户，如图 7—1—38 所示。选择“设置密码”，在出现的警告界面中点击“继续”出现图 7—1—39 所示界面，输入设置的密码。在图 7—1—38 中选择“属性”，出现图 7—1—40 所示 Administrator 属性，去掉“账户已禁用”选项，启用账户。需要注意，Administrator 账号拥有管理计算机的最高权限，网络管理员应注意该账号的安全。

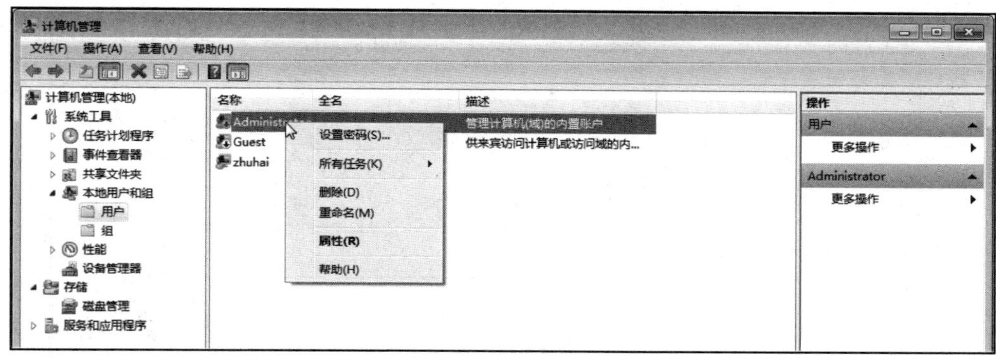

图 7—1—38　计算机属性

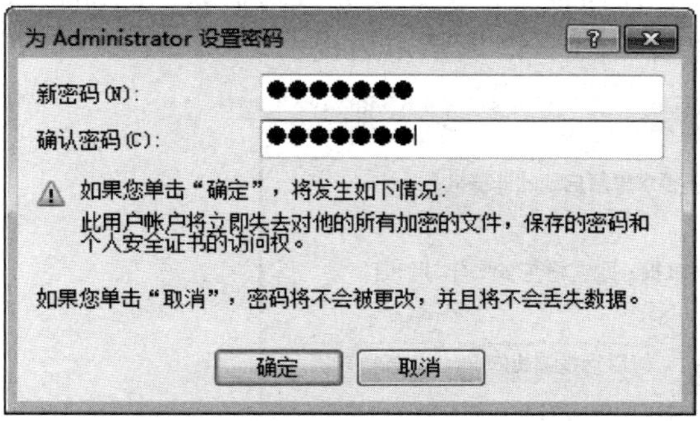

为 Administrator 设置密码

新密码(N): ●●●●●●●

确认密码(C): ●●●●●●●

如果您单击“确定”，将发生如下情况:

此用户帐户将立即失去对他的所有加密的文件，保存的密码和个人安全证书的访问权。

如果您单击“取消”，密码将不会被更改，并且将不会丢失数据。

确定　取消

图 7—1—39　设置 Administrator 账户密码

图 7—1—40　启用 Administrator 账户

客户端属于“域或工作组”信息，可在客户端计算机桌面右击“计算机”选择“属性”，即可看到计算机属于的域或工作组名称。

将相关信息输入图 7—1—37 所示界面内，点击“确定”添加计算机到预安装列表中，显示计算机名称、类型等信息，如图 7—1—41 所示。

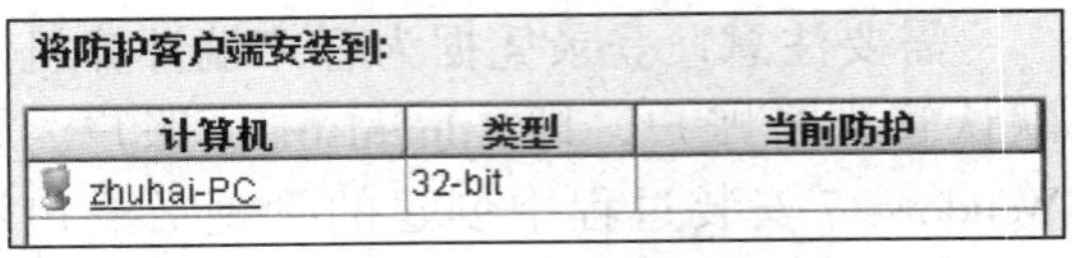

将防护客户端安装到:

计算机	类型	当前防护
zhuhai-PC	32-bit	

图 7—1—41　预备安装防护软件的计算机列表

点击“下一步”确定要安装客户端软件的计算机，确定后点击“发送”开始远程部署客户端，部署完成显示结果如图 7—1—42 所示。

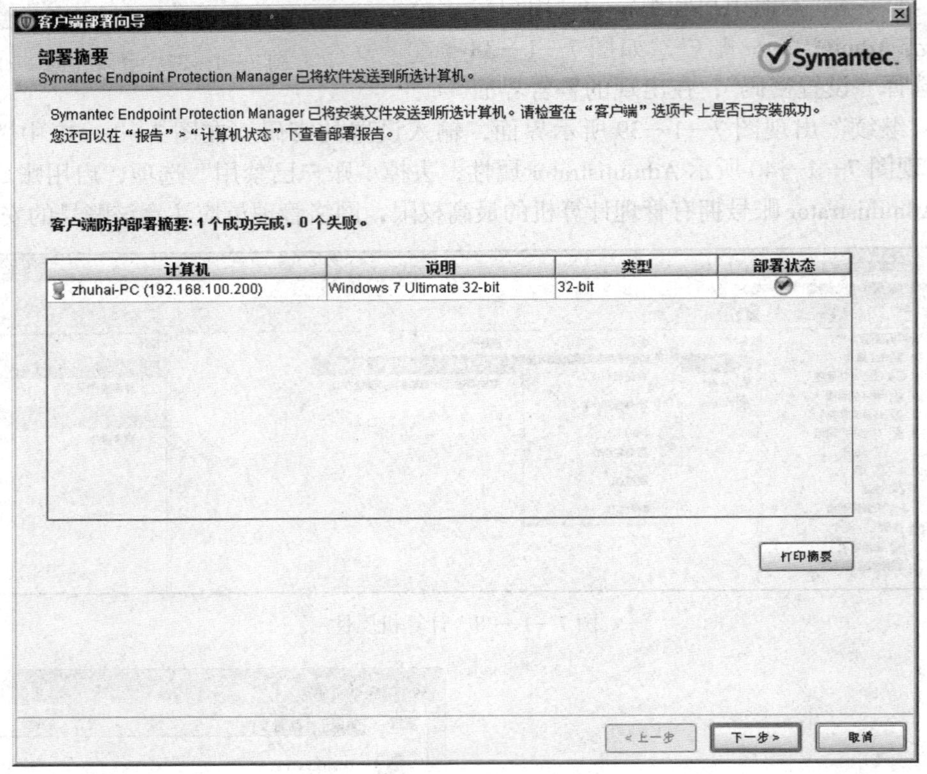

图 7—1—42　客户端部署结果摘要

部署过程为后台操作，客户端计算机前台没有任何提示，但是要完成防护软件的部署需要重启客户端计算机，客户端部署完成后出现如图 7—1—43 所示重启提示。

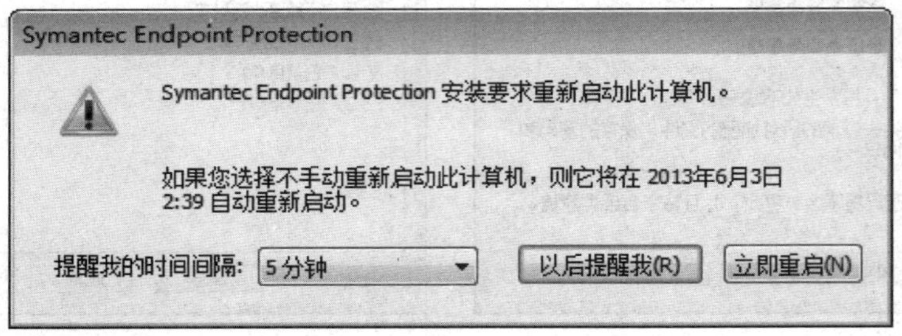

图 7—1—43　Symantec Endpoint Protection 安装要求重启客户端计算机

重启完成后防护软件运行正常。同时，在服务器 Symantec Endpoint Protection Manager（控制台）中可以看到客户端情况，如图 7—1—44 所示，包括客户端名称、运行状态、登录用户等信息。

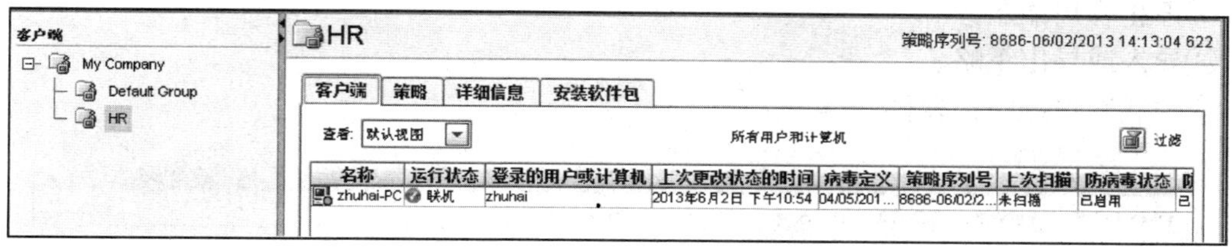

图 7—1—44　客户端计算机信息

（4）策略设置

部署完成客户端防护软件后，在服务器统一管理客户端策略。在服务器控制台策略页面中定义各项策略，在客户端页面对组进行设置并使用定义的策略，同时在客户端页面还可以为每个组定制单独的策略。

如图 7—1—45 所示界面中“My Company”组包括 2 个子组：默认的“Default Group”组和创建的“HR”组，选中组后在右侧“策略”标签中编辑该组策略。但是，默认情况下子组会继承父组策略而无法修改自身策略；若需要为不同组制定不同策略则需要关闭组的策略继承，在“策略”标签页中将策略继承设置为“关”，如图 7—1—46 所示。

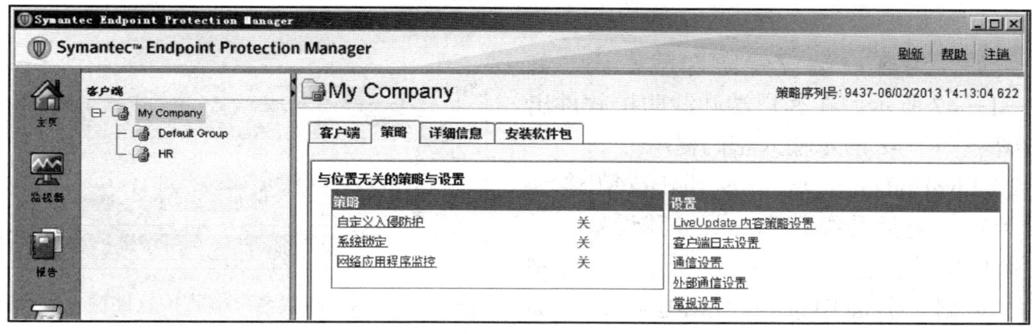

图 7—1—45　组与策略

图 7—1—46　策略继承

1）安全设置。在安全设置中可以为客户端防护软件设置卸载、关闭等操作密码。

为了避免公司员工私自卸载客户端软件、关闭防护软件服务等操作，可以为客户端设置密码保护。在图 7—1—45“设置”栏中选择“常规设置”，在弹出页面的“安全设置”中可以设置客户端密码保护，如图 7—1—47 所示。

密码可以保护的范围包括：

①打开客户端用户界面。

②停止客户端服务。

③导入或导出策略。

④卸载客户端防护软件。

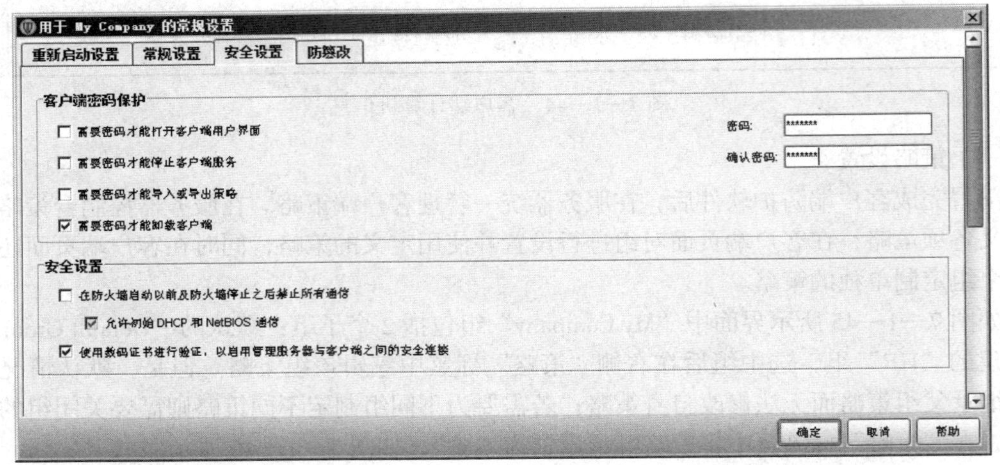

图 7—1—47　安全设置

例如，为客户端设置防卸载密码，如图 7—1—47 所示。在客户端卸载防护软件出现如图 7—1—48 所示输入密码提示。

图 7—1—48　卸载客户端防护软件输入密码提示

2）LiveUpdate 策略。LiveUpdate 策略为升级策略，包括升级频率、服务器设置、升级更新内容等。如图 7—1—49 所示，在控制台的“策略”界面中选择“LiveUpdate”，编辑“LiveUpdate 设置策略”。

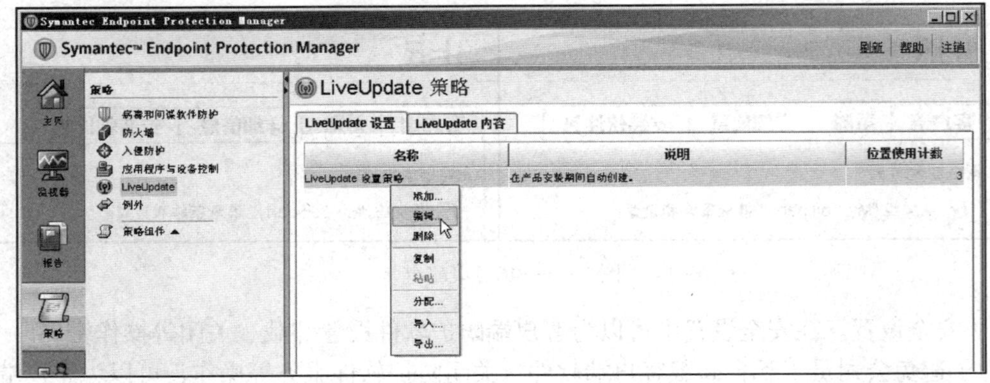

图 7—1—49　编辑 LiveUpdate 设置策略

以 Windows 操作系统为例，设置客户端检索更新的服务器，如图 7—1—50 所示。

使用默认管理服务器：从此管理服务器上进行更新检索。

使用 LiveUpdate 服务器：可以设置外部更新服务器或内部更新服务器。第一项为选择外部 Symantec LiveUpdate 服务器，而第二项可以设置内部搭建的更新服务器或其他更新服务器。一般情况下，为了减少公司网络出口流量，不会使用默认 Symantec LiveUpdate 服务器，而选择默认管理服务器进行升级更新。

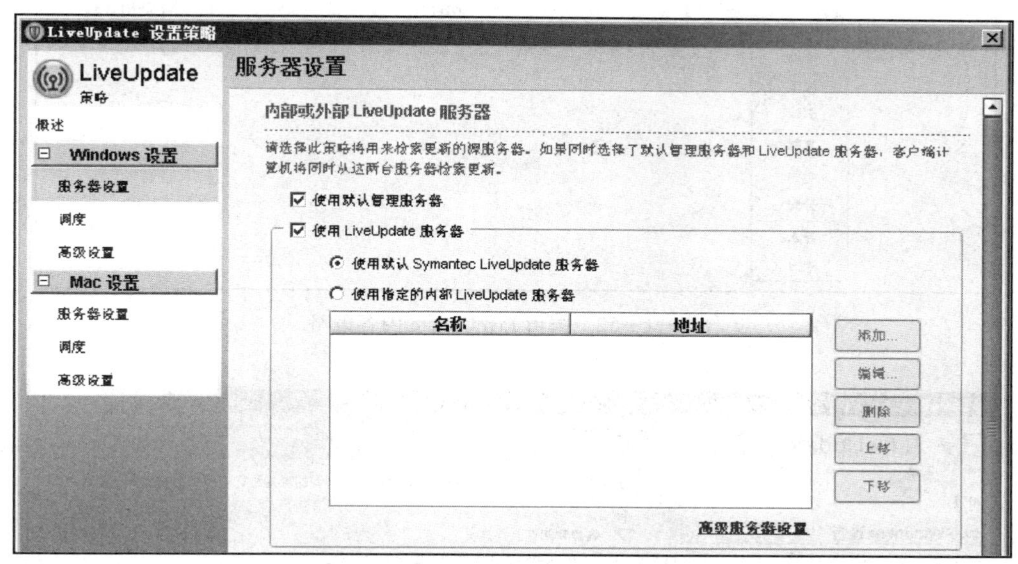

图 7—1—50　设置客户端更新服务器

从 LiveUpdate 服务器进行更新的频率可以在“调度”页面中设置，调度设置仅针对“服务器设置”中的“使用 LiveUpdate 服务器”起作用。在“调度”页面可以设置调度频率、重试时段、空闲检测等内容，默认情况下调度的频率为每 4 h 一次，如图 7—1—51 所示。

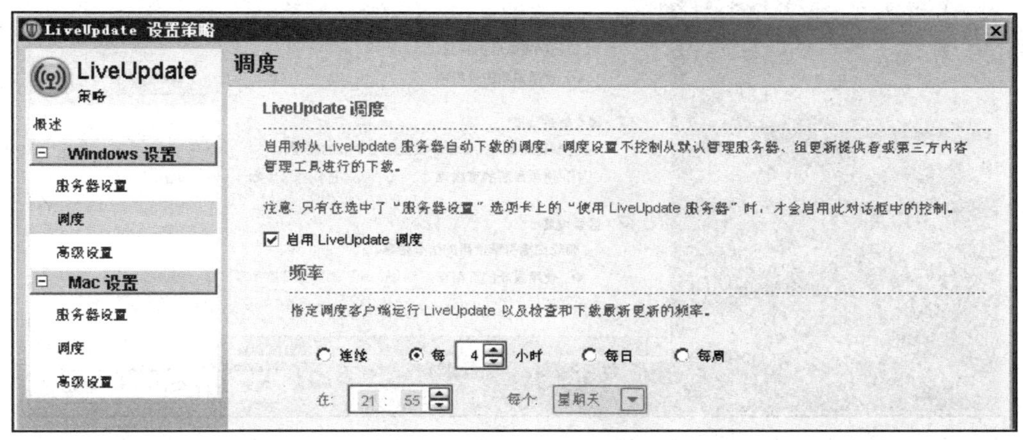

图 7—1—51　配置 LiveUpdate 调度

下面需要设置更新内容，在图 7—1—52 中点击“LiveUpdate 内容”，编辑“LiveUpdate 内容策略”。

在内容策略中选择更新升级的内容，当更新内容存在多个版本时可以选择更新升级到需要的版本号（更新有时不一定更新到最新版本），如图 7—1—53 所示。

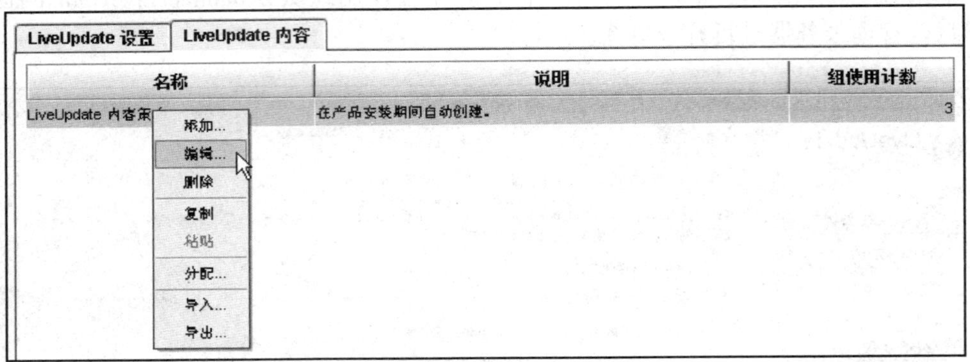

图 7—1—52　编辑 LiveUpdate 内容策略

图 7—1—53　LiveUpdate 内容策略

配置完成后，客户端可以通过 Symantec LiveUpdate 服务器升级，也可以通过安装 SEPM（Symante Endpoint Protection Manager）的服务器升级。

3）病毒和间谍软件防护策略。在病毒和间谍软件防护策略中能配置客户端防护软件的扫描时间、防护状态等内容。如图 7—1—54 所示“病毒和间谍软件防护策略”默认创建三个策略，分别为已平衡、高安全性、高性能。

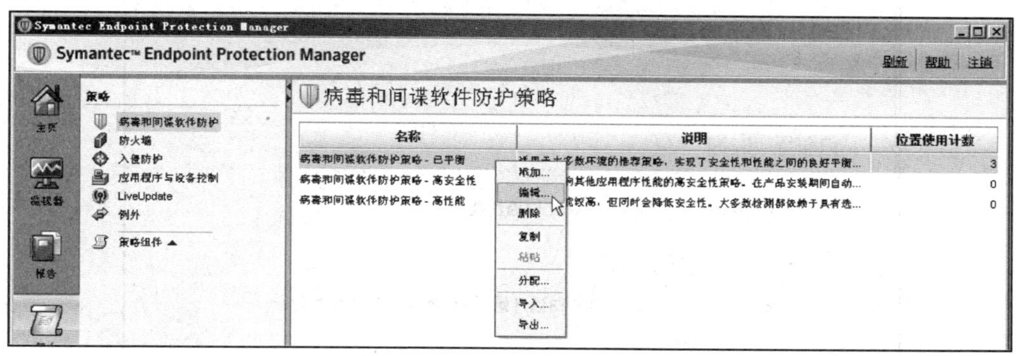

图 7—1—54　病毒和间谍软件防护策略

已平衡：审核安全性和性能的策略，适用于大多数环境，是默认采取的策略。

高安全性：对安全性保障较高，但是此策略可能会影响应用程序的性能。

高性能：最大限度上确保系统、应用程序性能，降低安全性。

编辑“已平衡”策略，包括调度扫描、防护技术、电子邮件扫描、高级选项等内容。如图 7—1—55 所示设置调度扫描，默认每天凌晨 00:30 进行扫描，对于一般企业每天扫描过于频繁，针对服务器可以设置每天扫描一次，而客户端计算机设置每周扫描一次即可。点击图 7—1—55 中的“编辑”可以修改调度时间和周期，如图 7—1—56 所示。

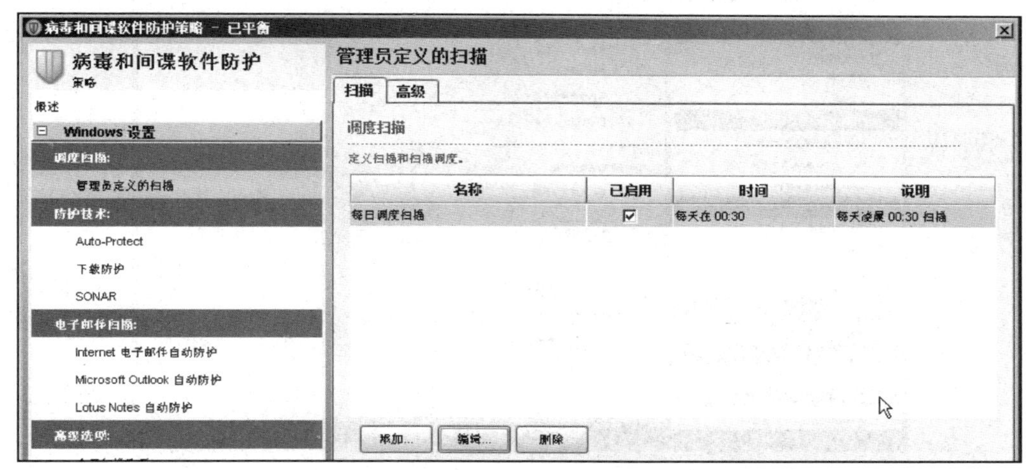

图 7—1—55　调度扫描

“Auto-Protect”（自动防护）设置如图 7—1—57 所示，在策略设置时可以锁定选项，避免客户端用户自行修改策略。在策略每个选项前均有一个锁，打开的锁（🔓）表示用户可以自行修改该设置，锁定的锁（🔒）表示用户不能修改该设置。

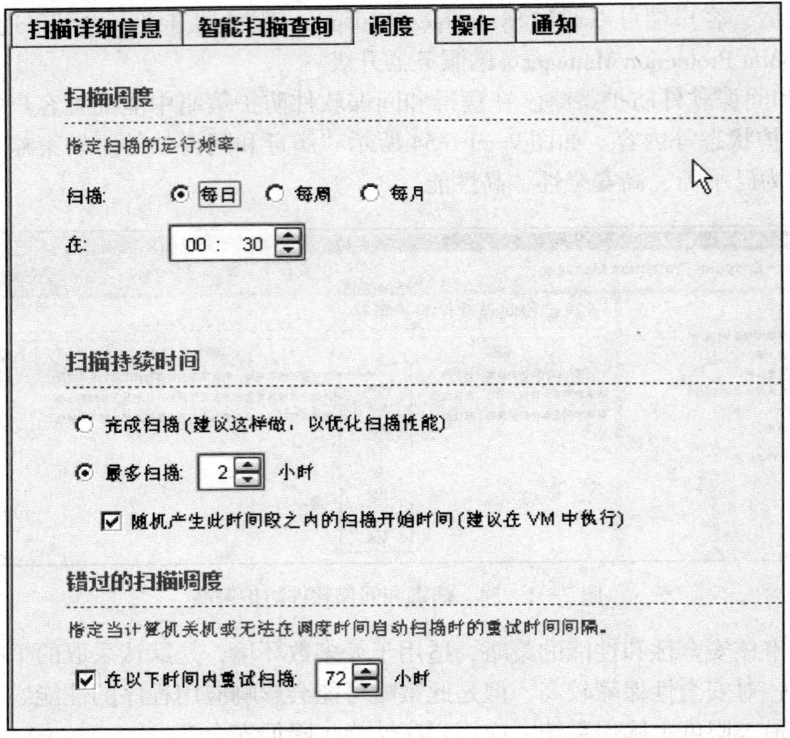

图 7—1—56　修改调度时间和周期

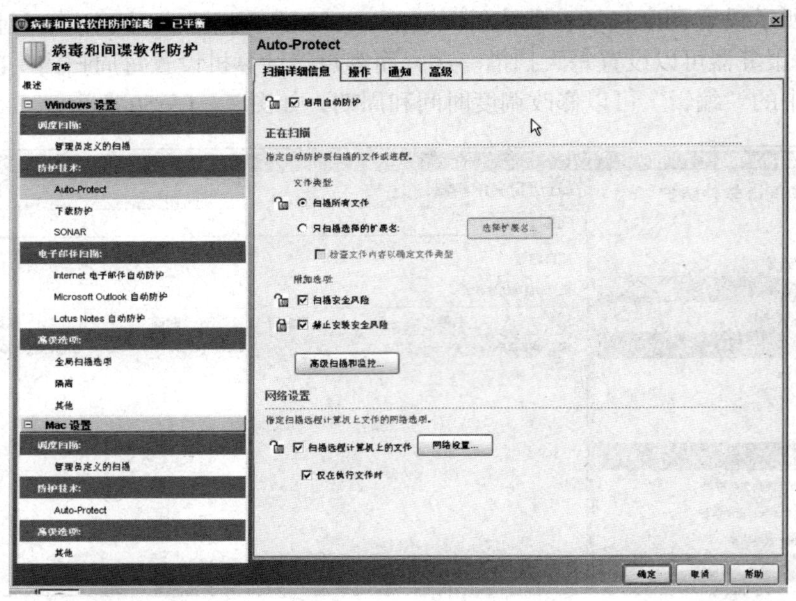

图 7—1—57　Auto-Protect 设置

设置客户端防护软件的“启动自动防护”“扫描所有文件”“扫描安全风险”选项，在客户端打开防护软件，选择“更改设置”→“病毒和间谍软件防护设置”→“自动防护”，如图 7—1—58 所示。客户端对应服务器锁定的选项均为灰色，无法修改。

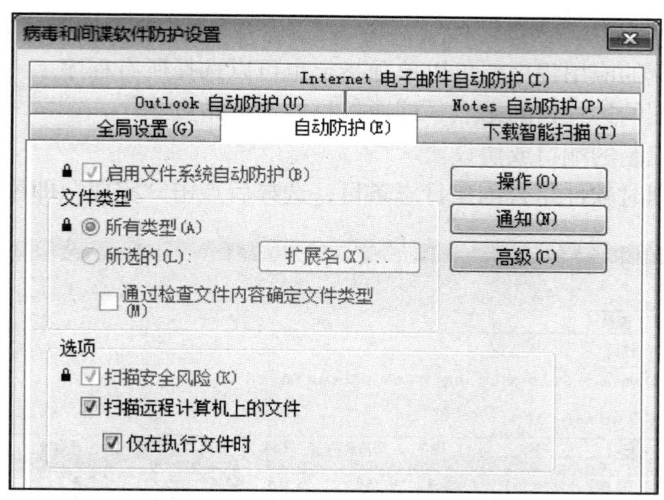

图 7—1—58　客户端软件策略设置

其他策略不再逐一介绍，若有需要可以参考软件说明、其他数据或资料。

4）防火墙策略。在“防火墙策略”可以设置网络通信规则，保护网络安全。与 Windows 防火墙相同，Symantec Endpoint Protection 企业版防火墙规则也预设了一些常用规则。若要编辑预设规则可以编辑图 7—1—59 中的防火墙策略。

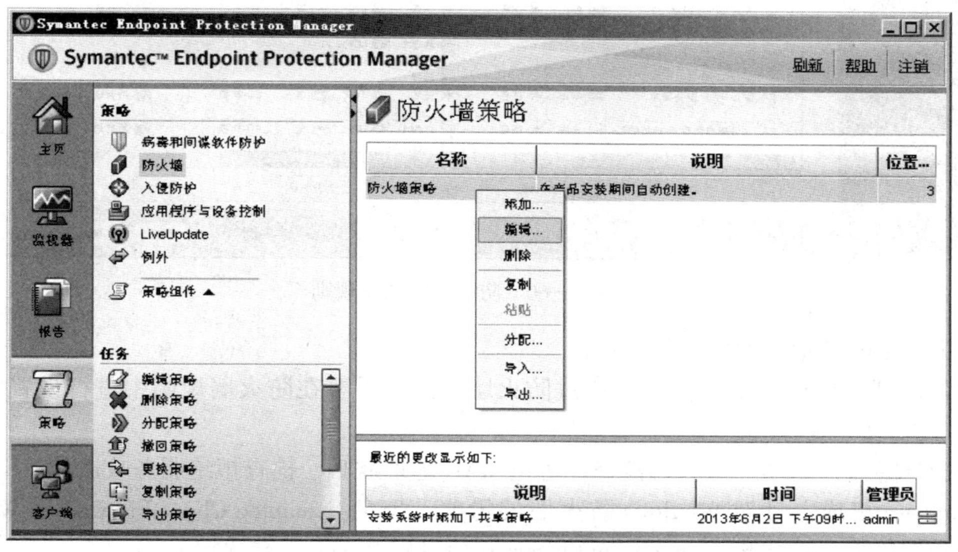

图 7—1—59　编辑防火墙策略

在弹出的界面中可以修改策略名称和说明，选择图 7—1—60 左侧的“规则”，可以在右侧详细规则显示中修改预设规则、添加规则。

与 Windows 防火墙相同，可针对程序设置是否允许访问互联网，设置步骤如下：

①点击“添加规则”。

②在弹出界面中写入规则名称。

③选择规则操作，包括允许连接、阻止连接和询问连接，针对设置规则情况选择防火墙

执行的操作。

④选择规则匹配的应用程序，可以单独指定也可以选择所有程序。

⑤选择规则匹配的远程访问站点，即通信目的地址站点。

⑥选择规则要控制的端口或协议。

⑦选择匹配规则时软件是否创建日志条目，选择后点击“完成”即添加一条规则。

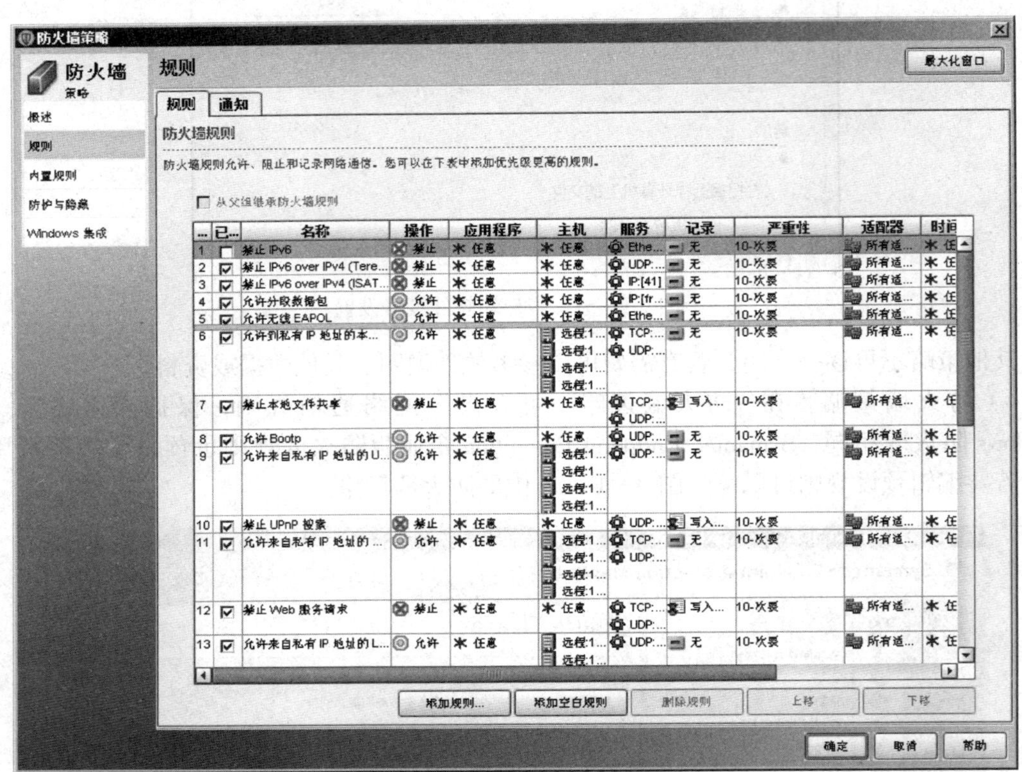

图 7—1—60　防火墙策略—规则

防火墙策略其他页面内容如下：

内置规则：允许正常通信协议通过防火墙，而不需要在防火墙规则中进行设置，包括 DHCP、DNS 等。

保护与隐藏：启动一些威胁检查，防止 MAC 地址欺骗、检查拒绝服务攻击等。

Windows 集成：针对 Windows 防火墙的策略，安装 Symantec Client Firewall 后 Windows 防火墙会被禁用，卸载 Symantec Client Firewall 会启用 Windows 防火墙。

5）应用程序及设备控制策略。在“应用程序及设备控制”策略中可以设置禁止运行的应用程序、设备等内容。该策略可以实现客户端禁用应用程序、USB 接口等，可以满足如下企业需求。

①在工作期间禁止使用娱乐、炒股、即时通信软件。

②禁止客户端计算机运行一些高危程序。

③机密数据保存部门禁止使用 USB 接口，确保信息安全。

④其他。

编辑“应用程序及设备控制”策略，如图 7—1—61 所示，其中包括禁止运行应用程序、禁止写入 USB 驱动器等策略。

已启用	规则集	测试/生产
☐	禁止运行应用程序 [AC1]	生产
☐	禁止运行可移动驱动器中的程序 [AC2]	生产
☐	使所有可移动驱动器处于只读状态 [AC3]	生产
☐	禁止写入 USB 驱动器 [AC4]	生产
☐	记录写入到 USB 驱动器的文件 [AC5]	生产
☐	禁止修改主机文件 [AC6]	生产
☐	禁止访问脚本 [AC7]	生产
☐	停止软件安装程序 [AC8]	生产
☑	禁止访问 Autorun.inf [AC9]	生产
☐	禁止密码重设工具 [AC10]	生产
☐	禁止文件共享 [AC11]	生产
☐	防止更改 Windows Shell 加载点 (HIPS) [AC12]	测试 (仅记录)
☐	防止使用 Internet Explorer 或 Firefox 更改系统 (HIPS) [AC13]	测试 (仅记录)
☐	防止修改系统文件 (HIPS) [AC14]	测试 (仅记录)
☐	防止注册新的浏览器帮助程序对象 (HIPS) [AC15]	测试 (仅记录)
☐	防止注册新工具栏 (HIPS) [AC16]	测试 (仅记录)

图 7—1—61 “应用程序及设备控制”策略

编辑“禁止运行应用程序”规则，根据目录或进程输入需要禁止运行的程序即可。针对 USB 移动设备可以根据需求选择合适的规则。

（5）对客户端操作

从服务器控制台可以对客户端进行多种操作，包括手动启动扫描、更新内容、更新内容并扫描、重启客户端、启用自动防护等。本部分主要针对手动启动客户端扫描进行介绍。

除上述策略里制定的周期性扫描外，还可以针对一组或单一计算机启动手动扫描。

如图 7—1—62 所示，在客户端界面选择需要手动启动扫描的客户端，右击客户端，在弹出的列表中选择“对计算机运行命令”，选择“扫描”出现如图 7—1—63 所示界面，选择扫描范围。

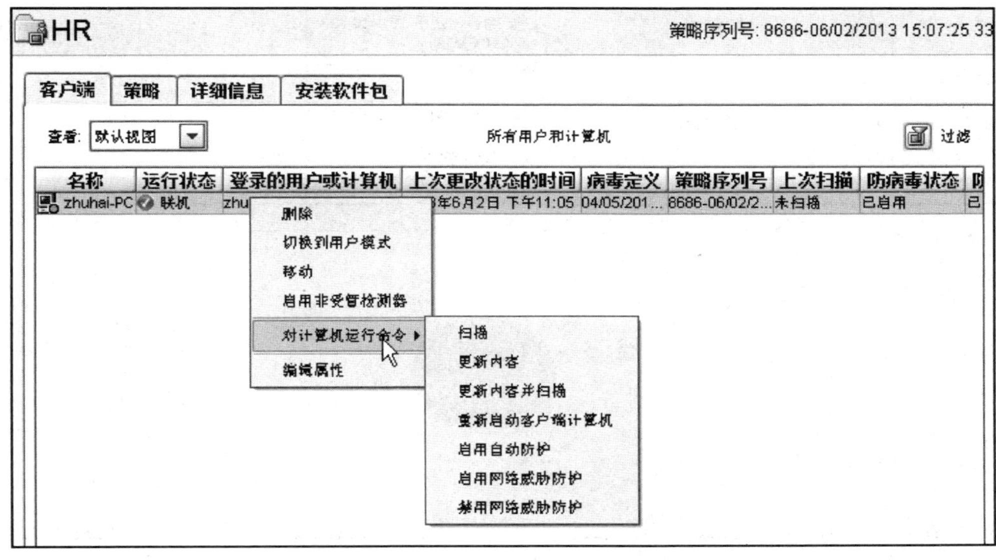

图 7—1—62 手动启动客户端扫描

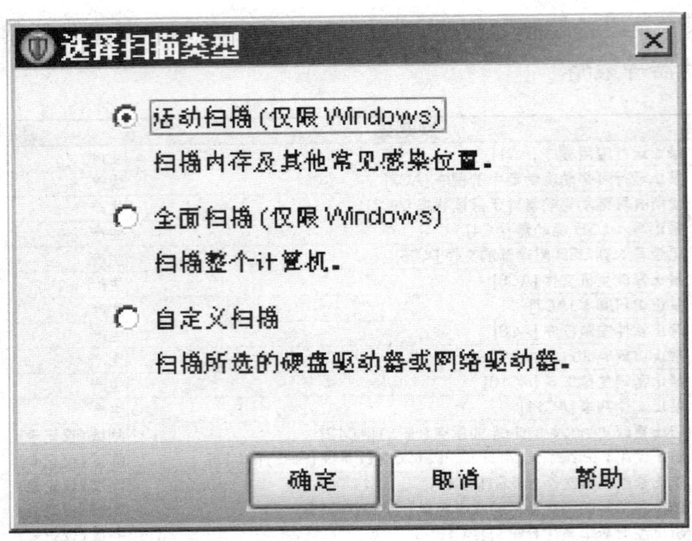

图 7—1—63　选择手动扫描范围

启动扫描后，在 SEPM 中的监视器页面中选择“命令状态”可以查看执行情况，如图 7—1—64 所示。选择执行的命令，点击页面中的“详细信息”可以看到扫描进行状态和已完成扫描的文件数量，如图 7—1—65 所示。

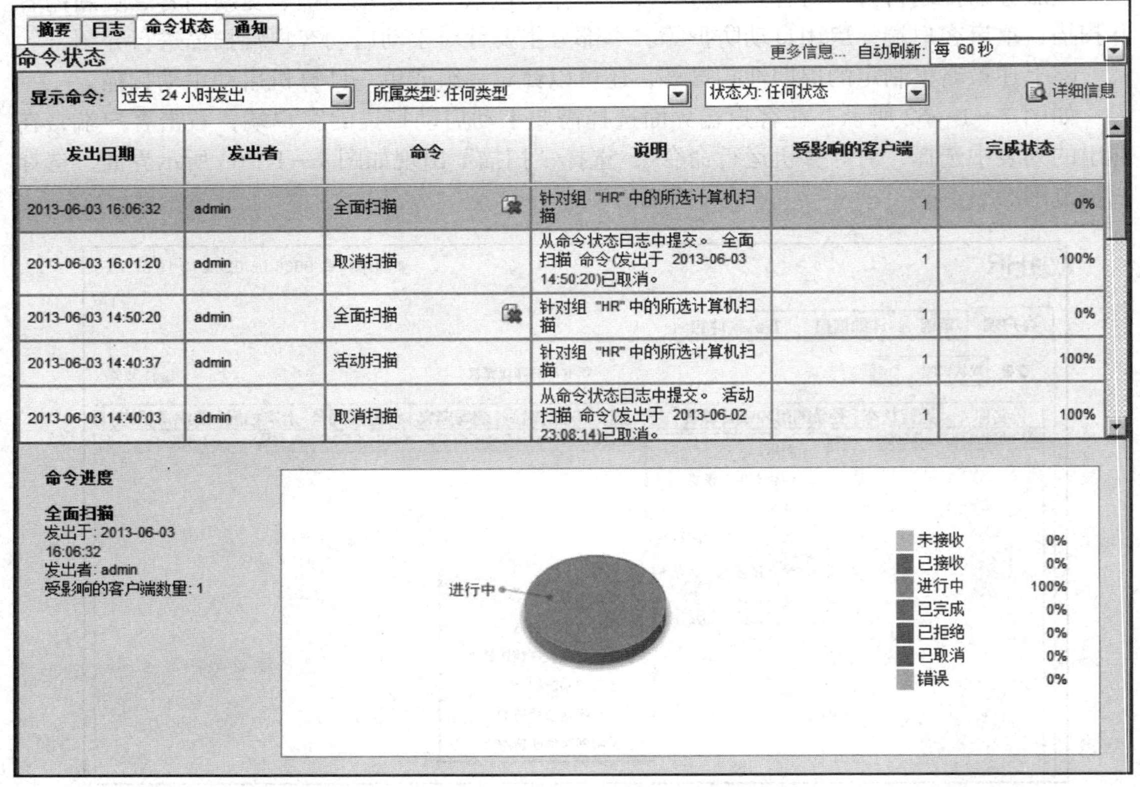

发出日期	发出者	命令	说明	受影响的客户端	完成状态
2013-06-03 16:06:32	admin	全面扫描	针对组 "HR" 中的所选计算机扫描	1	0%
2013-06-03 16:01:20	admin	取消扫描	从命令状态日志中提交。 全面扫描 命令(发出于 2013-06-03 14:50:20)已取消。	1	100%
2013-06-03 14:50:20	admin	全面扫描	针对组 "HR" 中的所选计算机扫描	1	0%
2013-06-03 14:40:37	admin	活动扫描	针对组 "HR" 中的所选计算机扫描	1	100%
2013-06-03 14:40:03	admin	取消扫描	从命令状态日志中提交。 活动扫描 命令(发出于 2013-06-02 23:08:14)已取消。	1	100%

图 7—1—64　查看命令状态

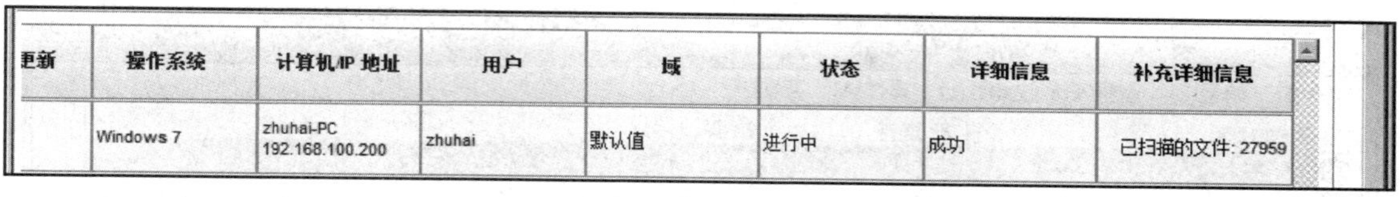

更新	操作系统	计算机/IP 地址	用户	域	状态	详细信息	补充详细信息
	Windows 7	zhuhai-PC 192.168.100.200	zhuhai	默认值	进行中	成功	已扫描的文件：27959

图 7—1—65 查看命令执行详细信息

在执行扫描的过程中客户端为后台执行，前台无任何提示。打开客户端软件，选择“查看日志”→“病毒和间谍软件防护日志”→“扫描日志”可以看到手动启动的扫描，如图 7—1—66 所示。

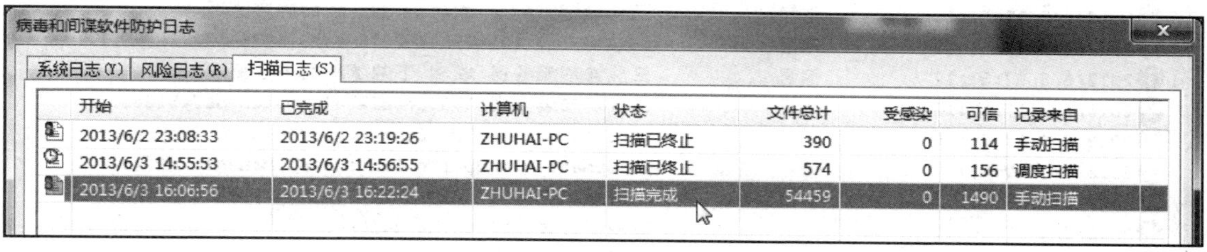

病毒和间谍软件防护日志

系统日志(Y) 风险日志(R) 扫描日志(S)

开始	已完成	计算机	状态	文件总计	受感染	可信	记录来自
2013/6/2 23:08:33	2013/6/2 23:19:26	ZHUHAI-PC	扫描已终止	390	0	114	手动扫描
2013/6/3 14:55:53	2013/6/3 14:56:55	ZHUHAI-PC	扫描已终止	574	0	156	调度扫描
2013/6/3 16:06:56	2013/6/3 16:22:24	ZHUHAI-PC	扫描完成	54459	0	1490	手动扫描

图 7—1—66 客户端扫描日志

（6）LiveUpdate 更新

为了减少企业网络出口流量，首先升级 SEPM 服务器版本，然后客户端通过 SEPM 服务器更新。

为了方便观察，LiveUpdate 更新采用如图 7—1—67 所示拓扑，客户端无法访问互联网，但能够从 SEPM 服务器进行更新。

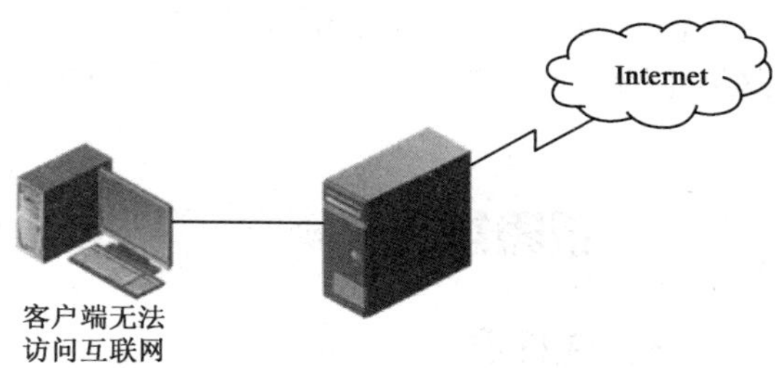

图 7—1—67 LiveUpdate 更新验证拓扑

1）服务器站点更新。服务器运行 LiveUpdate 进行更新，在控制台主页页面右上角的“常见任务”中选择“运行 LiveUpdate”启动 LiveUpdate 内容下载，如图 7—1—68 所示。除此之外，还可以在管理员界面，选择“服务器”→“本地站点”，然后在任务中选择“下载 LiveUpdate 内容”。

常见任务：选择任务

选择任务

将防护客户端安装到计算机

运行 LiveUpdate

激活许可证

授权许可详

图 7—1—68 启动 LiveUpdate 进行更新

在“下载 LiveUpdate 内容”页面中确认信息无误后点击“下载”开始进行更新。更新完成后在主页页面中可以看到管理程序最新病毒定义已经更新。

2）客户端更新。每隔一段时间客户端会自动与管理服务器进行信息同步，若发现有更新内容则会自动进行更新。更新完成后打开客户端发现前期提示的“病毒与间谍软件防护 定义已过期”的告警已经恢复正常。

从客户端防护软件的客户端管理系统日志中可以看到升级信息，如图 7—1—69 所示。

图 7—1—69 客户端更新日志

由此就完成了网科公司安全防护软件的部署工作，网络管理员可以在服务器控制台监控网络中所有客户端的状态，并通过控制台调整、下发策略，加固网络安全。

巩固练习

一、选择题

1. 下列网络安全措施属于网络安全范畴的是________。

A. 网络设备所处地点应采取必要的安全、防火、防水措施

B. 安装正版操作系统、正版软件，删除多余账户，定期杀毒

C. 添加防火墙等网络安全设备，采用加密数据传输，避免数据在传输过程中被窃取或修改

D. 重要数据通过网络进行异地多点备份，避免主要数据丢失

2. 目前有一种网络威胁是通过耗尽计算机（或服务器）系统资源或通过大量数据产生网络拥塞的方式攻击目标服务器，此类网络威胁是________。

A. 蠕虫　　B. DDoS（分布式拒绝服务攻击）

C. 木马病毒　　D. 宏病毒

3. 网络防火墙多采用硬件防火墙，例如 Cisco ASA 防火墙、Juniper NetScreen 防火墙、天融信防火墙等。若某公司新上一台防火墙，并在防火墙上配置了三个区域 inside、outside、DMZ，公司对外的 Web 服务器应该放置在________区域。

A. DMZ　　B. inside

C. outside　　D. inside 或 DMZ 均可

4. 下列关于 Symantec Endpoint Protection 软件的说法正确的是________。

A. 通过 Symantec Endpoint Protection 控制台可以推送安全防护软件到任意一台客户端，即使此客户端不属于公司管理范畴

B. 网络管理员认为通过控制台推送安全防护软件到客户端没有意义，客户端计算机操作人员可以随时卸载推送的安全防护软件

C. 在控制台可以定制客户端安全防护软件扫描周期，也可以手动启动客户端安全防护软件扫描

D. 客户端安全防护软件可以从控制台进行升级更新

二、填空题

1. 信息安全一般分为____________、____________、____________、____________。
2. 依据防火墙应用的技术可以分为____________、____________、____________。

三、问答题

1. 简述网络防火墙的部署方式，并说明各区域的含义。
2. Symantec Endpoint Protection 企业版可以通过控制台对客户端进行哪些操作?
3. 名词解释：信息安全、拒绝服务攻击。

四、操作题

如图 7—1—70 所示，在服务器 SVR 上安装 Symantec Endpoint Protection 控制台，分别在客户端 PC1、PC2 上部署 Symantec Endpoint Protection 客户端，并完成如下任务。

1. 通过控制台对客户端进行手动扫描。
2. 设定卸载密码，并进行验证。
3. 设置自动防护策略，禁止客户端关闭“启动文件系统自动防护”。
4. 通过控制台重启客户端 PC1。
5. 升级客户端安全防护软件（可选）。

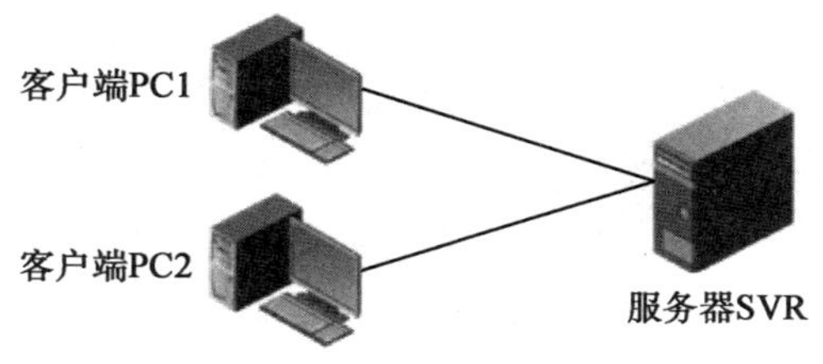

图 7—1—70　操作题实验拓扑